北大版普通高等教育"十三五"规划教材

概率论与数理统计

主　编　廖茂新　廖基定
主　审　欧阳自根

内 容 简 介

本书介绍了概率论与数理统计的基本概念、基本理论与方法，内容包括：事件与概率、随机变量及其分布、多维随机向量及其分布、随机变量的函数的分布、随机变量的数字特征、大数定律与中心极限定理、数理统计的基本概念、参数估计、假设检验、方差分析与回归分析. 本书每章均附有习题，书末附有部分习题参考答案，附录部分还附有历届研究生入学考试概率论与数理统计试题及参考答案(部分).

本书可作为高等院校非数学专业本科生"概率论与数理统计"课程的教材，也可供工程技术人员参考.

图书在版编目(CIP)数据

概率论与数理统计/廖茂新，廖基定主编. —北京：北京大学出版社，2020.9
ISBN 978-7-301-31536-1

Ⅰ. ①概… Ⅱ. ①廖… ②廖… Ⅲ. ①概率论 ②数理统计 Ⅳ. ①O21

中国版本图书馆 CIP 数据核字(2020)第 150589 号

书　　　名	概率论与数理统计 GAILÜLUN YU SHULI TONGJI	
著作责任者	廖茂新　廖基定　主编	
责任编辑	潘丽娜	
标准书号	ISBN 978-7-301-31536-1	
出版发行	北京大学出版社	
地　　　址	北京市海淀区成府路 205 号　100871	
网　　　址	http://www.pup.cn	
电子信箱	zpup@pup.cn	
新浪微博	@北京大学出版社	
电　　　话	邮购部 010-62752015　发行部 010-62750672　编辑部 010-62752021	
印　刷　者	长沙超峰印刷有限公司	
经　销　者	新华书店	
	787 毫米×1092 毫米　16 开本　14.25 印张　356 千字 2020 年 9 月第 1 版　2020 年 9 月第 1 次印刷	
定　　　价	42.00 元	

未经许可，不得以任何方式复制或抄袭本书之部分或全部内容.
版权所有，侵权必究
举报电话：010-62752024　电子信箱：fd@pup.pku.edu.cn
图书如有印装质量问题，请与出版部联系，电话：010-62756370

前　　言

概率论与数理统计是研究大量随机现象的统计规律性的一门学科,在各个领域中都有极其广泛的应用.目前,这门课程已经成为绝大多数理工科、经济学、管理学等各专业学生必修的一门数学基础课程.

为了便于读者掌握概率论与数理统计的基本概念和基本理论,本书在内容编排上尽量将知识条理化;为了提高学生分析和解决问题的能力,在本书的附录中添加了部分历届研究生入学考试概率论与数理统计试题;为了激发学生的学习兴趣,在每章后面附有和概率论与数理统计相关的小知识.特别地,在平时教学过程中,注意到学生由于数学基础知识薄弱而导致学习困难,我们在书中增加了关于排列组合和积分计算方法的基本知识,以为这门课程的学习提供方便.

本书的主要内容有:事件与概率、随机变量及其分布、多维随机向量及其分布、随机变量的函数的分布、随机变量的数字特征、大数定律与中心极限定理、数理统计的基本概念、参数估计、假设检验、方差分析与回归分析等.

本书由廖茂新、廖基定担任主编,所在院校数学教研室的全体教师参加了讨论和编写,欧阳自根教授认真审阅了此书,韩旭里教授提出了许多宝贵意见,赵子平、陈会利筹备了配套教学资源,魏楠、龚维安提供了版式和装帧设计方案,在此我们表示由衷的感谢.同时,编者也对参考文献的作者们表示衷心的感谢和崇高的敬意!

书中难免有不妥之处,希望使用本书的教师和学生对于书中不足之处提出宝贵意见.

编　者

目 录

第1章 事件与概率 1
  §1.1 事件 2
  §1.2 概率 5
  §1.3 概率的计算 8
  小知识 19
  习题1 20

第2章 随机变量及其分布 22
  §2.1 随机变量 23
  §2.2 离散型随机变量及其分布 23
  §2.3 随机变量的分布函数 28
  §2.4 连续型随机变量及其分布 31
  小知识 38
  习题2 39

第3章 多维随机向量及其分布 41
  §3.1 二维随机向量及其分布函数 42
  §3.2 二维离散型随机向量 43
  §3.3 二维连续型随机向量 47
  §3.4 随机变量的独立性 52
  小知识 53
  习题3 58

第4章 随机变量的函数的分布 60
  §4.1 一维随机变量的函数的分布 61
  §4.2 两个随机变量的函数的分布 63
  小知识 69
  习题4 70

第5章 随机变量的数字特征 71
  §5.1 数学期望 72

§5.2 方差与标准差 …………………………………………………………… 78
§5.3 几种常见分布的数学期望与方差 ……………………………………… 81
§5.4 协方差与相关系数 ……………………………………………………… 84
§5.5 矩的基本概念 …………………………………………………………… 89
小知识 ……………………………………………………………………………… 89
习题 5 ……………………………………………………………………………… 91

第 6 章 大数定律与中心极限定理 …………………………………………… 93
§6.1 大数定律 ………………………………………………………………… 94
§6.2 中心极限定理 …………………………………………………………… 97
小知识 ……………………………………………………………………………… 100
习题 6 ……………………………………………………………………………… 102

第 7 章 数理统计的基本概念 ………………………………………………… 103
§7.1 简单随机样本 …………………………………………………………… 104
§7.2 抽样分布 ………………………………………………………………… 107
小知识 ……………………………………………………………………………… 111
习题 7 ……………………………………………………………………………… 113

第 8 章 参数估计 ……………………………………………………………… 114
§8.1 点估计 …………………………………………………………………… 115
§8.2 估计量的评选标准 ……………………………………………………… 120
§8.3 区间估计 ………………………………………………………………… 122
小知识 ……………………………………………………………………………… 125
习题 8 ……………………………………………………………………………… 127

第 9 章 假设检验 ……………………………………………………………… 128
§9.1 假设检验的基本概念 …………………………………………………… 129
§9.2 单个正态总体的假设检验 ……………………………………………… 132
§9.3 两个正态总体的假设检验 ……………………………………………… 138
§9.4 总体分布的 χ^2 检验法 ……………………………………………… 143
小知识 ……………………………………………………………………………… 146
习题 9 ……………………………………………………………………………… 147

第 10 章 方差分析与回归分析 ………………………………………………… 148
§10.1 单因素试验的方差分析 ………………………………………………… 149
§10.2 双因素试验的方差分析 ………………………………………………… 154
§10.3 线性回归分析 …………………………………………………………… 161
§10.4 非线性回归分析 ………………………………………………………… 168

小知识 ·· 170
　　习题 10 ·· 172

附表 ··· 174
　　附表 1　几种常用的概率分布 ·· 174
　　附表 2　标准正态分布表 ··· 176
　　附表 3　泊松分布表 ·· 177
　　附表 4　t 分布表 ·· 179
　　附表 5　χ^2 分布表 ··· 180
　　附表 6　F 分布表 ··· 182

部分习题参考答案 ··· 194
历届研究生入学考试概率论与数理统计试题（部分） ················· 204
历届研究生入学考试概率论与数理统计试题参考答案（部分） ···· 212
参考文献 ··· 220

第 1 章
事件与概率

  自然界和人类社会中的各种现象,大体上可以分为两类:**必然现象**和**随机现象**. 必然现象是指在一定条件下必然出现的现象. 例如,水在通常条件下温度达到 100 ℃ 时必然沸腾,温度低于 0 ℃ 时必然结冰;同性电荷相互排斥,异性电荷相互吸引;等等. 这些现象都是必然现象,它们在一定条件下一定会发生. 随机现象是指在相同的条件下,有多种可能结果会出现的现象,而且这类现象发生时所出现的结果是不能确定的,即事先不能确切预测. 例如,测量一个物体的长度,其测量误差的大小;从一批电视机中随机抽取一台,测试其寿命长短;等等都是随机现象.

  概率论与数理统计,就是研究和揭示随机现象的统计规律性的一门学科.

§1.1 事　件

1. 随机现象的随机性与统计规律性

随机现象的随机性,也称为偶然性,指随机现象的不确定性. 例如,在相同条件下生产出来的成批产品的不合格率,某交通干线上一天内发生交通事故的次数,设备无故障工作的时间,商店一天的销售额等,都是事先不能预测的,带有不确定性. 这些例子表明,在可以控制的条件相对稳定的情况下,由于影响现象发生的还有大量时隐时现的、瞬息万变的、无法完全控制和预测的偶然因素,因此这类现象具有随机性. 随着科学的不断发展、技术手段的不断完善,人们可以将越来越多的因素控制起来,从而减少随机性的影响. 然而,完全消除随机性的影响是不可能的.

随机现象既有随机性又有统计规律性. **统计规律性**,指现象的结果在多次重复出现时所表现出来的一种规律性. 随机现象的结果在多次重复出现时,频率的稳定性或平均水平的稳定性,是统计规律性的典型表现. 例如一名优秀的射手,一两次射击不足以反映其真正水平,而多次射击才能反映其真实实力. 概率论的任务就是要透过随机现象的随机性揭示其统计规律性;数理统计的任务就是通过分析这些带有随机性的统计数据,来推断所研究的事物或现象的规律.

2. 随机试验

人们是通过试验去研究随机现象的. 为研究随机现象所进行的观察或实验,称为**试验**. 若一个试验具有下列三个特点:

(1) 可以在相同的条件下重复进行;

(2) 每次试验的可能结果不止一种,并且事先可以明确试验所有可能出现的结果;

(3) 进行一次试验之前不能确定哪一种结果会出现,

则称这一试验为**随机试验**(random trial),记作 E.

下面举一些随机试验的例子.

> **例 1.1**　抛一枚硬币,观察正面 H 和反面 T 出现的情况.
>
> **例 1.2**　掷两颗骰子,观察出现的点数.
>
> **例 1.3**　从某厂生产的相同型号的灯泡中抽取一只,测试它的寿命(正常工作的小时数). 这是一个随机试验,它可能出现的结果可以是非负实数中的任意一个,但试验前无法确定究竟会出现哪一个非负实数.

在实际生活中,还存在许多随机试验的例子. 例如,彩票的开奖,质检部门对产品质量的检查等.

3. 样本空间与随机事件

要研究一个随机试验,首先要知道这个试验的所有可能结果. 不论可能的结果有多少,总可以从中找出一组基本结果,满足:

(1) 每进行一次试验,必然出现且只能出现其中的一个基本结果;

(2) 任何结果,都是由其中的一些基本结果所组成.

随机试验 E 的所有基本结果组成的集合称为**样本空间**(sample space),记作 Ω. 样本空间的元素,即 E 的每个基本结果,称为**样本点**.

> **例 1.1(续)** 在例 1.1 中,样本空间 $\Omega=\{H,T\}$,它由两个样本点组成.
> **例 1.2(续)** 在例 1.2 中,样本空间 $\Omega=\{(i,j)\mid i,j=1,2,3,4,5,6\}$,它是一个数集,由可列有限个样本点组成.
> **例 1.3(续)** 在例 1.3 中,样本空间 $\Omega=\{x\mid 0\leqslant x<+\infty\}$,它是一个数集,由不可列无限个样本点组成.

由上面的例子可见,样本空间可以是数集,也可以不是数集;可以是有限集,也可以是无限集.

我们把随机试验 E 的样本空间 Ω 的子集称为 E 的**随机事件**(random event),简称**事件**,通常用大写字母 $A,B,C,\cdots$ 表示. 仅含有一个样本点的随机事件称为**基本事件**. 在试验中,如果随机事件所包含的某个样本点出现,那么就称这一事件发生. 例如,在掷骰子的试验中,用 A 表示"出现点数为偶数"这个事件,若试验结果是"出现 6 点",则称事件 A 发生.

每次试验中都必然发生的事件,称为**必然事件**. 样本空间 Ω 包含所有的样本点,它是 Ω 自身的子集,每次试验中都必然发生,故它就是一个必然事件. 因而,必然事件我们也用 Ω 表示. 在每次试验中不可能发生的事件称为**不可能事件**. 空集 $\varnothing$ 不包含任何样本点,它作为样本空间的子集,在每次试验中都不可能发生,故它就是一个不可能事件. 因而,不可能事件我们也用 $\varnothing$ 表示.

4. 事件之间的关系与事件的运算

事件是一个集合,因而事件之间的关系与事件的运算可以用集合之间的关系与集合的运算来处理.

1) 事件之间的关系

(1) 包含关系. 如果事件 A 发生必然导致事件 B 发生,那么称**事件 A 包含于事件 B**(或称**事件 B 包含事件 A**),记作 $A\subset B$(或 $B\supset A$).

$A\subset B$ 的一个等价说法是,如果事件 B 不发生,那么事件 A 必然不发生.

若 $A\subset B$ 且 $B\subset A$,则称事件 A 与 B **相等**(或**等价**),记作 $A=B$.

为了方便起见,规定对于任一事件 A,有 $\varnothing\subset A$. 显然,对于任一事件 A,有 $A\subset\Omega$.

(2) 不相容事件. 如果两个事件 A 与 B 不可能同时发生,那么称事件 A 与 B 为**互不相容**(或**互斥**)**事件**,记作 $A\cap B=\varnothing$;否则,称 A 与 B 为**相容事件**.

基本事件是两两互不相容的.

(3) 对立事件. 如果 $A\cup B=\Omega$ 且 $A\cap B=\varnothing$,那么称事件 A 与事件 B 互为**逆事件**(或**对立事件**). A 的对立事件记作 $\overline{A}$,$\overline{A}$ 是由所有不属于 A 的样本点组成的事件,它表示"A 不发生"这样一个事件.

在一次试验中,若 A 发生,则 $\overline{A}$ 必不发生(反之亦然),即在一次试验中,A 与 $\overline{A}$ 二者只能发生其中之一,并且也必然发生其中之一. 显然,有 $\overline{\overline{A}}=A$.

对立事件必为互不相容事件,但互不相容事件未必为对立事件.

2) 事件的运算

(1) 并(和). "事件 A 与 B 中至少有一个发生"的事件称为 A 与 B 的**并**(或**和**),记作 $A\cup B$. 由事件并的定义,立即得到:对于任一事件 A,有

$$A \cup \Omega = \Omega, \quad A \cup \varnothing = A.$$

$A = \bigcup_{i=1}^{n} A_i$ 表示"可列有限个事件 $A_1, A_2, \cdots, A_n$ 中至少有一个发生"这一事件.

$A = \bigcup_{i=1}^{\infty} A_i$ 表示"可列无限个事件 A_i 中至少有一个发生"这一事件.

(2) **交**(**积**). "事件 A 与 B 同时发生"的事件称为 A 与 B 的**交**(或**积**),记作 $A \cap B$(或 AB). 由事件交的定义,立即得到:对于任一事件 A,有

$$A \cap \Omega = A, \quad A \cap \varnothing = \varnothing.$$

$B = \bigcap_{i=1}^{n} B_i$ 表示"可列有限个事件 $B_1, B_2, \cdots, B_n$ 同时发生"这一事件.

$B = \bigcap_{i=1}^{\infty} B_i$ 表示"可列无限个事件 B_i 同时发生"这一事件.

(3) **差**. "事件 A 发生而 B 不发生"的事件称为 A 与 B 的**差**,记作 $A - B$. 由事件差的定义,立即得到:对于任一事件 A,有

$$A - A = \varnothing, \quad A - \varnothing = A, \quad A - \Omega = \varnothing.$$

按事件差与对立事件的定义,容易得出:

$$\overline{A} = \Omega - A, \quad A - B = A\overline{B} = A - AB.$$

以上事件之间的关系及其运算可以用维恩(Venn)图来直观地描述. 若用平面上一个矩形表示样本空间 Ω,矩形内的点表示样本点,圆 A 与圆 B 分别表示事件 A 与事件 B,则 A 与 B 的各种关系及运算如图 1-1 ~ 图 1-6 所示.

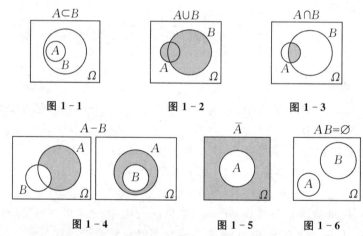

图 1-1　　　　图 1-2　　　　图 1-3

图 1-4　　　　图 1-5　　　　图 1-6

类似于集合论中集合的运算,可以验证一般事件的运算满足如下关系:

(1) **交换律**　$A \cup B = B \cup A, A \cap B = B \cap A.$

(2) **结合律**　$A \cup (B \cup C) = (A \cup B) \cup C,$
　　　　　　$A \cap (B \cap C) = (A \cap B) \cap C.$

(3) **分配律**　$A \cup (B \cap C) = (A \cup B) \cap (A \cup C),$
　　　　　　$A \cap (B \cup C) = (A \cap B) \cup (A \cap C).$

分配律可以推广到有限个或可列无限个事件的情形,即

$$A \cap \left(\bigcup_{i=1}^{n} A_i\right) = \bigcup_{i=1}^{n}(A \cap A_i), \quad A \cup \left(\bigcap_{i=1}^{n} A_i\right) = \bigcap_{i=1}^{n}(A \cup A_i);$$

$$A \cap \left(\bigcup_{i=1}^{\infty} A_i\right) = \bigcup_{i=1}^{\infty}(A \cap A_i), \quad A \cup \left(\bigcap_{i=1}^{\infty} A_i\right) = \bigcap_{i=1}^{\infty}(A \cup A_i).$$

(4) **德摩根**(De Morgan)**律**　对于有限个或可列无限个事件 A_i,恒有

$$\overline{\bigcup_{i=1}^{n} A_i} = \bigcap_{i=1}^{n} \overline{A_i}, \quad \overline{\bigcap_{i=1}^{n} A_i} = \bigcup_{i=1}^{n} \overline{A_i};$$

$$\overline{\bigcup_{i=1}^{\infty} A_i} = \bigcap_{i=1}^{\infty} \overline{A_i}, \quad \overline{\bigcap_{i=1}^{\infty} A_i} = \bigcup_{i=1}^{\infty} \overline{A_i}.$$

例 1.4 设 A,B,C 为三个事件,试用 A,B,C 的运算关系式表示下列事件:

(1) A 发生,B,C 都不发生;   (2) A,B 都发生,C 不发生;
(3) A,B,C 都发生;   (4) A,B,C 至少有一个发生;
(5) A,B,C 都不发生;   (6) A,B,C 不都发生;
(7) A,B,C 至多有两个发生;   (8) A,B,C 至少有两个发生.

解 (1) $A\overline{B}\overline{C}$.

(2) $AB\overline{C}$.

(3) ABC.

(4) $A \cup B \cup C = \overline{A}\,\overline{B}\,C \cup \overline{A}B\overline{C} \cup A\overline{B}\,\overline{C} \cup \overline{A}BC \cup A\overline{B}C \cup AB\overline{C} \cup ABC = \overline{\overline{A}\,\overline{B}\,\overline{C}}$.

(5) $\overline{A}\,\overline{B}\,\overline{C} = \overline{A \cup B \cup C}$.

(6) $\overline{ABC}$.

(7) $\overline{A}\,\overline{B}\,\overline{C} \cup \overline{A}\overline{B}C \cup \overline{A}B\overline{C} \cup A\overline{B}\,\overline{C} \cup \overline{A}BC \cup A\overline{B}C \cup AB\overline{C} = \overline{ABC} = \overline{A} \cup \overline{B} \cup \overline{C}$.

(8) $AB \cup BC \cup CA = AB\overline{C} \cup \overline{A}BC \cup A\overline{B}C \cup ABC$.

§1.2 概 率

在本节中,我们首先引入频率的概念,它描述事件发生的频繁程度,进而我们再引出表示事件在一次试验中发生的可能性大小的数 —— 概率,以及它的公理化定义.

1. 频率与概率

定义 1.1 设在相同条件下进行了 n 次试验.若随机事件 A 在 n 次试验中发生了 k 次,则称比值 $\dfrac{k}{n}$ 为事件 A 在这 n 次试验中发生的**频率**(frequency),记作 $f_n(A) = \dfrac{k}{n}$.

由定义 1.1 容易推知,频率具有以下性质:

(1) 对于任一事件 A,有 $0 \leqslant f_n(A) \leqslant 1$.

(2) 对于必然事件 Ω,有 $f_n(\Omega) = 1$.

(3) 若事件 A,B 互不相容,则
$$f_n(A \cup B) = f_n(A) + f_n(B).$$

一般地,若事件 $A_1,A_2,\cdots,A_m$ 两两互不相容,则
$$f_n\left(\bigcup_{i=1}^{m} A_i\right) = \sum_{i=1}^{m} f_n(A_i).$$

大量试验证实,随着重复试验次数 n 的增加,频率 $f_n(A)$ 会逐渐稳定于某个常数附近,且偏离的可能性很小.频率具有"稳定性"这一事实,说明了刻画事件 A 发生可能性大小的数 —— 概率,具有一定的客观存在性(严格来说,这是一个理想的模型,因为在实际中我们并不能绝对保证每次试验时,条件都保持完全一样,这只是一个理想的假设).

历史上有一些著名的试验,德摩根、蒲丰(Buffon)、皮尔逊(Pearson)、克里奇(Kerrich)、罗曼诺夫斯基(Romanovsky)等都曾进行过大量掷硬币试验.他们所得试验结果如表 1-1 所示.

表 1-1

试验者	掷硬币次数	出现正面次数	出现正面的频率
德摩根	2 048	1 061	0.518 1
蒲丰	4 040	2 048	0.506 9
克里奇	7 000	3 516	0.502 3
克里奇	8 000	4 034	0.504 3
克里奇	9 000	4 538	0.504 2
皮尔逊	12 000	6 019	0.501 6
皮尔逊	24 000	12 012	0.500 5
罗曼诺夫斯基	80 640	40 173	0.498 2

观察表 1-1 可知,出现正面的频率总在 0.5 附近摆动,随着试验次数增加,频率逐渐稳定于 0.5.这个 0.5 就反映了硬币正面出现的可能性的大小.

每个事件都存在一个这样的常数与之对应,因而可将频率 $f_n(A)$ 在 n 无限增大时逐渐趋向稳定的这个常数定义为事件 A 发生的概率.这就是概率的统计定义.

定义 1.2 设事件 A 在 n 次重复试验中发生的次数为 k,当 n 很大时,频率 $\dfrac{k}{n}$ 在某一数值 p 附近摆动,而随着试验次数 n 的增加,发生较大摆动的可能性越来越小,则称数 p 为事件 A 发生的**概率**(probability),记作 $P(A) = p$.

要注意的是,上述定义并没有提供确切计算概率的方法,即我们仅依据它不能确切地定出任何一个事件的概率.在实际中,我们不可能对每一个事件都做大量的试验,况且我们也不知道 n 取多大才行;如果 n 取很大,则不一定能保证每次试验的条件都完全相同.而且也没有理由认为,取试验次数为 $n+1$ 计算得到的频率,总会比取试验次数为 n 计算得到的频率更准确、更逼近所求的概率.

为了理论研究的需要,我们从频率的稳定性和频率的性质得到启发,给出概率的公理化定义.

2. 概率的公理化定义及其性质

定义 1.3 设 Ω 为样本空间,A 为事件,对于每一个事件 A 赋予一个实数,记作 $P(A)$.如果 $P(A)$ 满足以下条件:

(1) **非负性** $P(A) \geqslant 0$;

(2) **规范性** $P(\Omega) = 1$;

(3) **可列可加性** 对于两两互不相容的可列无限个事件 $A_1, A_2, \cdots, A_n, \cdots$,有

$$P(\bigcup_{n=1}^{\infty} A_n) = \sum_{n=1}^{\infty} P(A_n),$$

那么称实数 $P(A)$ 为事件 A 的**概率**.

由概率的公理化定义,可以推出概率的一些性质.

性质 1.1 $P(\varnothing) = 0$.

证 令 $A_n = \emptyset \,(n=1,2,\cdots)$,则 $\bigcup\limits_{n=1}^{\infty} A_n = \emptyset$,且
$$A_i A_j = \emptyset \quad (i \neq j, i,j = 1,2,\cdots).$$
由概率的可列可加性得
$$P(\emptyset) = P\Big(\bigcup_{n=1}^{\infty} A_n\Big) = \sum_{n=1}^{\infty} P(A_n) = \sum_{n=1}^{\infty} P(\emptyset).$$
故由 $P(\emptyset) \geqslant 0$ 及上式可知 $P(\emptyset) = 0$.

这个性质说明,不可能事件的概率为 0. 但逆命题不一定成立.

性质 1.2(有限可加性) 若 $A_1, A_2, \cdots, A_n$ 为两两互不相容事件,则有
$$P\Big(\bigcup_{k=1}^{n} A_k\Big) = \sum_{k=1}^{n} P(A_k).$$

证 令 $A_{n+1} = A_{n+2} = \cdots = \emptyset$,则 $A_i A_j = \emptyset\,(i \neq j, i,j = 1,2,\cdots)$. 故由可列可加性得
$$P\Big(\bigcup_{k=1}^{n} A_k\Big) = P\Big(\bigcup_{k=1}^{\infty} A_k\Big) = \sum_{k=1}^{\infty} P(A_k) = \sum_{k=1}^{n} P(A_k).$$

性质 1.3 设 A, B 是两个事件. 若 $A \subset B$,则有:

(1) **可减性** $P(B-A) = P(B) - P(A)$;

(2) **单调性** $P(A) \leqslant P(B)$.

证 (1) 由 $A \subset B$ 可知 $B = A \cup (B-A)$ 且 $A \cap (B-A) = \emptyset$. 再由概率的有限可加性有
$$P(B) = P(A \cup (B-A)) = P(A) + P(B-A),$$
即得
$$P(B-A) = P(B) - P(A).$$

(2) 因 $P(B-A) \geqslant 0$,故由(1)得 $P(A) \leqslant P(B)$.

性质 1.4 对于任一事件 A,有 $P(A) \leqslant 1$.

证 因为 $A \subset \Omega$,所以由性质 1.3 得 $P(A) \leqslant P(\Omega) = 1$.

性质 1.5 对于任一事件 A,有
$$P(\overline{A}) = 1 - P(A).$$

证 因为 $\overline{A} \cup A = \Omega, \overline{A} \cap A = \emptyset$,所以由有限可加性得
$$1 = P(\Omega) = P(\overline{A} \cup A) = P(\overline{A}) + P(A),$$
即
$$P(\overline{A}) = 1 - P(A).$$

性质 1.6(加法公式) 对于任意两个事件 A, B,有
$$P(A \cup B) = P(A) + P(B) - P(AB).$$

证 因为 $A \cup B = A \cup (B-AB)$ 且 $A \cap (B-AB) = \emptyset$,所以由性质 1.2 和性质 1.3 得
$$P(A \cup B) = P(A \cup (B-AB)) = P(A) + P(B-AB)$$
$$= P(A) + P(B) - P(AB).$$

性质 1.6 还可推广到三个事件的情形. 例如,设 A_1, A_2, A_3 为任意三个事件,则有
$$P(A_1 \cup A_2 \cup A_3) = P(A_1) + P(A_2) + P(A_3) - P(A_1 A_2)$$
$$- P(A_1 A_3) - P(A_2 A_3) + P(A_1 A_2 A_3).$$

一般地,设 $A_1, A_2, \cdots, A_n$ 为任意 n 个事件,可由归纳法证得

$$P(A_1 \cup A_2 \cup \cdots \cup A_n) = \sum_{i=1}^{n} P(A_i) - \sum_{1 \leqslant i < j \leqslant n} P(A_i A_j) + \sum_{1 \leqslant i < j < k \leqslant n} P(A_i A_j A_k)$$
$$- \cdots + (-1)^{n-1} P(A_1 A_2 \cdots A_n).$$

例 1.5 设 A,B 为两事件,$P(A)=0.7,P(B)=0.2,P(AB)=0.1$,求:
(1) A 发生但 B 不发生的概率;
(2) A 不发生但 B 发生的概率;
(3) 至少有一个事件发生的概率;
(4) A,B 都不发生的概率;
(5) 至少有一个事件不发生的概率.

解 (1) $P(A\overline{B}) = P(A-B) = P(A-AB) = P(A) - P(AB) = 0.6$.
(2) $P(\overline{A}B) = P(B-AB) = P(B) - P(AB) = 0.1$.
(3) $P(A \cup B) = P(A) + P(B) - P(AB) = 0.7 + 0.2 - 0.1 = 0.8$.
(4) $P(\overline{A}\,\overline{B}) = P(\overline{A \cup B}) = 1 - P(A \cup B) = 1 - 0.8 = 0.2$.
(5) $P(\overline{A} \cup \overline{B}) = P(\overline{AB}) = 1 - P(AB) = 1 - 0.1 = 0.9$.

§1.3 概率的计算

1. 古典概型

1) 古典概型的定义

定义 1.4 若随机试验 E 满足以下条件:
(1) 试验的样本空间 Ω 只有有限个样本点,即
$$\Omega = \{\omega_1, \omega_2, \cdots, \omega_n\};$$
(2) 试验中每个基本事件的发生是等可能的,即
$$P(\{\omega_1\}) = P(\{\omega_2\}) = \cdots = P(\{\omega_n\}),$$
则称此试验为**古典概型**,或称为**等可能概型**.

由定义可知 $\{\omega_1\}, \{\omega_2\}, \cdots, \{\omega_n\}$ 是两两互不相容的,故有
$$1 = P(\Omega) = P(\{\omega_1\} \cup \{\omega_2\} \cup \cdots \cup \{\omega_n\}) = P(\{\omega_1\}) + P(\{\omega_2\}) + \cdots + P(\{\omega_n\}).$$
又每个基本事件发生的可能性相同,即
$$P(\{\omega_1\}) = P(\{\omega_2\}) = \cdots = P(\{\omega_n\}),$$
故
$$1 = nP(\{\omega_i\}),$$
从而
$$P(\{\omega_i\}) = \frac{1}{n} \quad (i = 1, 2, \cdots, n).$$
设事件 A 包含 k 个基本事件,即
$$A = \{\omega_{i_1}\} \cup \{\omega_{i_2}\} \cup \cdots \cup \{\omega_{i_k}\},$$
这里 $i_1, i_2, \cdots, i_k$ 是 $1, 2, \cdots, n$ 中某 k 个不同的数,则有

$$P(A) = P(\{\omega_{i_1}\} \bigcup \{\omega_{i_2}\} \bigcup \cdots \bigcup \{\omega_{i_k}\})$$
$$= P(\{\omega_{i_1}\}) + P(\{\omega_{i_2}\}) + \cdots + P(\{\omega_{i_k}\})$$
$$= \underbrace{\frac{1}{n} + \frac{1}{n} + \cdots + \frac{1}{n}}_{k\text{个}} = \frac{k}{n}.$$

由此,得到古典概型中事件 A 的概率计算公式为

$$P(A) = \frac{k}{n} = \frac{A \text{ 所包含的样本点数}}{\Omega \text{ 中样本点总数}}. \tag{1.1}$$

称古典概型中事件 A 的概率为**古典概率**.

例 1.6 将一枚硬币抛掷三次,求:
(1) 恰有两次出现正面的概率;
(2) 至少有一次出现反面的概率.

解 正面用 H 表示,反面用 T 表示,将一枚硬币抛掷三次的样本空间为
$$\Omega = \{HHH, HHT, HTH, THH, HTT, THT, TTH, TTT\},$$
Ω 中包含有限个元素,且由对称性可知每个基本事件发生的可能性相同.

(1) 设 A 表示"恰有两次出现正面",则
$$A = \{HHT, HTH, THH\},$$
故有
$$P(A) = \frac{3}{8}.$$

(2) 设 B 表示"至少有一次出现反面",则 $\overline{B} = \{HHH\}$,故有
$$P(B) = 1 - P(\overline{B}) = 1 - \frac{1}{8} = \frac{7}{8}.$$

当样本空间的元素较多时,我们一般不再将 Ω 中的元素一一列出,只需分别求出 Ω 与 A 中所包含的元素的个数(基本事件的个数),再由(1.1)式求出 A 的概率即可.

一般地,可利用排列、组合及乘法原理、加法原理的知识计算 k 和 n 的值,进而求得相应的概率.

2) 计算古典概率的方法 —— 排列与组合

(1) 基本计数原理.

① **加法原理**. 设完成一件事有 m 种方式,第 $i(i=1,2,\cdots,m)$ 种方式有 n_i 种方法,则完成这件事的方法总数为 $n_1 + n_2 + \cdots + n_m$.

② **乘法原理**. 设完成一件事有 m 个步骤,第 $i(i=1,2,\cdots,m)$ 步有 n_i 种方法,且必须通过全部的 m 个步骤才能完成此事,则完成这件事的方法总数为 $n_1 \times n_2 \times \cdots \times n_m$.

(2) 排列组合方法.

① **排列公式**. 从 n 个不同元素中任取 $k(1 \leqslant k \leqslant n)$ 个元素的不同排列总数为
$$P_n^k = n(n-1)(n-2)\cdots(n-k+1) = \frac{n!}{(n-k)!}.$$

特别地,当 $k = n$ 时称其为**全排列**,其排列总数为
$$P_n^n = P_n = n(n-1)(n-2)\cdots 2 \cdot 1 = n!.$$

② **组合公式**. 从 n 个不同元素中任取 $k(1 \leqslant k \leqslant n)$ 个元素的不同组合总数为
$$C_n^k = \frac{P_n^k}{k!} = \frac{n!}{(n-k)!k!}.$$

C_n^k 有时记作 $\begin{bmatrix} n \\ k \end{bmatrix}$，称为**组合数**.

不难看出，有以下关系式成立：

$$P_n^k = C_n^k \cdot k!.$$

注 有关排列与组合的基本内容详见其他有关书籍.

例 1.7 一批产品共 N 件，其中有 M 件正品. 从中随机地取出 $n(n < N)$ 件，试求在下面三种情况下其中恰有 $m(m \leqslant M)$ 件正品（记作 A）的概率：

(1) n 件是同时取出的；

(2) n 件是无放回逐件取出的；

(3) n 件是有放回逐件取出的.

解 (1) $P(A) = \dfrac{C_M^m C_{N-M}^{n-m}}{C_N^n}.$

(2) 由于是无放回逐件取出的，可用排列法计算. 样本点总数为 P_N^n，n 次抽取中有 m 次为正品的组合数为 C_n^m. 对于固定的一种正品与次品的抽取次序，从 M 件正品中取 m 件的排列数为 P_M^m，从 $N-M$ 件次品中取 $n-m$ 件的排列数为 P_{N-M}^{n-m}，故

$$P(A) = \dfrac{C_n^m P_M^m P_{N-M}^{n-m}}{P_N^n}.$$

由于无放回逐件抽取也可以看成一次取出，故上述概率也可写成

$$P(A) = \dfrac{C_M^m C_{N-M}^{n-m}}{C_N^n}.$$

可以看出，用第二种方法简便得多.

(3) 由于是有放回逐件取出的，每次都有 N 种取法，故所有可能的取法总数为 N^n 种，n 次抽取中有 m 次为正品的组合数为 C_n^m. 对于固定的一种正品与次品的抽取次序，m 次取得正品，每次都有 M 种取法，共有 M^m 种取法，$n-m$ 次取得次品，每次都有 $N-M$ 种取法，共有 $(N-M)^{n-m}$ 种取法，故

$$P(A) = \dfrac{C_n^m M^m (N-M)^{n-m}}{N^n}.$$

例 1.8 将 3 个球随机放入 4 个杯子中，问：杯子中球的个数最多为 $1, 2, 3$ 的概率各是多少？

解 设 A, B, C 分别表示杯子中球的个数最多为 $1, 2, 3$ 的事件. 我们假设球是可以区分的，于是放球过程的基本事件总数为 $n = 4^3$.

(1) A 所包含的基本事件数，即是从 4 个杯子中任选 3 个杯子，每个杯子放入一个球，杯子的选法共有 C_4^3 种，球的放法有 $3!$ 种，故

$$P(A) = \dfrac{C_4^3 \cdot 3!}{4^3} = \dfrac{3}{8}.$$

(2) 对于事件 C，由于杯子中球的个数最多是 3，而 3 个球放在同一个杯子中共有 4 种放法，故 C 所包含的基本事件数为 4，因此

$$P(C) = \dfrac{4}{4^3} = \dfrac{1}{16}.$$

(3) 3 个球放入 4 个杯子中的各种可能放法为事件

$$A \cup B \cup C,$$

显然 $A \cup B \cup C = \Omega$,且 A,B,C 互不相容,故
$$P(B) = 1 - P(A) - P(C) = \frac{9}{16}.$$

2. 几何概型

上述古典概型的计算,只适用于具有等可能性的有限样本空间,若试验结果无穷多,则它显然已不适合. 为了克服样本空间有限的局限性,我们可将古典概型的计算加以推广.

设试验具有以下特点:

(1) 样本空间 Ω 是一个几何区域,且这个区域的大小可以度量(如长度、面积、体积等),并把 Ω 的度量记作 $m(\Omega)$;

(2) 向区域 Ω 内任意投掷一个点,落在该区域内任一个点处都是"等可能的". 或者说,落在 Ω 中的区域 A 内的可能性与 A 的度量 $m(A)$ 成正比,而与 A 的位置和形状无关,

则称此试验为**几何概型**.

在以上定义的随机试验中,不妨也用 A 表示"掷点落在区域 A 内",那么事件 A 的概率可用下列公式计算:
$$P(A) = \frac{m(A)}{m(\Omega)},$$

称它为**几何概率**.

例 1.9 设两人约定上午 8:00—9:00 在公园会面,求一人要等另一人 30 min 以上的概率.

解 设上午 8:00 为计算时刻的起点,以 min 为单位,x,y 为两人到达预定地点的时刻,那么两人到达时间的一切可能结果落在边长为 60 的正方形内,即 $0 \leqslant x, y \leqslant 60$. 令 A 表示"一人要等另一人 30 min 以上",则 $A = \{(x,y) \mid |x-y| > 30, 0 \leqslant x, y \leqslant 60\}$, $\Omega = \{(x,y) \mid 0 \leqslant x, y \leqslant 60\}$,如图 1-7 所示,其中 A 为阴影部分. 由几何概率公式,得

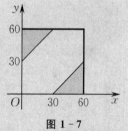

图 1-7

$$P(A) = \frac{m(A)}{m(\Omega)} = \frac{30^2}{60^2} = \frac{1}{4}.$$

3. 条件概率

1) 条件概率的定义与计算

定义 1.5 设 A,B 为两个事件,且 $P(B) > 0$,则称 $\dfrac{P(AB)}{P(B)}$ 为在事件 B 已发生的条件下事件 A 发生的**条件概率**,记作 $P(A \mid B)$,即
$$P(A \mid B) = \frac{P(AB)}{P(B)}.$$

例 1.10 设 A,B 为随机事件,且 $P(B) > 0, P(A \mid B) = 1$,试比较 $P(A \cup B)$ 与 $P(A)$ 的大小.

解 因为
$$P(A \cup B) = P(A) + P(B) - P(AB),$$
$$P(AB) = P(B)P(A \mid B) = P(B),$$
所以
$$P(A \cup B) = P(A) + P(B) - P(B) = P(A).$$

例 1.11　某科动物出生之后活到 20 岁的概率为 0.7,活到 25 岁的概率为 0.56,求现年为 20 岁的动物活到 25 岁的概率.

解　设 A 表示"活到 20 岁以上",B 表示"活到 25 岁以上",则有
$$P(A) = 0.7, \quad P(B) = 0.56, \quad B \subset A,$$
于是
$$P(B \mid A) = \frac{P(AB)}{P(A)} = \frac{P(B)}{P(A)} = \frac{0.56}{0.7} = 0.8.$$

例 1.12　某电子元件厂有职工 180 人,其中男职工有 100 人,女职工有 80 人,男、女职工中非熟练工人分别有 20 人与 5 人.现从该厂中任选一名职工,问:

(1) 该职工为非熟练工人的概率是多少?

(2) 若已知被选出的是女职工,则她是非熟练工人的概率是多少?

解　(1) 设 A 表示"任选一名职工为非熟练工人",则
$$P(A) = \frac{25}{180} = \frac{5}{36}.$$

(2) 已知被选出的是女职工,设 B 表示"选出女职工",则(2)问就是要求出在已知事件 B 发生的条件下事件 A 发生的概率.由条件概率公式,有
$$P(A \mid B) = \frac{P(AB)}{P(B)} = \frac{\frac{5}{180}}{\frac{80}{180}} = \frac{1}{16}.$$

注　例 1.12 的(2)问也可考虑用缩小样本空间的方法来做.既然已知选出的是女职工,那么男职工就可排除在考虑范围之外,因此"事件 B 已发生条件下的事件 A"就相当于在全部女职工中任选一人,而此人为非熟练工人.由于它可看作在一个新的样本空间 Ω_B(样本点为全体女职工)上的事件,且样本点总数是全体女职工人数 80,而上述事件中所包含的样本点总数就是女职工中的非熟练工人数 5,因此所求概率为
$$P(A \mid B) = \frac{5}{80} = \frac{1}{16}.$$

2) 条件概率的应用 —— 乘法公式

由条件概率的定义 $P(B \mid A) = \frac{P(AB)}{P(A)}(P(A) > 0)$,两边同乘以 $P(A)$,可得 $P(AB) = P(A)P(B \mid A)$,由此可得以下定理:

定理 1.1(乘法公式)　设 $P(A) > 0$,则有
$$P(AB) = P(A)P(B \mid A).$$

同理,设 $P(B) > 0$,则有
$$P(AB) = P(B)P(A \mid B).$$

乘法定理也可推广到三个事件的情形.例如,设 A,B,C 为三个事件,且 $P(AB) > 0$,则有
$$P(ABC) = P(C \mid AB)P(AB) = P(C \mid AB)P(B \mid A)P(A).$$

一般地,设 $A_1, A_2, \cdots, A_n$ 为 n 个事件,且 $P(A_1 A_2 \cdots A_{n-1}) > 0$,则有
$$P(A_1 A_2 \cdots A_n) = P(A_1)P(A_2 \mid A_1)P(A_3 \mid A_1 A_2)\cdots P(A_n \mid A_1 A_2 \cdots A_{n-1}). \tag{1.2}$$

事实上,由 $A_1 \supset A_1 A_2 \supset \cdots \supset A_1 A_2 \cdots A_{n-1}$,有
$$P(A_1) \geqslant P(A_1 A_2) \geqslant \cdots \geqslant P(A_1 A_2 \cdots A_{n-1}) > 0,$$

故(1.2)式右边的每一个条件概率都有意义.因此,由条件概率的定义可知

$$P(A_1)P(A_2 \mid A_1)P(A_3 \mid A_1A_2)\cdots P(A_n \mid A_1A_2\cdots A_{n-1})$$
$$= P(A_1)\frac{P(A_1A_2)}{P(A_1)} \cdot \frac{P(A_1A_2A_3)}{P(A_1A_2)} \cdot \cdots \cdot \frac{P(A_1A_2\cdots A_n)}{P(A_1A_2\cdots A_{n-1})}$$
$$= P(A_1A_2\cdots A_n).$$

例 1.13 设一批彩电共有100台,其中有10台次品.采用不放回抽样的方式依次抽取三次,每次抽一台,求第三次才抽到合格品的概率.

解 设 $A_i(i=1,2,3)$ 表示"第 i 次抽到合格品",则有

$$P(\overline{A_1}\overline{A_2}A_3) = P(\overline{A_1})P(\overline{A_2}\mid \overline{A_1})P(A_3\mid \overline{A_1}\overline{A_2})$$
$$= \frac{10}{100} \cdot \frac{9}{99} \cdot \frac{90}{98} \approx 0.0083.$$

例 1.14 设袋中有 n 个球,其中有 $n-1$ 个红球,1个白球.现有 n 个人依次从袋中各取一球,且每人取一球后不再放回袋中,求第 $i(i=1,2,\cdots,n)$ 人取到白球的概率.

解 设 $A_i(i=1,2,\cdots,n)$ 表示"第 i 人取到白球",显然 $P(A_1) = \frac{1}{n}$.

因为 $\overline{A_1} \supset A_2$,故 $A_2 = \overline{A_1}A_2$,于是

$$P(A_2) = P(\overline{A_1}A_2) = P(\overline{A_1})P(A_2 \mid \overline{A_1}) = \frac{n-1}{n} \cdot \frac{1}{n-1} = \frac{1}{n}.$$

类似地,有

$$P(A_3) = P(\overline{A_1}\overline{A_2}A_3) = P(\overline{A_1})P(\overline{A_2}\mid \overline{A_1})P(A_3\mid \overline{A_1}\overline{A_2})$$
$$= \frac{n-1}{n} \cdot \frac{n-2}{n-1} \cdot \frac{1}{n-2} = \frac{1}{n},$$

……

$$P(A_n) = P(\overline{A_1}\,\overline{A_2}\cdots \overline{A_{n-1}}A_n) = \frac{n-1}{n} \cdot \frac{n-2}{n-1} \cdot \cdots \cdot \frac{1}{2} \cdot 1 = \frac{1}{n}.$$

因此,第 $i(i=1,2,\cdots,n)$ 人取到白球的概率与 i 无关,都是 $\frac{1}{n}$.

4. 全概率公式与贝叶斯公式

我们首先引入样本空间 Ω 的划分的定义.

定义 1.6 设 Ω 为样本空间,$A_1,A_2,\cdots,A_n$ 为 Ω 中的一组事件.若它们满足以下条件:

(1) $A_iA_j = \emptyset$ $(i \neq j; i,j = 1,2,\cdots,n)$;

(2) $\bigcup\limits_{i=1}^{n} A_i = \Omega$,

则称 $A_1,A_2,\cdots,A_n$ 为样本空间 Ω 的一个**划分**.

例如,$A,\overline{A}$ 就是 Ω 的一个划分.

如果 $A_1,A_2,\cdots,A_n$ 是 Ω 的一个划分,那么对于每次试验,事件 $A_1,A_2,\cdots,A_n$ 中必有一个且仅有一个发生.

定理 1.2(全概率公式) 设 B 为样本空间 Ω 中的任一事件,$A_1,A_2,\cdots,A_n$ 为 Ω 的一个划分,且 $P(A_i) > 0 (i=1,2,\cdots,n)$,则有

$$P(B) = P(A_1)P(B\mid A_1) + P(A_2)P(B\mid A_2) + \cdots + P(A_n)P(B\mid A_n)$$
$$= \sum_{i=1}^{n} P(A_i)P(B\mid A_i).$$

称上述公式为**全概率公式**.

证 $P(B) = P(B\Omega) = P(B(A_1 \cup A_2 \cup \cdots \cup A_n))$
$$= P(BA_1 \cup BA_2 \cup \cdots \cup BA_n)$$
$$= P(BA_1) + P(BA_2) + \cdots + P(BA_n)$$
$$= P(A_1)P(B\mid A_1) + P(A_2)P(B\mid A_2) + \cdots + P(A_n)P(B\mid A_n).$$

全概率公式表明,在许多实际问题中对于概率不易直接求得的事件 B,如果能找到 Ω 的一个划分 $A_1, A_2, \cdots, A_n$,且 $P(A_i)$ 和 $P(B\mid A_i)(i=1,2,\cdots,n)$ 为已知或容易求得,那么就可以根据全概率公式求出 $P(B)$.

定理 1.3（贝叶斯(Bayes)公式） 设 B 为样本空间 Ω 中的任一事件,$A_1, A_2, \cdots, A_n$ 为 Ω 的一个划分,且 $P(B) > 0, P(A_i) > 0 (i=1,2,\cdots,n)$,则有

$$P(A_i \mid B) = \frac{P(B\mid A_i)P(A_i)}{\sum_{j=1}^{n} P(B\mid A_j)P(A_j)} \quad (i=1,2,\cdots,n).$$

称上述公式为**贝叶斯公式**,也称为**逆概率公式**.

证 由条件概率公式,有
$$P(A_i \mid B) = \frac{P(A_iB)}{P(B)} = \frac{P(A_i)P(B\mid A_i)}{\sum_{j=1}^{n} P(B\mid A_j)P(A_j)} \quad (i=1,2,\cdots,n).$$

例 1.15 某工厂生产的产品以 100 件为一批,假定每一批产品中的次品数最多不超过 4 件,且具有如表 1-2 所示的概率. 现进行抽样检验,从每批产品中随机取出 10 件来检验,若发现其中有次品,则认为该批产品不合格,求一批产品通过检验的概率.

表 1-2

一批产品中的次品数	0	1	2	3	4
概率	0.1	0.2	0.4	0.2	0.1

解 以 $A_i(i=0,1,2,3,4)$ 表示"一批产品中有 i 件次品",B 表示"通过检验",则由题意得

$$P(A_0) = 0.1, \quad P(B\mid A_0) = 1,$$
$$P(A_1) = 0.2, \quad P(B\mid A_1) = \frac{C_{99}^{10}}{C_{100}^{10}} = 0.9,$$
$$P(A_2) = 0.4, \quad P(B\mid A_2) = \frac{C_{98}^{10}}{C_{100}^{10}} \approx 0.809,$$
$$P(A_3) = 0.2, \quad P(B\mid A_3) = \frac{C_{97}^{10}}{C_{100}^{10}} \approx 0.727,$$
$$P(A_4) = 0.1, \quad P(B\mid A_4) = \frac{C_{96}^{10}}{C_{100}^{10}} \approx 0.652.$$

故由全概率公式,得

$$P(B) = \sum_{i=0}^{4} P(A_i) P(B|A_i)$$
$$= 0.1 \times 1 + 0.2 \times 0.9 + 0.4 \times 0.809 + 0.2 \times 0.727 + 0.1 \times 0.652$$
$$\approx 0.814.$$

例 1.16 设某工厂有甲、乙、丙三个车间生产同一种产品,产量依次占全厂的 45%,35%,20%,且各车间的次品率分别为 4%,2%,5%. 现在从一批产品中检查出一件次品,问:该次品是由哪个车间生产的可能性最大?

解 设 A_1, A_2, A_3 分别表示产品来自甲、乙、丙三个车间,B 表示"产品为次品",易知 A_1, A_2, A_3 是样本空间 Ω 的一个划分,且有

$$P(A_1) = 0.45, \quad P(A_2) = 0.35, \quad P(A_3) = 0.2,$$
$$P(B|A_1) = 0.04, \quad P(B|A_2) = 0.02, \quad P(B|A_3) = 0.05.$$

由全概率公式,得

$$P(B) = P(A_1)P(B|A_1) + P(A_2)P(B|A_2) + P(A_3)P(B|A_3)$$
$$= 0.45 \times 0.04 + 0.35 \times 0.02 + 0.2 \times 0.05$$
$$= 0.035.$$

由贝叶斯公式,得

$$P(A_1|B) = \frac{0.45 \times 0.04}{0.035} \approx 0.514,$$
$$P(A_2|B) = \frac{0.35 \times 0.02}{0.035} = 0.200,$$
$$P(A_3|B) = \frac{0.2 \times 0.05}{0.035} \approx 0.286.$$

由此可见,该次品是由甲车间生产的可能性最大.

例 1.17 设袋中有 m 枚正品硬币,n 枚次品硬币(次品硬币的两面均为国徽). 现从袋中任取一枚硬币,将它投掷 r 次,已知每次都得到国徽,问:这枚硬币是正品的概率是多少?

解 记 A 表示"取得正品硬币",B 表示"投掷 r 次,每次都得到国徽". 取 $A, \overline{A}$ 作为此次试验样本空间的一个划分,则由全概率公式和贝叶斯公式,得

$$P(A|B) = \frac{P(B|A)P(A)}{P(B|A)P(A) + P(B|\overline{A})P(\overline{A})}$$
$$= \frac{\frac{1}{2^r} \cdot \frac{m}{m+n}}{\frac{1}{2^r} \cdot \frac{m}{m+n} + \frac{n}{m+n}} = \frac{m}{m+n2^r}.$$

全概率公式、贝叶斯公式和前面的概率乘法公式是关于条件概率的三个重要公式. 它们在解决某些复杂事件的概率问题中起着十分重要的作用.

5. 独立重复试验概型

1) 事件的独立性

(1) 两个事件的独立性. 设 A_1, A_2 为两个事件. 若 $P(A_1) > 0$,则可定义 $P(A_2|A_1)$. 一般情形下,$P(A_2) \neq P(A_2|A_1)$,即事件 A_1 的发生对事件 A_2 发生的概率是有影响的. 而如果事件 A_1 的发生对事件 A_2 发生的概率没有影响,即

$$P(A_2) = P(A_2 \mid A_1) = P(A_2 \mid \overline{A_1}),$$

那么我们称 A_1 与 A_2 是相互独立的. 此时, 由乘法公式, 有

$$P(A_1 A_2) = P(A_1)P(A_2 \mid A_1) = P(A_1)P(A_2).$$

据此, 我们给出以下定义:

定义 1.7 若事件 A_1, A_2 满足

$$P(A_1 A_2) = P(A_1)P(A_2),$$

则称事件 A_1 与 A_2 是**相互独立的**.

现设 $P(A) > 0, P(B) > 0$. 容易知道, 如果 A 与 B 相互独立, 那么有 $P(AB) = P(A)P(B) > 0$, 故 $AB \neq \varnothing$, 即 A 与 B 相容; 反之, 如果 A 与 B 互不相容, 即 $AB = \varnothing$, 则 $P(AB) = 0$, 而 $P(A)P(B) > 0$, 所以 $P(AB) \neq P(A)P(B)$, 即 A 与 B 不独立. 这就是说, 当 $P(A) > 0$ 且 $P(B) > 0$ 时, A 与 B 相互独立和 A 与 B 互不相容不能同时成立.

定理 1.4 若事件 A 与 B 相互独立, 则下列各对事件也相互独立:

$$A \text{ 与 } \overline{B}, \quad \overline{A} \text{ 与 } B, \quad \overline{A} \text{ 与 } \overline{B}.$$

证 因为 $A = A\Omega = A(B \cup \overline{B}) = AB \cup A\overline{B}$, 显然 $(AB)(A\overline{B}) = \varnothing$, 所以

$$P(A) = P(AB \cup A\overline{B}) = P(AB) + P(A\overline{B}) = P(A)P(B) + P(A\overline{B}).$$

于是

$$P(A\overline{B}) = P(A) - P(A)P(B) = P(A)[1 - P(B)] = P(A)P(\overline{B}),$$

即 A 与 $\overline{B}$ 相互独立. 同理, 可推出 $\overline{A}$ 与 B 相互独立. 再由 $\overline{\overline{B}} = B$, 可推出 $\overline{A}$ 与 B 相互独立.

定理 1.5 若事件 A 与 B 相互独立, 且 $0 < P(A) < 1$, 则

$$P(B \mid A) = P(B \mid \overline{A}) = P(B).$$

该定理可由乘法公式、相互独立性定义推出.

例 1.18 证明: 若 $P(A \mid B) = P(A \mid \overline{B})$, 则 A 与 B 相互独立.

证 由题意, $P(A \mid B) = P(A \mid \overline{B})$, 即

$$\frac{P(AB)}{P(B)} = \frac{P(A\overline{B})}{P(\overline{B})},$$

整理得

$$P(AB)P(\overline{B}) = P(A\overline{B})P(B).$$

上式也可写成

$$P(AB)[1 - P(B)] = [P(A) - P(AB)]P(B),$$

因此

$$P(AB) = P(A)P(B),$$

即 A 与 B 相互独立.

(2) 多个事件的独立性. 在实际应用中, 我们经常遇到多个事件之间的相互独立问题. 对于三个事件的独立性, 可做如下定义:

定义 1.8 设 A_1, A_2, A_3 是三个事件. 如果它们满足等式:

$$P(A_1 A_2) = P(A_1)P(A_2),$$
$$P(A_1 A_3) = P(A_1)P(A_3),$$
$$P(A_2 A_3) = P(A_2)P(A_3),$$
$$P(A_1 A_2 A_3) = P(A_1)P(A_2)P(A_3),$$

则称 A_1, A_2, A_3 为相互独立的事件.

注 若事件 A_1, A_2, A_3 仅满足定义中的前三个等式,则称 A_1, A_2, A_3 是**两两独立**的.由此可知,若 A_1, A_2, A_3 相互独立,则 A_1, A_2, A_3 是两两独立的.但反过来,不一定成立.

例 1.19 设一个盒中装有四张卡片,四张卡片上依次标有下列各组字母:
$$XXY, \quad XYX, \quad YXX, \quad YYY.$$
从盒中任取一张卡片,用 $A_i (i=1,2,3)$ 表示"取到的卡片第 i 位上的字母为 X".求证:A_1, A_2, A_3 两两独立,但 A_1, A_2, A_3 并不相互独立.

证 易求出
$$P(A_1) = \frac{1}{2}, \quad P(A_2) = \frac{1}{2}, \quad P(A_3) = \frac{1}{2},$$
$$P(A_1 A_2) = \frac{1}{4}, \quad P(A_1 A_3) = \frac{1}{4}, \quad P(A_2 A_3) = \frac{1}{4},$$
故 A_1, A_2, A_3 是两两独立的.

又 $P(A_1 A_2 A_3) = 0$,而 $P(A_1) P(A_2) P(A_3) = \frac{1}{8}$,故
$$P(A_1 A_2 A_3) \neq P(A_1) P(A_2) P(A_3).$$
因此,A_1, A_2, A_3 不是相互独立的.

定义 1.9 对于 n 个事件 $A_1, A_2, \cdots, A_n$,若以下 $2^n - n - 1$ 个等式成立:
$$P(A_i A_j) = P(A_i) P(A_j) \quad (1 \leqslant i < j \leqslant n),$$
$$P(A_i A_j A_k) = P(A_i) P(A_j) P(A_k) \quad (1 \leqslant i < j < k \leqslant n),$$
$$\cdots\cdots$$
$$P(A_1 A_2 \cdots A_n) = P(A_1) P(A_2) \cdots P(A_n),$$
则称 $A_1, A_2, \cdots, A_n$ 是相互独立的事件.

由定义 1.9 可知,多个相互独立事件具有以下性质:

(1) 若事件 $A_1, A_2, \cdots, A_n (n \geqslant 2)$ 相互独立,则其中任意 $k (2 \leqslant k \leqslant n)$ 个事件也相互独立.

(2) 若 n 个事件 $A_1, A_2, \cdots, A_n (n \geqslant 2)$ 相互独立,则将 $A_1, A_2, \cdots, A_n$ 中任意多个事件换成它们的对立事件,所得的 n 个事件仍相互独立.

在实际应用中,对于事件的相互独立性,我们往往不是按定义来判断,而是根据实际意义来确定的.

例 1.20 设高射炮每次击中飞机的概率为 0.2,问:至少需要多少门这种高射炮同时独立发射(每门射一次),才能使得击中飞机的概率达到 0.95 以上?

解 设需要 n 门高射炮,A 表示"飞机被击中",$A_i (i=1,2,\cdots,n)$ 表示"第 i 门高射炮击中飞机",则
$$P(A) = P(A_1 \cup A_2 \cup \cdots \cup A_n) = 1 - P(\overline{A_1 \cup A_2 \cup \cdots \cup A_n})$$
$$= 1 - P(\overline{A_1}) P(\overline{A_2}) \cdots P(\overline{A_n}) = 1 - (1 - 0.2)^n.$$
令 $1 - (1 - 0.2)^n \geqslant 0.95$,得 $0.8^n \leqslant 0.05$,解得 $n \geqslant 14$,即至少需要 14 门高射炮才能有 0.95 以上的概率击中飞机.

2) 伯努利概型

在数学中,把在同样条件下重复进行试验的数学模型称为**独立试验序列模型**.由于随机现象的统计规律性只有在大量重复试验(在相同条件下)中才能表现出来,因此将一个试验重复独立

地进行 n 次,这是一种非常重要的概率模型.

若试验 E 只有两个可能结果：$A,\overline{A}$,则称 E 为**伯努利**(Bernoulli)**试验**.不妨设 $P(A) = p(0 < p < 1)$,此时 $P(\overline{A}) = 1 - p$.若将 E 重复独立地进行 n 次,则称这一串重复独立试验为 n **重伯努利试验**.

这里的"重复"是指,每次试验是在相同条件下进行,即在每次试验中 $P(A) = p$ 保持不变；"独立"是指,各次试验的结果互不影响,即若以 $C_i(i=1,2,\cdots,n)$ 表示第 i 次试验的结果,C_i 只能是 $A,\overline{A}$ 其中之一,且

$$P(C_1 C_2 \cdots C_n) = P(C_1) P(C_2) \cdots P(C_n).$$

n 重伯努利试验在实际中有着广泛的应用,是研究最多的模型之一.例如,将一枚硬币抛掷一次,观察出现的是正面还是反面,这是一个伯努利试验；将一枚硬币抛掷 n 次,就是 n 重伯努利试验.又如,抛掷一颗骰子,若 A 表示得到"6 点",则 $\overline{A}$ 表示得到"非 6 点",这是一个伯努利试验；将骰子抛掷 n 次,就是 n 重伯努利试验.再如,在 N 件产品中有 M 件次品,现从中任取一件,检测其是否为次品,这是一个伯努利试验；如有放回地抽取 n 次,就是 n 重伯努利试验.

对于伯努利概型,我们关心的是在 n 重伯努利试验中,A 出现 $k(0 \leqslant k \leqslant n)$ 次的概率.我们用 $P_n(k)$ 表示 n 重伯努利试验中 A 出现 k 次的概率,由 $P(A) = p$,得 $P(\overline{A}) = 1 - p$.又因为

$$\underbrace{AA\cdots A}_{k\text{个}}\underbrace{\overline{A}\overline{A}\cdots\overline{A}}_{n-k\text{个}} \cup \underbrace{AA\cdots A}_{k-1\text{个}}\overline{A}A\underbrace{\overline{A}\overline{A}\cdots\overline{A}}_{n-k-1\text{个}} \cup \cdots \cup \underbrace{\overline{A}\overline{A}\cdots\overline{A}}_{n-k\text{个}}\underbrace{AA\cdots A}_{k\text{个}}$$

就表示"n 重伯努利试验中 A 出现 k 次",它是 C_n^k 个互不相容事件的并,且由独立性可知,每一项的概率为 $p^k(1-p)^{n-k}$,再由有限可加性,得

$$P_n(k) = \mathrm{C}_n^k p^k (1-p)^{n-k} \quad (k = 0, 1, 2, \cdots, n).$$

这就是 n 重伯努利试验中 A 出现 k 次的概率计算公式.

例 1.21 设某个车间里共有 5 台车床,每台车床使用电力是间歇性的,平均每小时约有 6 min 使用电力.假设车工们工作是相互独立的,求在同一时刻,

(1) 恰有 2 台车床被使用的概率；

(2) 至少有 3 台车床被使用的概率；

(3) 至多有 3 台车床被使用的概率；

(4) 至少有 1 台车床被使用的概率.

解 设 A 表示"车床使用电力",即车床被使用,则有

$$P(A) = p = \frac{6}{60} = 0.1, \quad P(\overline{A}) = 1 - p = 0.9.$$

(1) $p_1 = P_5(2) = \mathrm{C}_5^2 (0.1)^2 (0.9)^3 = 0.0729.$

(2) $p_2 = P_5(3) + P_5(4) + P_5(5)$

$= \mathrm{C}_5^3 (0.1)^3 (0.9)^2 + \mathrm{C}_5^4 (0.1)^4 (0.9) + (0.1)^5 = 0.00856.$

(3) $p_3 = 1 - P_5(4) - P_5(5) = 1 - \mathrm{C}_5^4 (0.1)^4 (0.9) - (0.1)^5 = 0.99954.$

(4) $p_4 = 1 - P_5(0) = 1 - (0.9)^5 = 0.40951.$

例 1.22 设一张英语试卷有 10 道选择题,每题有 4 个选择答案,其中只有一个是正确答案.某同学投机取巧,随意选择,试问：他至少选对 6 道的概率是多大？

解 设 $B = \{$他至少选对 6 道$\}$.每答一道题有两个可能的结果：$A = \{$答对$\}$,$\overline{A} = \{$答错$\}$,因 $P(A) = \dfrac{1}{4}$,故做 10 道题就是 10 重伯努利试验($n = 10$).因此,所求概率为

$$P(B) = \sum_{k=6}^{10} P_{10}(k) = \sum_{k=6}^{10} C_{10}^{k} \left(\frac{1}{4}\right)^{k} \left(1 - \frac{1}{4}\right)^{10-k}$$
$$= C_{10}^{6} \left(\frac{1}{4}\right)^{6} \left(\frac{3}{4}\right)^{4} + C_{10}^{7} \left(\frac{1}{4}\right)^{7} \left(\frac{3}{4}\right)^{3} + C_{10}^{8} \left(\frac{1}{4}\right)^{8} \left(\frac{3}{4}\right)^{2}$$
$$+ C_{10}^{9} \left(\frac{1}{4}\right)^{9} \left(\frac{3}{4}\right) + \left(\frac{1}{4}\right)^{10}$$
$$\approx 0.019\,7.$$

人们在长期实践中总结得出,概率很小的事件在一次试验中实际上几乎是不发生的(称之为实际推断原理).故如例 1.22 所说,该同学随意选择,能在 10 道题中选对 6 道以上的概率很小,在实际中几乎是不会发生的.

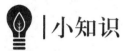

概率的起源

概率的概念起源于中世纪以来的欧洲流行的用骰子赌博,这一点不难理解,某种情况出现可能性的大小要能够体察并引起研究的兴趣,必须满足两个条件:一是该情况可以在多次重复中被观察其发生与否(在多次重复下出现较频繁的情况有更大的概率),二是该情况发生与否与当事人的利益有关,或为其兴趣关注所在,用骰子赌博满足这些条件.

当时有一个"分赌本问题"曾引起热烈的讨论,并经历了长达一百多年的研究才得到正确的解决.在这一过程中孕育了概率论的一些重要的基本概念.举该问题的一个简单情况:甲、乙二人赌博,各出赌注 30 元,共 60 元,每局甲、乙胜的机会均等,都是 1/2.约定:若谁先胜满三局,则他赢得全部赌注 60 元.现已赌完三局,甲二胜一负,而因故中断赌局,问:这 60 元赌注该如何分给二人才算公平?初看觉得应按 2∶1 分配,即甲得 40 元,乙得 20 元,还有人提出了一些另外的分法,结果都不正确.正确的分法应该考虑到,如果在此基础上继续赌下去,甲、乙最终获胜的机会如何.至多再赌两局即可分出胜负,这两局有四种可能结果:甲甲、甲乙、乙甲、乙乙.前三种情况都是甲最后取胜,只有最后一种情况才是乙取胜,二者之比为 3∶1,故赌注的公平分配应按 3∶1 的比例,即甲得 45 元,乙得 15 元.

当时的一些学者,如惠更斯(Huyghens)、帕斯卡(Pascal)、费马(Fermat)等人,对于这类赌博问题进行了许多研究,有的出版了著作,如惠更斯的一本著作曾长期在欧洲作为概率论的教科书,这些研究使得原始的概率和有关概念得到发展和深化.不过,在这个概率论的草创阶段,最重要的里程碑是伯努利的著作《推测术》,在他去世后的 1713 年发表,这部著作除了总结前人关于赌博的概率问题的成果并有所提高外,还有一个极重要的内容,即著名的伯努利大数定律(见第 6 章),如今大家都公认由伯努利工作发端的大数定律已成为整个数理统计学的基础.大数定律通俗一点来讲,就是当样本数量很大的时候,样本均值和真实均值充分接近.这一结论人们经常使用并深信不疑.

概率论虽发端于赌博,但很快在现实生活中找到多方面的应用.1812 年,法国大数学家拉普拉斯(Laplace)出版了对近代概率论影响深远的《分析概率论》;1933 年,苏联数学家柯尔莫哥洛夫(Kolmogrov)的专著《概率论的基础》出版,书中第一次在测度论的基础上建立了概率论的公理体系,在几条简洁的公理之下,发展出概率论整座的宏伟建筑,有如在欧几里得公理体系之下发展出整部几何.自那以来,概率论成长为现代数学的一个重要分支,使用了许多深刻和抽象的数学理论,在其影响下,数理统计的理论也日益向深化的方向发展.

习 题 1

1. 设 A,B,C 为三个事件,用 A,B,C 的运算关系式表示下列事件:
   (1) A 发生而 B 与 C 都不发生;
   (2) A,B,C 至少有一个事件发生;
   (3) A,B,C 至少有两个事件发生;
   (4) A,B,C 恰好有两个事件发生;
   (5) A,B 至少有一个发生而 C 不发生;
   (6) A,B,C 都不发生.

2. 对于任意事件 A,B,C,证明下列关系式:
   (1) $(A+B)(A+\overline{B})(\overline{A}+B)(\overline{A}+\overline{B}) = \varnothing$;
   (2) $A-(B+C) = (A-B)-C$.

3. 设 A,B 为两个事件,$P(A) = 0.5, P(B) = 0.3, P(AB) = 0.1$,求:
   (1) A 发生但 B 不发生的概率;
   (2) A,B 都不发生的概率;
   (3) A,B 至少有一个不发生的概率.

4. 调查某单位得知:购买空调的占 15%,购买电脑的占 12%,购买 DVD 的占 20%;同时购买空调与电脑的占 6%,同时购买空调与 DVD 的占 10%,同时购买电脑与 DVD 的占 5%,三种电器都购买的占 2%.求下列事件的概率:
   (1) 至少购买一种电器;
   (2) 至多购买一种电器;
   (3) 三种电器都没购买.

5. 已知 10 把钥匙中有 3 把能打开门,现任取 2 把,求能打开门的概率.

6. 任意将 10 本书放在书架上,其中有两套系列丛书,一套 3 本,另一套 4 本,求下列事件的概率:
   (1) 3 本一套放在一起;
   (2) 两套各自放在一起;
   (3) 两套中至少有一套放在一起.

7. 12 名新生中有 3 名优秀生,现将这 12 名新生随机地平均分配到 3 个班中去,试求:
   (1) 每班各分配到一名优秀生的概率;
   (2) 3 名优秀生分配到同一个班的概率.

8. 某箱中装有 a 只白球,b 只黑球,现做不放回抽取,每次取一只,求:
   (1) 任取 $m+n$ 只球,恰有 m 只白球,n 只黑球的概率($m \leqslant a, n \leqslant b$);
   (2) 第 k 次才取到白球的概率($k \leqslant b+1$);
   (3) 第 k 次恰取到白球的概率.

9. 在区间 $(0,1)$ 内任取两个数,求这两个数的乘积小于 $\dfrac{1}{4}$ 的概率.

10. 两人相约在某天下午 5:00—6:00 在预定地方见面,先到者要等候 20 min,过时则离去. 如果每人在这指定的 1 h 内任一时刻到达是等可能的,求约会的两人能会到面的概率.

11. 一盒中装有 5 件产品,其中有 3 件正品,2 件次品,从中取产品两次,每次取一件,做不放回抽样,求在第一次取到正品的条件下,第二次取到的也是正品的概率.

12. 设 $P(\overline{A}) = 0.3, P(B) = 0.4, P(A\overline{B}) = 0.5$,求 $P(B \mid A \cup \overline{B})$.

13. 设盒中有 m 只红球,n 只白球,每次从盒中任取一只球,看后放回,再放入 k 只与所取颜色相同的球. 若在盒中连取四次,试求第一次、第二次取到红球,第三次、第四次取到白球的概率.

14. 仓库中有 10 箱同样规格的产品,已知其中有 5 箱、3 箱、2 箱依次为甲、乙、丙厂生产,且甲厂、乙厂、丙厂生产的这种产品的次品率依次为 $\frac{1}{10}, \frac{1}{15}, \frac{1}{20}$. 现从这 10 箱产品中任取一件产品,求取得正品的概率.

15. 有两箱同类零件,第一箱有 50 个,其中有 10 个一等品,第二箱有 30 个,其中有 18 个一等品. 现任取一箱,从中任取零件两次,每次取一个,取后不放回. 求:
    (1) 第二次取到的零件是一等品的概率;
    (2) 在第一次取到一等品的条件下,第二次取到一等品的概率;
    (3) 两次取到的都不是一等品的概率.

16. 设有甲、乙两个袋子,甲袋中有 n 只白球、m 只红球;乙袋中有 N 只白球、M 只红球. 现从甲袋中任取一球放入乙袋中,再从乙袋中任取一球,问:从乙袋中取到白球的概率是多少?

17. 一箱产品,A,B 两厂各生产 60%,40%,其次品率分别为 1%,2%. 现从中任取一件为次品,问:此时该产品是哪个厂生产的可能性最大?

18. 由以往的临床记录可知,某种诊断癌症的试验具有如下效果:被诊断者患有癌症,试验反应为阳性的概率为 0.95;被诊断者没患有癌症,试验反应为阴性的概率为 0.95. 现对自然人群进行普查,设被诊断的人群中患有癌症的概率为 0.005,已知某位被诊断者的试验反应为阳性,求该被诊断者确患有癌症的概率.

19. 设某人每次射击的命中率为 0.2,问:至少需要进行多少次独立射击,才能使得至少击中一次的概率不小于 0.9?

20. 设有三人独立地破译一个密码,他们能破译的概率分别为 $\frac{1}{5}, \frac{1}{3}, \frac{1}{4}$,求将此密码被破译的概率.

21. 设在 N 件产品中有 M 件次品,现进行 $n(n \leqslant N)$ 次有放回地检查抽样,试求抽得 $k(0 \leqslant k \leqslant n)$ 件次品的概率.

22. 将一枚均匀硬币抛掷 $2n$ 次,求出现正面次数多于反面次数的概率.

第 2 章 随机变量及其分布

在第 1 章中,我们借助随机试验的样本空间,研究了随机事件及其概率.但是,样本空间未必是数集,不便于用传统的数学方法来处理.从本章开始,我们将通过引进随机变量来研究随机现象.

由于随机变量本质上就是把各种样本空间转化为一个数集,因此我们可以借助微积分等数学工具,全面地、深刻地揭示随机现象的统计规律性.

§2.1　随 机 变 量

为了更深入地研究各种与随机现象有关的理论和应用问题,我们有必要将样本空间的元素与实数对应起来,即将随机试验的每个可能的结果 e 都用一个实数 X 来表示. 例如,在性别抽查试验中用实数"1"表示"出现男性",用"0"表示"出现女性". 显然,一般来讲此处的实数 X 值将随 e 的变化而变化,它的值因 e 的随机性而具有随机性,我们称这种取值具有随机性的变量为随机变量.

从数学上看,上述对应关系犹如一个"函数",我们把它记作 $X(e)$,即对于样本空间 Ω 中的任意一个元素 e,它对应的"函数值"为 $X(e)$. 在上述例子中,有
$$X(e) = \begin{cases} 0, & e = e_1, \\ 1, & e = e_2, \end{cases}$$
其中 $e_1=$ "出现女性", $e_2=$ "出现男性".

定义 2.1　设随机试验的样本空间为 Ω. 如果对于 Ω 中的每一个元素 e,有一个实数 $X(e)$ 与之对应,那么就得到一个定义在 Ω 上的实值单值函数
$$X = X(e) \quad (e \in \Omega),$$
称之为**随机变量**(random variable).

对于样本空间 Ω,它本身就是一个实数集的试验,我们可以理解成这样一个"函数":
$$X(e) = e,$$
其中 $e \in \Omega$.

本书中,我们一般以大写字母如 X, Y, Z, W 等表示随机变量,而以小写字母如 x, y, z, w 等表示实数.

随机变量作为一个实值函数,它与普通函数有着本质的差异:

(1) 定义域不同,随机变量是定义在样本空间上的,样本空间上的元素不一定是实数,而普通函数是定义在数轴上的;

(2) 随机变量的取值随试验结果的不同而不同,在试验之前不能预知它取什么值,只有在试验之后才知道它的确切值;

(3) 试验的各个结果出现有一定的概率,故随机变量取各值有一定的概率.

下面我们将分别以离散型随机变量和连续型随机变量两种类型来更深入地讨论随机变量及其分布,另外一种奇异型随机变量超出本书范围,就不做介绍了.

§2.2　离散型随机变量及其分布

1. 离散型随机变量的概率分布

定义 2.2　如果随机变量所有可能的取值为有限个或可列无限个,那么称这种随机变量为

离散型随机变量.

由定义可知,要掌握一个离散型随机变量 X 的统计规律,只需知道 X 的所有可能取值以及取每一个可能值的概率.

定义 2.3 设离散型随机变量 X 的所有可能取值为 $x_k(k=1,2,\cdots)$,X 取各个可能值的概率,即事件 $\{X=x_k\}$ 的概率为

$$P\{X=x_k\}=p_k \quad (k=1,2,\cdots). \tag{2.1}$$

我们称(2.1)式为**离散型随机变量 X 的概率分布**(或**分布律**).

分布律也常用表格来表示(见表 2-1).

表 2-1

X	x_1	x_2	x_3	$\cdots$	x_k	$\cdots$
P	p_1	p_2	p_3	$\cdots$	p_k	$\cdots$

由概率的性质容易推得,任一离散型随机变量的分布律 $\{p_k\}$,都具有下述两个基本性质:

(1) $p_k \geqslant 0 \quad (k=1,2,\cdots)$. $\tag{2.2}$

(2) $\sum_{k=1}^{\infty} p_k = 1$. $\tag{2.3}$

反过来,任意一个具有以上两个性质的数列 $\{p_k\}$,一定可以作为某一个离散型随机变量的分布律.

例 2.1 设随机变量 X 的分布律为

$$P\{X=k\}=\frac{a}{10} \quad (k=1,2,\cdots,10),$$

试确定常数 a 的值.

解 由分布律的性质可知

$$1 = \sum_{k=1}^{10} P\{X=k\} = \sum_{k=1}^{10} \frac{a}{10} = a,$$

故 $a=1$.

例 2.2 从 1,2,3,4,5 这五个数中任取三个数,记 X 表示三个数中的最小者,求:
(1) X 的分布律;
(2) $P\{X \geqslant 2\}$.

解 (1) X 的所有可能取值为 1,2,3,且

$$P\{X=1\}=\frac{C_4^2}{C_5^3}=0.6, \quad P\{X=2\}=\frac{C_3^2}{C_5^3}=0.3, \quad P\{X=3\}=\frac{C_2^2}{C_5^3}=0.1.$$

于是,X 的分布律如表 2-2 所示.

表 2-2

X	1	2	3
P	0.6	0.3	0.1

(2) 方法一 $P\{X \geqslant 2\} = P\{X=2\} + P\{X=3\} = 0.4$.

方法二 $P\{X \geqslant 2\} = 1 - P\{X<2\} = 1 - P\{X=1\} = 0.4$.

2. 几种常见的离散型随机变量的概率分布

1) 两点分布

设随机变量 X 只可能取 x_1 与 x_2 两值,且它的分布律是

$$P\{X=x_1\}=1-p, \quad P\{X=x_2\}=p \quad (0<p<1),$$

则称 X 服从参数为 p 的**两点分布**(two-point distribution).

特别地,当 $x_1=0, x_2=1$ 时,两点分布又称为(0-1)分布,记作 $X\sim$(0-1)分布,其分布律如表 2-3 所示.

表 2-3

X	0	1
P	$1-p$	p

对于一个随机试验,若它的样本空间只包含两个元素,即 $\Omega=\{e_1,e_2\}$,则我们总能在 Ω 上定义一个服从(0-1)分布的随机变量

$$X=X(e)=\begin{cases}0, & e=e_1,\\ 1, & e=e_2,\end{cases}$$

并用它来描述这个试验的结果.因此,两点分布可以作为描述只包含两个基本事件的试验的数学模型.例如,在打靶试验中"命中"与"不命中"的概率分布;产品抽验中"产品合格"与"产品不合格"的概率分布;等等.总之,在一个随机试验中,如果我们只关心某事件 A 出现与否,那么就可用一个服从(0-1)分布的随机变量来描述.

2) 二项分布

设随机变量 X 的分布律为

$$P\{X=k\}=C_n^k p^k(1-p)^{n-k} \quad (k=0,1,2,\cdots,n), \tag{2.4}$$

则称 X 服从参数为 n,p 的**二项分布**(binomial distribution),记作 $X\sim B(n,p)$.

易知(2.4)式满足(2.2),(2.3)两式.事实上,$P\{X=k\}\geqslant 0$ 是显然的;再由二项展开式可知

$$\sum_{k=0}^n P\{X=k\}=\sum_{k=0}^n C_n^k p^k(1-p)^{n-k}=[p+(1-p)]^n=1.$$

我们知道,$P\{X=k\}=C_n^k p^k(1-p)^{n-k}$ 恰好是 $[p+(1-p)]^n$ 的二项展开式中出现 p^k 的那一项,这就是二项分布名称的由来.

回忆 n 重伯努利试验中事件 A 出现 k 次的概率计算公式

$$P_n(k)=C_n^k p^k(1-p)^{n-k} \quad (k=0,1,2,\cdots,n),$$

可以知道,若 $X\sim B(n,p)$,X 就可用来表示 n 重伯努利试验中事件 A 出现的次数,p 为事件 A 出现的概率.因此,二项分布可以作为描述 n 重伯努利试验中事件 A 出现次数的数学模型.例如,射手射击 n 次的试验中中靶次数的概率分布;随机抛掷硬币 n 次,落地时出现正面次数的概率分布;从一批足够多的产品中任意抽取 n 件,其中不合格产品件数的概率分布;等等.

不难看出,(0-1)分布就是二项分布在 $n=1$ 时的特殊情形,故(0-1)分布的分布律也可写成

$$P\{X=k\}=p^k q^{1-k} \quad (k=0,1;q=1-p).$$

例 2.3 射手向目标独立地进行了 3 次射击,每次击中率为 0.8,求 3 次射击中击中目标次数的分布律,并求 3 次射击中至少击中 2 次的概率.

解 设 X 表示击中目标的次数,则 $X=0,1,2,3$,且

$$P\{X=0\}=(0.2)^3=0.008,$$
$$P\{X=1\}=C_3^1(0.8)(0.2)^2=0.096,$$
$$P\{X=2\}=C_3^2(0.8)^2(0.2)=0.384,$$
$$P\{X=3\}=(0.8)^3=0.512.$$

故 X 的分布律如表 2-4 所示.

表 2-4

X	0	1	2	3
P	0.008	0.096	0.384	0.512

于是,3 次射击中至少击中 2 次的概率为

$$P\{X \geqslant 2\} = P\{X=2\} + P\{X=3\} = 0.896.$$

例 2.4 设某一大批产品的合格率为 98%,现随机地从这批产品中抽样 50 次,每次抽一件产品,问:抽得的 50 件产品中恰好有 $k(k=0,1,2,\cdots,50)$ 件为合格品的概率是多少?

解 本题属于不放回抽样.由于这批产品的总数很大,而抽出产品的数量相对于产品总数来说又很小,那么取出少许几件可以认为并不影响剩下部分产品的合格率,因而可以当作放回抽样来处理,这样做会有一些误差,但误差不大.我们把抽检一件产品看其是否为合格品看成一次试验,显然抽检 50 件产品就相当于 50 重伯努利试验.以 X 记 50 件产品中合格品的件数,那么 $X \sim B(50, 0.98)$,即

$$P\{X=k\} = C_{50}^{k}(0.98)^{k}(0.02)^{50-k} \quad (k=0,1,2,\cdots,50).$$

在上述例子中,若将参数 50 改为 1 000 或更大,显然此时直接计算该概率就显得相当麻烦.为此,我们给出一个当 n 很大而 p(或 $1-p$)很小时的近似计算公式.

定理 2.1(泊松(Poisson)定理) 设 $np_n = \lambda(\lambda > 0$ 是一常数,n 是任意正整数),则对于任一固定的非负整数 k,有

$$\lim_{n\to\infty} C_n^k p_n^k (1-p_n)^{n-k} = \frac{\lambda^k e^{-\lambda}}{k!}.$$

证 由 $p_n = \dfrac{\lambda}{n}$,得

$$C_n^k p_n^k (1-p_n)^{n-k} = \frac{n(n-1)\cdots(n-k+1)}{k!}\left(\frac{\lambda}{n}\right)^k \left(1-\frac{\lambda}{n}\right)^{n-k}$$

$$= \frac{\lambda^k}{k!}\left[1 \cdot \left(1-\frac{1}{n}\right)\left(1-\frac{2}{n}\right)\cdots\left(1-\frac{k-1}{n}\right)\right] \cdot \left(1-\frac{\lambda}{n}\right)^n \left(1-\frac{\lambda}{n}\right)^{-k}.$$

对于任意固定的 k,当 $n \to \infty$ 时,有

$$\left[1 \cdot \left(1-\frac{1}{n}\right)\left(1-\frac{2}{n}\right)\cdots\left(1-\frac{k-1}{n}\right)\right] \to 1,$$

$$\left(1-\frac{\lambda}{n}\right)^n \to e^{-\lambda}, \quad \left(1-\frac{\lambda}{n}\right)^{-k} \to 1,$$

故

$$\lim_{n\to\infty} C_n^k p_n^k (1-p_n)^{n-k} = \frac{\lambda^k e^{-\lambda}}{k!}.$$

由于 $\lambda = np_n$ 是常数,所以当 n 很大时,p_n 必定很小.因此,上述定理表明,当 n 很大 p 很小时,有以下近似公式:

$$C_n^k p^k (1-p)^{n-k} \approx \frac{\lambda^k e^{-\lambda}}{k!}, \tag{2.5}$$

其中 $\lambda = np$.

如表 2-5 所示,我们可以直观地看出(2.5)式左右两端的近似程度.

表 2-5

k	按二项分布公式直接计算				按泊松近似公式(2.5)计算
	$n=10$ $p=0.1$	$n=20$ $p=0.05$	$n=40$ $p=0.025$	$n=100$ $p=0.01$	$\lambda=1(=np)$
0	0.349	0.358	0.363	0.366	0.368
1	0.387	0.377	0.373	0.370	0.368
2	0.194	0.189	0.186	0.185	0.184
3	0.057	0.060	0.060	0.061	0.061
4	0.011	0.013	0.014	0.015	0.015
...	...	...	...	...	...

由表 2-5 可以看出，两者的结果是很接近的. 在实际计算中，当 $n \geqslant 20, p \leqslant 0.05$ 时近似效果颇佳，而当 $n \geqslant 100, np \leqslant 10$ 时，效果更好. $\dfrac{\lambda^k e^{-\lambda}}{k!}$ 的值有表可查(见本书附表3).

二项分布的泊松近似，常常应用于研究稀有事件(每次试验中事件 A 发生的概率 p 很小)，当伯努利试验的次数 n 很大时，事件 A 发生的频数的分布.

例 2.5 某十字路口每天有大量汽车通过. 设每辆车在一天的某时段发生交通事故的概率为 0.000 1，在某天的该时段内有 1 000 辆汽车通过，问：发生交通事故的次数不小于 2 的概率是多少？

解 设 X 表示发生交通事故的次数，则 $X \sim B(1\,000, 0.000\,1)$，此处 $\lambda = 1\,000 \times 0.000\,1 = 0.1$. 由泊松定理，得

$$P\{X \geqslant 2\} = 1 - P\{X=0\} - P\{X=1\} = 1 - e^{-0.1} - 0.1 \times e^{-0.1}$$
$$\approx 1 - 0.904\,8 - 0.090\,48 = 0.004\,72.$$

例 2.6 某人进行射击训练. 设每次射击的命中率为 0.02，独立射击 400 次，试求至少击中 2 次的概率.

解 将一次射击看成一次试验. 设击中次数为 X，则 $X \sim B(400, 0.02)$，即 X 的分布律为

$$P\{X=k\} = C_{400}^k (0.02)^k (0.98)^{400-k} \quad (k=0,1,2,\cdots,400).$$

故所求概率为

$$P\{X \geqslant 2\} = 1 - P\{X=0\} - P\{X=1\}$$
$$= 1 - (0.98)^{400} - 400 \times (0.02) \times (0.98)^{399} \approx 0.997\,2.$$

这个概率很接近 1，我们从两方面来讨论这一结果的实际意义.

其一，虽然每次射击的命中率很小(为 0.02)，但如果射击 400 次，则击中目标至少 2 次是几乎可以肯定的. 这一事实说明，一个事件尽管在一次试验中发生的概率很小，但只要试验次数很多，而且试验是独立进行的，那么这一事件的发生几乎是肯定的. 这也告诉人们决不能轻视小概率事件.

其二，如果在 400 次射击中，击中目标的次数竟不到 2 次，由于 $P\{X < 2\} \approx 0.003$ 很小，根据实际推断原理，我们将怀疑"每次射击的命中率为 0.02"这一假设的合理性，即认为该射手射击的命中率达不到 0.02.

3) 泊松分布

若随机变量 X 的分布律为

$$P\{X=k\} = \frac{\lambda^k e^{-\lambda}}{k!} \quad (k=0,1,2,\cdots), \tag{2.6}$$

其中 $\lambda > 0$ 是常数,则称 X 服从参数为 λ 的**泊松分布**(Poisson distribution),记作 $X \sim P(\lambda)$.

易知(2.6)式满足(2.2),(2.3)两式.事实上,$P\{X=k\} \geqslant 0$ 是显然的;再由

$$\sum_{k=0}^{\infty} \frac{\lambda^k e^{-\lambda}}{k!} = e^{-\lambda} \cdot e^{\lambda} = 1,$$

可知

$$\sum_{k=0}^{\infty} P\{X=k\} = 1.$$

由泊松定理可知,泊松分布可以作为描述大量重复随机试验中稀有事件出现的次数($k=0,1,2,\cdots$)的概率分布情况的一个数学模型.例如,大量产品中抽样检查时得到的不合格品数;一个集团中生日是元旦的人数;一本书一页中印刷错误出现的数目;数字通信中传输数字时发生误码的个数等,都近似服从泊松分布.除此之外,理论与实践都说明,泊松分布也可作为下列随机变量的概率分布的数学模型:在任意给定的一段固定的时间间隔内,① 由某块放射性物质放射出的 α 粒子到达某个计数器的粒子数;② 某地区发生交通事故的次数;③ 来到某公共设施要求给予服务的顾客数(这里的公共设施的意义可以是极为广泛的,诸如机场跑道、超市、医院等,在机场跑道的例子中,顾客可以相应地想象为飞机).泊松分布是概率论中一种很重要的分布.

例 2.7 由某商店过去的销售记录知道,某种商品每月的销售数(单位:件)可以用参数 $\lambda = 5$ 的泊松分布来描述.为了以 95% 以上的把握保证不脱销,问:该商店在月底至少应进这种商品多少件?

解 设该商店每月销售这种商品数为 X,月底进货 a 件,则当 $X \leqslant a$ 时该商品不脱销,故有

$$P\{X \leqslant a\} \geqslant 0.95.$$

由于 $X \sim P(5)$,因此上式为

$$\sum_{k=0}^{a} \frac{e^{-5} 5^k}{k!} \geqslant 0.95.$$

查附表3可知

$$\sum_{k=0}^{8} \frac{e^{-5} 5^k}{k!} \approx 0.9319 < 0.95, \quad \sum_{k=0}^{9} \frac{e^{-5} 5^k}{k!} \approx 0.9682 > 0.95.$$

于是,这家商店只要在月底进货这种商品9件(假定上个月没有存货),就有95%以上的把握保证这种商品在下个月不会脱销.

§2.3 随机变量的分布函数

当研究随机变量的概率分布规律时,由于随机变量 X 的所有可能取值不一定能逐个列出,因此在一般情况下我们研究随机变量落在某区间 $(x_1, x_2]$ 上的概率,即 $P\{x_1 < X \leqslant x_2\}$.由于

$P\{x_1 < X \leqslant x_2\} = P\{X \leqslant x_2\} - P\{X \leqslant x_1\}$，因此研究 $P\{x_1 < X \leqslant x_2\}$ 就归结为研究形如 $P\{X \leqslant x\}$ 的概率问题了. 不难看出，$P\{X \leqslant x\}$ 的值随 x 的变化而变化，故它是 x 的函数，我们称此函数为分布函数.

定义 2.4 设 X 是随机变量，x 为任意实数，称函数
$$F(x) = P\{X \leqslant x\}$$
为随机变量 X 的**分布函数**(distribution function).

对于任意实数 $x_1, x_2 (x_1 < x_2)$，有
$$P\{x_1 < X \leqslant x_2\} = P\{X \leqslant x_2\} - P\{X \leqslant x_1\} = F(x_2) - F(x_1). \tag{2.7}$$
因此，若已知随机变量 X 的分布函数，我们就能知道 X 落在任一区间 $(x_1, x_2]$ 上的概率. 从这个意义上说，分布函数完整地描述了随机变量的统计规律性.

如果将随机变量 X 看成数轴上随机点的坐标，那么分布函数 $F(x)$ 在 x 处的函数值就表示 X 落在区间 $(-\infty, x]$ 上的概率.

分布函数具有以下基本性质：

(1) $F(x)$ 为单调不减的函数.

事实上，由 (2.2) 式可知，对于任意实数 $x_1, x_2 (x_1 < x_2)$，有
$$F(x_2) - F(x_1) = P\{x_1 < X \leqslant x_2\} \geqslant 0.$$

(2) $0 \leqslant F(x) \leqslant 1$，且
$$\lim_{x \to +\infty} F(x) = 1, \quad 常记作 F(+\infty) = 1;$$
$$\lim_{x \to -\infty} F(x) = 0, \quad 常记作 F(-\infty) = 0.$$

我们从几何意义上解释这两个式子. 当区间 $(-\infty, x]$ 的右端点 x 沿数轴无限向左移动 ($x \to -\infty$) 时，事件"X 落在 x 左边"趋于不可能事件，故其概率 $P\{X \leqslant x\} = F(x)$ 趋于 0；而当 x 无限向右移动 ($x \to +\infty$) 时，事件"X 落在 x 左边"趋于必然事件，故其概率 $P\{X \leqslant x\} = F(x)$ 趋于 1.

(3) $F(x+0) = F(x)$，即 $F(x)$ 为右连续.

证明从略.

反过来可以证明，任一满足这三条性质的函数，一定可以作为某个随机变量的分布函数.

概率论主要是利用随机变量来描述和研究随机现象，利用分布函数来表示各事件的概率. 例如，$P\{X > a\} = 1 - P\{X \leqslant a\} = 1 - F(a)$，$P\{X < a\} = F(a - 0)$，$P\{X = a\} = F(a) - F(a-0)$ 等. 在引进随机变量和分布函数的概念后，我们就可以利用高等数学的许多结果和方法来研究各种随机现象了.

下面我们先就一般的离散型随机变量讨论其分布函数. 下一节再讨论连续型随机变量的分布函数.

设离散型随机变量 X 的分布律如表 2-1 所示. 由分布函数的定义可知
$$F(x) = P\{X \leqslant x\} = \sum_{x_k \leqslant x} P\{X = x_k\} = \sum_{x_k \leqslant x} p_k,$$
此处的记号"$\sum\limits_{x_k \leqslant x}$"表示对于所有满足 $x_k \leqslant x$ 的 k 求和，形象地讲，就是对于那些满足 $x_k \leqslant x$ 所对应的 p_k 的累加.

例 2.8 设一汽车在开往目的地的道路上需通过 4 盏信号灯,其中每盏灯以 0.6 的概率允许汽车通过,以 0.4 的概率禁止汽车通过(假设各盏信号灯的工作相互独立).若以 X 表示汽车首次停下时已经通过的信号灯盏数,求:(1) X 的分布律;(2) X 的分布函数 $F(x)$.

解 (1) 显然,X 的所有可能取值为 $0,1,2,3,4$,以 p 表示每盏灯禁止汽车通过的概率,易知 X 的分布律如表 2-6 所示.

表 2-6

X	0	1	2	3	4
P	p	$(1-p)p$	$(1-p)^2 p$	$(1-p)^3 p$	$(1-p)^4$

X 的分布律也可写成

$$P\{X=k\} = (1-p)^k p \quad (k=0,1,2,3),$$
$$P\{X=4\} = (1-p)^4.$$

将 $p=0.4, 1-p=0.6$ 代入上式,所得结果如表 2-7 所示.

表 2-7

X	0	1	2	3	4
P	0.4	0.24	0.144	0.086 4	0.129 6

(2) 下面求随机变量 X 的分布函数 $F(x)$.

由分布律可知,当 $x<0$ 时,
$$F(x) = P\{X \leqslant x\} = 0;$$

当 $0 \leqslant x < 1$ 时,
$$F(x) = P\{X \leqslant x\} = P\{X=0\} = 0.4;$$

当 $1 \leqslant x < 2$ 时,
$$F(x) = P\{X \leqslant x\} = P(\{X=0\} \cup \{X=1\})$$
$$= P\{X=0\} + P\{X=1\} = 0.4 + 0.24 = 0.64;$$

当 $2 \leqslant x < 3$ 时,
$$F(x) = P\{X \leqslant x\} = P(\{X=0\} \cup \{X=1\} \cup \{X=2\})$$
$$= P\{X=0\} + P\{X=1\} + P\{X=2\}$$
$$= 0.4 + 0.24 + 0.144 = 0.784;$$

当 $3 \leqslant x < 4$ 时,
$$F(x) = P\{X \leqslant x\} = P(\{X=0\} \cup \{X=1\} \cup \{X=2\} \cup \{X=3\})$$
$$= 0.4 + 0.24 + 0.144 + 0.086 \, 4 = 0.870 \, 4;$$

当 $x \geqslant 4$ 时,
$$F(x) = P\{X \leqslant x\} = P(\{X=0\} \cup \{X=1\} \cup \{X=2\} \cup \{X=3\} \cup \{X=4\})$$
$$= 0.4 + 0.24 + 0.144 + 0.086 \, 4 + 0.129 \, 6 = 1.$$

综上所述,得

$$F(x) = P\{X \leqslant x\} = \begin{cases} 0, & x < 0, \\ 0.4, & 0 \leqslant x < 1, \\ 0.64, & 1 \leqslant x < 2, \\ 0.784, & 2 \leqslant x < 3, \\ 0.870 \, 4, & 3 \leqslant x < 4, \\ 1, & x \geqslant 4. \end{cases}$$

例 2.8 中分布函数 $F(x)$ 的图形是一条阶梯状右连续曲线，在 $x=0,1,2,3,4$ 处有跳跃，其跳跃高度分别为 $0.4, 0.24, 0.144, 0.0864, 0.1296$，这条曲线从左至右依次从 $F(x)=0$ 逐步升至 $F(x)=1$。

类似地，对于如表 2-1 所示的一般的离散型随机变量 X 的分布律，其分布函数 $F(x)$ 表示的是一条阶梯状右连续曲线，在 $x=x_k(k=1,2,\cdots)$ 处有跳跃，跳跃的高度恰为 $p_k=P\{X=x_k\}$，即可看作由水平直线 $F(x)=0$ 从左至右分别按阶高 $p_1,p_2,\cdots$ 升至水平直线 $F(x)=1$。

以上是已知分布律求分布函数。反过来，若已知离散型随机变量 X 的分布函数 $F(x)$，则 X 的分布律也可由分布函数所确定：

$$p_k = P\{X=x_k\} = F(x_k) - F(x_k - 0).$$

§2.4　连续型随机变量及其分布

前面我们研究了离散型随机变量，这类随机变量的特点是它的所有可能取值及其相对应的概率能逐个地列出。这一节我们将要研究的连续型随机变量就不具有这样的性质了。连续型随机变量的特点是它的可能取值连续地充满某个区间甚至整个数轴。

1. 连续型随机变量的概率分布

定义 2.5　若对于随机变量 X 的分布函数 $F(x)$，存在非负可积函数 $f(x)$，使得对于任意实数 x，有

$$F(x) = \int_{-\infty}^{x} f(t)\mathrm{d}t, \tag{2.8}$$

则称 X 为**连续型随机变量**，其中 $f(x)$ 称为 X 的**概率密度函数**，简称**概率密度**或**密度函数**（density function）。

由定义可知，连续型随机变量 X 的分布函数 $F(x)$ 是连续函数。由分布函数的性质 $F(-\infty)=0, F(+\infty)=1$ 及 $F(x)$ 单调不减可知，$F(x)$ 是一条位于直线 $y=0$ 与 $y=1$ 之间的单调不减的连续（但不一定光滑）曲线。

由定义 2.5 知道，密度函数 $f(x)$ 具有以下性质：

(1) $f(x) \geqslant 0$。
(2) $\int_{-\infty}^{+\infty} f(x)\mathrm{d}x = 1$。
(3) $P\{x_1 < X \leqslant x_2\} = F(x_2) - F(x_1) = \int_{x_1}^{x_2} f(x)\mathrm{d}x \ (x_1 \leqslant x_2)$。
(4) 若 $f(x)$ 在点 x 处连续，则有 $F'(x) = f(x)$。
(5) $P\{X=a\} = 0$。

事实上，令 $\Delta x > 0$，设 X 的分布函数为 $F(x)$，则由

$$\{X=a\} \subset \{a - \Delta x < X \leqslant a\}$$

可得

$$0 \leqslant P\{X=a\} \leqslant P\{a - \Delta x < X \leqslant a\} = F(a) - F(a - \Delta x).$$

由于 $F(x)$ 连续，因此

$$\lim_{\Delta x \to 0} F(a - \Delta x) = F(a).$$

故当 $\Delta x \to 0$ 时,由夹逼定理得

$$P\{X = a\} = 0.$$

由此很容易推导出

$$P\{a \leqslant X < b\} = P\{a < X \leqslant b\} = P\{a \leqslant X \leqslant b\} = P\{a < X < b\}.$$

上式表明,在计算连续型随机变量落在某区间上的概率时,可不必区分该区间端点的情况.

此外还要说明的是,$P\{X = a\} = 0$ 是指事件 $\{X = a\}$ "几乎不可能发生",但并不保证绝不会发生,它是"零概率事件"而不是不可能事件.例如,抽检一个工件,其长度(单位:cm)X 丝毫不差刚好是其固定值(如 1.824 cm)的事件 $\{X = 1.824\}$ 几乎是不可能的,此时认为 $P\{X = 1.824\} = 0$.因此,讨论连续型随机变量在某点的概率是毫无意义的.

例 2.9 设连续型随机变量 X 的分布函数为

$$F(x) = \begin{cases} 0, & x < 0, \\ Ax^2, & 0 \leqslant x < 1, \\ 1, & x \geqslant 1. \end{cases}$$

试求:(1) A 的值;(2) X 落在区间 $(0.3, 0.7)$ 内的概率;(3) X 的密度函数.

解 (1) 由于 X 为连续型随机变量,故 $F(x)$ 是连续函数,因此有

$$1 = F(1) = \lim_{x \to 1-0} F(x) = \lim_{x \to 1-0} Ax^2 = A,$$

即 $A = 1$.于是,有

$$F(x) = \begin{cases} 0, & x < 0, \\ x^2, & 0 \leqslant x < 1, \\ 1, & x \geqslant 1. \end{cases}$$

(2) $P\{0.3 < X < 0.7\} = F(0.7) - F(0.3) = (0.7)^2 - (0.3)^2 = 0.4.$

(3) X 的密度函数为

$$f(x) = F'(x) = \begin{cases} 2x, & 0 \leqslant x < 1, \\ 0, & \text{其他}. \end{cases}$$

由定义 2.5 可知,改变密度函数 $f(x)$ 在个别点的函数值,不影响分布函数 $F(x)$ 的取值.因此,并不在乎改变密度函数在个别点处的值(例如,在 $x = 0$ 或 $x = 1$ 处 $f(x)$ 的值).

例 2.10 已知随机变量 X 的密度函数为

$$f(x) = A\mathrm{e}^{-|x|} \quad (-\infty < x < +\infty),$$

求:(1) A 的值;(2) $P\{0 < X < 1\}$;(3) $F(x)$.

解 (1) 由 $\int_{-\infty}^{+\infty} f(x)\mathrm{d}x = 1$,得

$$1 = \int_{-\infty}^{+\infty} A\mathrm{e}^{-|x|}\mathrm{d}x = 2\int_{0}^{+\infty} A\mathrm{e}^{-x}\mathrm{d}x = 2A,$$

故 $A = \dfrac{1}{2}$.

(2) $P\{0 < X < 1\} = \dfrac{1}{2}\int_{0}^{1} \mathrm{e}^{-x}\mathrm{d}x = \dfrac{1}{2}(1 - \mathrm{e}^{-1}).$

(3) 当 $x < 0$ 时,

$$F(x) = \int_{-\infty}^{x} \frac{1}{2}\mathrm{e}^{x}\mathrm{d}x = \frac{1}{2}\mathrm{e}^{x};$$

当 $x \geqslant 0$ 时,
$$F(x) = \int_{-\infty}^{x} \frac{1}{2} e^{-|x|} dx = \int_{-\infty}^{0} \frac{1}{2} e^{x} dx + \int_{0}^{x} \frac{1}{2} e^{-x} dx = 1 - \frac{1}{2} e^{-x}.$$

综上所述,得
$$F(x) = \begin{cases} \dfrac{1}{2} e^{x}, & x < 0, \\ 1 - \dfrac{1}{2} e^{-x} & x \geqslant 0. \end{cases}$$

2. 几种常见的连续型随机变量的概率分布

1) 均匀分布

若连续型随机变量 X 具有密度函数
$$f(x) = \begin{cases} \dfrac{1}{b-a}, & a < x < b, \\ 0, & 其他, \end{cases} \tag{2.9}$$

则称 X 在区间 (a,b) 上服从**均匀分布**(uniform distribution),记作 $X \sim U(a,b)$.

易知,$f(x) \geqslant 0$ 且 $\int_{-\infty}^{+\infty} f(x) dx = \int_{a}^{b} \dfrac{1}{b-a} dx = 1$.

由(2.9)式可得

(1) $P\{X \geqslant b\} = \int_{b}^{+\infty} 0 dx = 0, P\{X \leqslant a\} = \int_{-\infty}^{a} 0 dx = 0$,即
$$P\{a < X < b\} = 1 - P\{X \geqslant b\} - P\{X \leqslant a\} = 1.$$

(2) 若 $a \leqslant c < d \leqslant b$,则
$$P\{c < X < d\} = \int_{c}^{d} \frac{1}{b-a} dx = \frac{d-c}{b-a}.$$

因此,在区间 (a,b) 上服从均匀分布的随机变量 X 的物理意义是:X 以概率 1 在区间 (a,b) 内取值,而以概率 0 在区间 (a,b) 以外取值,并且 X 值落入 (a,b) 中任一子区间 (c,d) 内的概率与子区间的长度成正比,而与子区间的位置无关.

由(2.9)式易得 X 的分布函数为
$$F(x) = \begin{cases} 0, & x < a, \\ \dfrac{x-a}{b-a}, & a \leqslant x < b, \\ 1, & x \geqslant b. \end{cases} \tag{2.10}$$

密度函数 $f(x)$ 和分布函数 $F(x)$ 的图形分别如图 2-1 和图 2-2 所示.

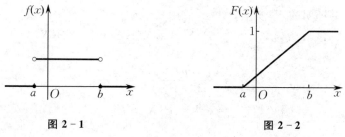

图 2-1   图 2-2

在数值计算中,由于四舍五入,小数点后第一位小数所引起的误差 X,一般可以看作一个在

区间$[-0.5,0.5]$上服从均匀分布的随机变量. 又如, 在区间(a,b)内随机投掷一质点, 则该质点的坐标X一般也可看作一个在区间(a,b)上服从均匀分布的随机变量.

例 2.11 设随机变量X在区间$[2,5]$上服从均匀分布. 现对X进行3次独立观测, 求至少有2次的观测值大于3的概率.

解 已知$X \sim U[2,5]$, 即

$$f(x) = \begin{cases} \dfrac{1}{3}, & 2 \leqslant x \leqslant 5, \\ 0, & \text{其他}, \end{cases}$$

于是有

$$P\{X > 3\} = \int_3^5 \frac{1}{3} \mathrm{d}x = \frac{2}{3}.$$

故所求概率为

$$p = C_3^2 \left(\frac{2}{3}\right)^2 \frac{1}{3} + C_3^3 \left(\frac{2}{3}\right)^3 = \frac{20}{27}.$$

2) 指数分布

若随机变量X的密度函数为

$$f(x) = \begin{cases} \lambda \mathrm{e}^{-\lambda x}, & x > 0, \\ 0, & \text{其他}, \end{cases} \tag{2.11}$$

其中$\lambda > 0$为常数, 则称X服从参数为λ的**指数分布**(exponential distribution), 记作$X \sim E(\lambda)$.

显然, $f(x) \geqslant 0$且

$$\int_{-\infty}^{+\infty} f(x) \mathrm{d}x = \int_0^{+\infty} \lambda \mathrm{e}^{-\lambda x} \mathrm{d}x = 1.$$

由(2.11)式容易得到X的分布函数为

$$F(x) = \begin{cases} 1 - \mathrm{e}^{-\lambda x}, & x > 0, \\ 0, & \text{其他}. \end{cases}$$

指数分布具有无记忆性的特点, 即对于任意$s, t > 0$, 有

$$P\{X > s+t \mid X > s\} = P\{X > t\}. \tag{2.12}$$

因此, 指数分布经常用于描述无老化时的寿命分布.

如果用X表示某一元件的寿命(单位: h), 那么上式表明, 在已知元件已使用了s h的条件下, 它还能再使用至少t h的概率, 与从开始使用时算起它至少能使用t h的概率相等. 这就是说, 元件对于它已使用过s h 没有记忆. 当然, 指数分布描述的是无老化时的寿命分布, 但无老化是不可能的, 因而只是一种近似描述. 对于一些寿命长的元件, 在初级阶段老化现象很小, 故在这一阶段, 指数分布可以比较确切地描述其寿命分布的情况.

(2.12)式是容易证明的. 事实上,

$$\begin{aligned} P\{X > s+t \mid X > s\} &= \frac{P\{X > s, X > s+t\}}{P\{X > s\}} = \frac{P\{X > s+t\}}{P\{X > s\}} \\ &= \frac{1 - F(s+t)}{1 - F(s)} = \frac{\mathrm{e}^{-\lambda(s+t)}}{\mathrm{e}^{-\lambda s}} \\ &= \mathrm{e}^{-\lambda t} = P\{X > t\}. \end{aligned}$$

例 2.12 设顾客在某银行窗口等待服务的时间(单位:min)X 服从指数分布,其密度函数为

$$f(x) = \begin{cases} \dfrac{1}{5}e^{-\frac{x}{5}}, & x > 0, \\ 0, & 其他. \end{cases}$$

某顾客在窗口等待服务,若超过 10 min,他就离开.该顾客一个月到银行 5 次,以 Y 表示一个月内他未等到服务而离开窗口的次数,写出 Y 的分布律,并求 $P\{Y \geqslant 1\}$.

解 设该顾客在窗口等待服务的时间超过 10 min 的概率为 p,则

$$p = \int_{10}^{+\infty} \frac{1}{5} e^{-\frac{x}{5}} dx = e^{-2}.$$

注意到该顾客一个月会到银行 5 次,也就相当于进行了 5 重伯努利试验,每次试验得不到服务的概率为 e^{-2},所以 $Y \sim B(5, e^{-2})$,即

$$P\{Y = k\} = C_5^k (e^{-2})^k (1 - e^{-2})^{5-k} \quad (k = 0, 1, \cdots, 5).$$

因此

$$P\{Y \geqslant 1\} = 1 - P\{Y = 0\} = 1 - (1 - e^{-2})^5.$$

3) 正态分布

若连续型随机变量 X 的密度函数为

$$f(x) = \frac{1}{\sqrt{2\pi}\sigma} e^{-\frac{(x-\mu)^2}{2\sigma^2}} \quad (-\infty < x < +\infty), \tag{2.13}$$

其中 $\mu, \sigma (\sigma > 0)$ 为常数,则称 X 服从参数为 μ, σ 的**正态分布**(normal distribution),记作

$$X \sim N(\mu, \sigma^2).$$

显然,$f(x) \geqslant 0$,下面来证明 $\int_{-\infty}^{+\infty} f(x) dx = 1$.

令 $\dfrac{x-\mu}{\sigma} = t$,得到

$$\int_{-\infty}^{+\infty} \frac{1}{\sqrt{2\pi}\sigma} e^{-\frac{(x-\mu)^2}{2\sigma^2}} dx = \frac{1}{\sqrt{2\pi}} \int_{-\infty}^{+\infty} e^{-\frac{t^2}{2}} dt.$$

记 $I = \int_{-\infty}^{+\infty} e^{-\frac{t^2}{2}} dt$,则有

$$I^2 = \int_{-\infty}^{+\infty} \int_{-\infty}^{+\infty} e^{-\frac{t^2+s^2}{2}} dt ds.$$

对于上式的积分做极坐标变换 $s = r\cos\theta, t = r\sin\theta$,得到

$$I^2 = \int_0^{2\pi} \int_0^{+\infty} r e^{-\frac{r^2}{2}} dr d\theta = 2\pi.$$

又 $I > 0$,故有 $I = \sqrt{2\pi}$,即有

$$\int_{-\infty}^{+\infty} e^{-\frac{t^2}{2}} dt = \sqrt{2\pi},$$

于是

$$\int_{-\infty}^{+\infty} \frac{1}{\sqrt{2\pi}\sigma} e^{-\frac{(x-\mu)^2}{2\sigma^2}} dx = \frac{1}{\sqrt{2\pi}} \cdot \sqrt{2\pi} = 1.$$

正态分布是概率论和数理统计中最重要的分布之一.在实际问题中,大量的随机变量服从或近似服从正态分布.事实上,只要某一个随机变量受到许多相互独立随机因素的影响,而每个个

别因素的影响都不能起决定性作用,那么就可以断定该随机变量服从或近似服从正态分布.例如,因为人的身高、体重受到种族、饮食习惯、地域、运动等因素的影响,但这些因素又不能对身高、体重起决定性作用,所以我们可以认为身高、体重服从或近似服从正态分布.

参数 μ,σ 的意义将在第 4 章中说明.

密度函数 $f(x)$ 的图形如图 2-3 所示,它具有以下性质:

(1) 曲线关于直线 $x=\mu$ 对称.

(2) 曲线在 $x=\mu$ 处取得最大值,且当 x 离 μ 越远时,$f(x)$ 的值越小.这表明对于同样长度的区间,当区间离 μ 越远时,X 落在这个区间上的概率越小.

(3) 曲线在 $x=\mu\pm\sigma$ 处有拐点.

(4) 曲线以 x 轴为渐近线.

(5) 若固定 μ 值而 σ 值改变,则当 σ 越小时,曲线越尖陡(见图 2-4),因而 X 落在 μ 附近的概率越大;若固定 σ 值而 μ 值改变,则曲线沿 x 轴平移,不改变其形状.故称 σ 为**精度参数**,μ 为**位置参数**.

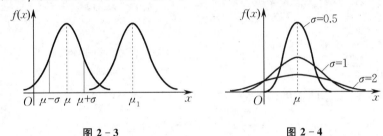

图 2-3　　　　图 2-4

由(2.13)式,得 X 的分布函数为

$$F(x)=\frac{1}{\sqrt{2\pi}\sigma}\int_{-\infty}^{x}e^{-\frac{(t-\mu)^2}{2\sigma^2}}dt \quad (-\infty<x<+\infty). \tag{2.14}$$

特别地,当 $\mu=0,\sigma=1$ 时,称 X 服从标准正态分布 $N(0,1)$,其密度函数和分布函数分别用 $\varphi(x)$,$\Phi(x)$ 表示,即有

$$\varphi(x)=\frac{1}{\sqrt{2\pi}}e^{-\frac{x^2}{2}} \quad (-\infty<x<+\infty), \tag{2.15}$$

$$\Phi(x)=\frac{1}{\sqrt{2\pi}}\int_{-\infty}^{x}e^{-\frac{t^2}{2}}dt \quad (-\infty<x<+\infty). \tag{2.16}$$

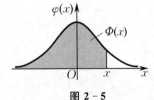

图 2-5

$\varphi(x)$ 的图形与 $\Phi(x)$ 的几何意义如图 2-5 所示.

由对称性易知

$$\Phi(-x)=1-\Phi(x).$$

通常情况下,$\Phi(x)$ 难以计算,因此人们事先编制了 $\Phi(x)$ 的函数值表(见本书附表 2),可以通过查表得到函数值.

定理 2.2 若 $X\sim N(\mu,\sigma^2)$,则 $Z=\dfrac{X-\mu}{\sigma}\sim N(0,1)$.

证 事实上,$Z=\dfrac{X-\mu}{\sigma}$ 的分布函数为

$$P\{Z\leqslant x\}=P\left\{\frac{X-\mu}{\sigma}\leqslant x\right\}=P\{X\leqslant\mu+\sigma x\}=\int_{-\infty}^{\mu+\sigma x}\frac{1}{\sqrt{2\pi}\sigma}e^{-\frac{(t-\mu)^2}{2\sigma^2}}dt.$$

令 $\dfrac{t-\mu}{\sigma}=s$,得

$$P\{Z \leqslant x\} = \frac{1}{\sqrt{2\pi}} \int_{-\infty}^{x} \mathrm{e}^{-\frac{s^2}{2}} \mathrm{d}s = \Phi(x),$$

即 $Z = \dfrac{X-\mu}{\sigma} \sim N(0,1)$.

该定理表明,若 $X \sim N(\mu, \sigma^2)$,则可利用标准正态分布函数 $\Phi(x)$,通过查表求得 X 落在任一区间 $(x_1, x_2]$ 上的概率,即

$$\begin{aligned}P\{x_1 < X \leqslant x_2\} &= P\left\{\frac{x_1-\mu}{\sigma} < \frac{X-\mu}{\sigma} \leqslant \frac{x_2-\mu}{\sigma}\right\} \\ &= P\left\{\frac{X-\mu}{\sigma} \leqslant \frac{x_2-\mu}{\sigma}\right\} - P\left\{\frac{X-\mu}{\sigma} \leqslant \frac{x_1-\mu}{\sigma}\right\} \\ &= \Phi\left(\frac{x_2-\mu}{\sigma}\right) - \Phi\left(\frac{x_1-\mu}{\sigma}\right).\end{aligned}$$

例如,设 $X \sim N(1.5, 2^2)$,可得

$$\begin{aligned}P\{-1 \leqslant X \leqslant 2\} &= P\left\{\frac{-1-1.5}{2} \leqslant \frac{X-1.5}{2} \leqslant \frac{2-1.5}{2}\right\} \\ &= \Phi(0.25) - \Phi(-1.25) \\ &= \Phi(0.25) - [1 - \Phi(1.25)] \\ &= 0.5987 - 1 + 0.8944 = 0.4931.\end{aligned}$$

设 $X \sim N(\mu, \sigma^2)$,由标准正态分布表可得

$$P\{\mu - \sigma < X < \mu + \sigma\} = \Phi(1) - \Phi(-1) = 2\Phi(1) - 1 = 0.6826,$$
$$P\{\mu - 2\sigma < X < \mu + 2\sigma\} = \Phi(2) - \Phi(-2) = 2\Phi(2) - 1 = 0.9544,$$
$$P\{\mu - 3\sigma < X < \mu + 3\sigma\} = \Phi(3) - \Phi(-3) = 2\Phi(3) - 1 = 0.9974.$$

我们看到,尽管正态随机变量 X 的取值范围是 $(-\infty, +\infty)$,但它的值落在区间 $(\mu-3\sigma, \mu+3\sigma)$ 上几乎是肯定的事.因此,在实际问题中,基本上可以认为有 $|X-\mu| < 3\sigma$,如果 X 随机地取一个值,不等式却不成立,那么就有理由怀疑 $X \sim N(\mu, \sigma^2)$ 是否为真,这就是人们所说的"3σ 原则".

例 2.13 测量到某一目标的距离时发生的随机误差(单位:m)X 具有密度函数

$$f(x) = \frac{1}{40\sqrt{2\pi}} \mathrm{e}^{-\frac{(x-20)^2}{3200}},$$

试求在三次测量中至少有一次误差的绝对值不超过 30 m 的概率.

解 随机误差 X 的密度函数为

$$f(x) = \frac{1}{40\sqrt{2\pi}} \mathrm{e}^{-\frac{(x-20)^2}{3200}} = \frac{1}{\sqrt{2\pi} \times 40} \mathrm{e}^{-\frac{(x-20)^2}{2 \times 40^2}},$$

即 $X \sim N(20, 40^2)$,故在一次测量中随机误差的绝对值不超过 30 m 的概率为

$$\begin{aligned}P\{|X| \leqslant 30\} &= P\{-30 \leqslant X \leqslant 30\} = \Phi\left(\frac{30-20}{40}\right) - \Phi\left(\frac{-30-20}{40}\right) \\ &= \Phi(0.25) - \Phi(-1.25) = 0.5987 - (1 - 0.8944) = 0.4931.\end{aligned}$$

设 Y 为三次测量中误差的绝对值不超过 30 m 的次数,则 Y 服从二项分布 $B(3, 0.4931)$,因此

$$P\{Y \geqslant 1\} = 1 - P\{Y = 0\} = 1 - (1 - 0.4931)^3 \approx 0.8698.$$

为了便于今后应用,对于服从标准正态分布的随机变量,我们引入上 α 分位点的定义.

设 $X \sim N(0,1)$.若 z_α 满足条件

$$P\{X > z_\alpha\} = \alpha \quad (0 < \alpha < 1), \tag{2.17}$$

则称点 z_α 为标准正态分布的**上 α 分位点**, 例如, 查附表 2 可得 $z_{0.05} = 1.645$, 故 1.645 是标准正态分布的上 0.05 分位点.

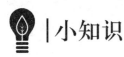

小知识

高斯导出误差正态分布

1809 年, 高斯(Gauss)发表了其数学和天体力学的名著《绕日天体运动的理论》. 在此书末尾, 他写了一节有关数据结合的问题, 实际涉及的就是这个误差分布的确定问题.

设真值为 θ, n 个独立测量值为 $X_1, X_2, \cdots, X_n$. 高斯把后者的概率取为

$$L(\theta) = L(\theta; X_1, X_2, \cdots, X_n) = f(X_1 - \theta) f(X_2 - \theta) \cdots f(X_n - \theta), \qquad (2.18)$$

其中 f 为待定的误差密度函数. 到此为止他的做法与拉普拉斯相同. 但在往下进行时, 他提出了两个创新的想法.

一是他不采取贝叶斯式的推理方式, 而径直把使得(2.18)式取得最大值的 $\hat{\theta} = \hat{\theta}(X_1, X_2, \cdots, X_n)$ 作为 θ 的估计, 即使得

$$L(\hat{\theta}) = \max_{\theta}\{L(\theta)\} \qquad (2.19)$$

成立的 $\hat{\theta}$. 现在我们把 $L(\theta)$ 称为样本 $X_1, X_2, \cdots, X_n$ 的似然函数, 而把满足(2.19)式的 $\hat{\theta}$ 称为 θ 的极大似然估计(见第 8 章).

如果拉普拉斯采用了高斯这个想法, 那他会得出: 在已定误差密度函数为

$$f(x) = \frac{m}{2} e^{-m|x|} \quad (-\infty < x < +\infty) \qquad (2.20)$$

的基础上, 其中 $m > 0$ 为未知参数, θ 的估计是样本 $X_1, X_2, \cdots, X_n$ 的中位数 $\mathrm{med}\{X_1, X_2, \cdots, X_n\}$, 即 $X_1, X_2, \cdots, X_n$ 按大小排列居于正中的那一个(n 为奇数时), 或居于正中的那两个的算术平均(n 为偶数时). 这个解不仅计算容易, 且在实际意义上, 有时比算术平均 $\overline{X}$ 更为合理. 不过, 即使这样, 拉普拉斯的误差密度函数(2.20)大概也不可能取得高斯正态误差那样的地位. 原因是 $\overline{X}$ 是线性函数, 在正态总体下有完善的小样本理论, 而 $\mathrm{med}\{X_1, X_2, \cdots, X_n\}$ 要用于推断就难于处理. 另外, 这里所谈的是一个特定的问题——随机测量误差该有如何的分布. 测量误差是由诸多因素形成, 每种因素影响都不大. 按中心极限定理, 其分布近似于正态分布是势所必然(见第 6 章). 其实, 早在 1780 年左右, 拉普拉斯就推广了棣莫弗(De Moivre)的结果, 得到了中心极限定理的比较一般的形式. 可惜的是, 他未能把这一成果用到确定误差分布的问题上来.

高斯的第二个创新的想法是: 他把问题倒过来, 先承认算术平均 $\overline{X}$ 是应取的估计, 然后去找误差密度函数 f 以迎合这一点, 即找这样的 f, 使得由(2.19)式决定的 $\hat{\theta}$ 就是 $\overline{X}$. 高斯证明了: 这只有在

$$f(x) = \frac{1}{\sqrt{2\pi}\sigma} e^{-\frac{x^2}{2\sigma^2}} \qquad (2.21)$$

的条件下才能成立, 其中 $\sigma > 0$ 为常数, 这就是正态分布 $N(0, \sigma^2)$.

高斯的这项工作对于后世的影响极大, 他使正态分布同时有了"高斯分布"的名称, 后世之所以多将最小二乘法的发明权归之于他, 也是出于这一工作.

在高斯刚做出这个发现时,也许人们还只能从其理论的简化上来评价其优越性,其全部影响还不能充分看出来.

拉普拉斯很快得知高斯的工作,并马上将其与他发现的中心极限定理联系起来.为此,他在即将发表的一篇文章(发表于 1810 年)上加上了一点补充,指出如若误差可看成许多量的叠加,则根据他的中心极限定理,误差理应有高斯分布.

拉普拉斯所指出的这一点有重大的意义,他给误差的正态理论一个更自然合理、更令人信服的解释.因为高斯的说法有一点循环论证的气味:由于算术平均是优良的,推出误差必须服从正态分布;反过来,由后一结论又推出算术平均及最小二乘估计的优良性,故必须认定这二者之一(算术平均的优良性,误差的正态性)为出发点.但算术平均到底并没有自行成立的理由,以它作为理论中一个预设的出发点,终觉有其不足之处.拉普拉斯的理论把这断裂的一环连接起来,使之成为一个和谐的整体,实有着极重大的意义.

习 题 2

1. 从一批有 10 件合格品与 3 件次品的产品中一件一件地抽取产品,各种产品被抽到的可能性相同,求在以下两种情形下,直到取出合格品为止,所需抽取次数的分布律:
   (1) 放回;
   (2) 不放回.

2. 设随机变量 X 的分布律为
$$P\{X=k\} = a\frac{\lambda^k}{k!},$$
其中 $k=0,1,2,\cdots,\lambda>0$ 为常数,试确定常数 a 的值.

3. 某大学的校乒乓球队与数学系乒乓球队举行对抗赛.校队的实力较强,当一个校队运动员与一个系运动员比赛时,校队运动员获胜的概率为 0.6.现在校、系双方商量对抗赛的方式,提了三种方案:(1) 双方各出三人;(2) 双方各出五人;(3) 双方各出七人,三种方案中均以比赛中得胜人数多的一方为胜利,问:对于系队来说,哪一种方案最为有利?

4. 一篮球运动员的投篮命中率为 45%,以 X 表示他首次投中时累计已投篮的次数,写出 X 的分布律,并计算 X 取偶数的概率.

5. 某十字路口有大量汽车通过,假设每辆汽车在这里发生交通事故的概率为 0.001,如果每天有 5 000 辆汽车通过这个十字路口,求发生交通事故的次数不少于 2 的概率.

6. 设在独立重复试验中,每次试验成功的概率为 0.5,问:需要进行多少次试验,才能使得至少成功一次的概率不小于 0.9?

7. 设连续型随机变量 X 的分布函数为
$$F(x) = \begin{cases} A+Be^{-\lambda x}, & x \geqslant 0, \\ 0, & x < 0 \end{cases} \quad (\lambda>0).$$
   (1) 求常数 A,B 的值;
   (2) 求 $P\{X \leqslant 2\}, P\{X>3\}$;
   (3) 求密度函数 $f(x)$.

8. 设随机变量 X 的密度函数为
$$f(x) = \begin{cases} x, & 0 \leqslant x < 1, \\ 2-x, & 1 \leqslant x < 2, \\ 0, & \text{其他}, \end{cases}$$

求 X 的分布函数 $F(x)$,并画出 $f(x)$ 及 $F(x)$ 的图形.

9. 设随机变量 X 的密度函数为

(1) $f(x) = ae^{-\lambda|x|} \quad (\lambda > 0)$;

(2) $f(x) = \begin{cases} bx, & 0 < x < 1, \\ \dfrac{1}{x^2}, & 1 \leqslant x < 2, \\ 0, & \text{其他}, \end{cases}$

试确定常数 a,b 的值,并求其分布函数 $F(x)$.

10. 设随机变量 X 的分布函数为 $F(x) = A + B\arctan x (-\infty < x < +\infty)$,求:

(1) 常数 A 与 B 的值;

(2) X 落在区间 $(-1,1)$ 上的概率;

(3) X 的密度函数.

11. 某公共汽车站从上午 7:00 开始,每 15 min 来一辆车. 如果某乘客到达此站的时间是 7:00—7:30 之间的均匀分布的随机变量,试求他等车少于 5 min 的概率.

12. 设 $X \sim N(3, 2^2)$,

(1) 求 $P\{2 < X \leqslant 5\}, P\{-4 < X \leqslant 10\}, P\{|X| > 2\}, P\{X > 3\}$;

(2) 确定 c 的值,使得 $P\{X > c\} = P\{X \leqslant c\}$.

13. 公共汽车车门的高度是按成年男子与车门顶碰头的概率在 1% 以下来设计的. 设某城市男子身高(单位:cm)X 服从 $\mu = 170, \sigma = 6$ 的正态分布,即 $X \sim N(170, 6^2)$,问:车门高度应如何确定?

14. 某型号电子管寿命(单位:h)近似地服从正态分布 $N(160, 20^2)$,随机地选取四个,求其中没有一个寿命小于 180 h 的概率(答案用标准正态分布函数表示).

第 3 章
多维随机向量及其分布

在实际应用中,有些随机现象需要同时用两个或者两个以上的随机变量来描述.例如,当研究某地区学龄儿童的发育情况时,就要同时抽查儿童的身高 X 与体重 Y,这里 X 和 Y 是定义在同一个样本空间 $\Omega = \{某地区的全部学龄儿童\}$ 上的两个随机变量. 又如,某钢铁厂炼钢时必须考察炼出的钢 e 的硬度 $X(e)$、含碳量 $Y(e)$ 和含硫量 $Z(e)$ 的情况,它们也是定义在同一个样本空间 $\Omega = \{e\}$ 上的三个随机变量. 因此,在实际应用中,有时只用一个随机变量是不够的,要考虑多个随机变量及其相互联系. 我们不但要研究多个随机变量各自的统计规律,而且还要研究它们之间的统计相依关系,进而考察它们联合取值的统计规律,即多维随机向量的分布. 由于从二维推广到多维一般无实质性的困难,故本章将重点讨论二维随机向量.

§3.1 二维随机向量及其分布函数

本节主要介绍二维随机向量及其分布函数的定义.

定义 3.1 设 E 是一个随机试验,它的样本空间为 $\Omega = \{e\}$. 若 $X(e)$ 与 $Y(e)$ 是定义在同一个样本空间 Ω 上的两个随机变量,则称 $(X(e), Y(e))$ 为 Ω 上的**二维随机向量**(2-dimensional random vector)或**二维随机变量**(2-dimensional random variable),简记作 (X, Y).

类似地,n 维随机向量或 n 维随机变量($n \geq 2$)可定义如下:

设 E 是一个随机试验,它的样本空间为 $\Omega = \{e\}$. 若随机变量 $X_1(e), X_2(e), \cdots, X_n(e)$ 是定义在同一个样本空间 Ω 上的 n 个随机变量,则称 $(X_1(e), X_2(e), \cdots, X_n(e))$ 为 Ω 上的 n **维随机向量**或 n **维随机变量**,简记作 $(X_1, X_2, \cdots, X_n)$.

与一维随机变量的情形类似,对于二维随机向量,也通过分布函数来描述其概率分布规律. 考虑到两个随机变量的相互关系,我们需要将 (X, Y) 作为一个整体来进行研究.

定义 3.2 设 (X, Y) 是二维随机向量,对于任意实数 x 和 y,称二元函数

$$F(x, y) = P\{X \leqslant x, Y \leqslant y\} \tag{3.1}$$

为**二维随机向量** (X, Y) **的分布函数**,或称为随机变量 X 和 Y 的**联合分布函数**.

类似地,n 维随机向量 $(X_1, X_2, \cdots, X_n)$ 的分布函数可定义如下:

设 $(X_1, X_2, \cdots, X_n)$ 是 n 维随机向量,对于任意实数 $x_1, x_2, \cdots, x_n$,称 n 元函数

$$F(x_1, x_2, \cdots, x_n) = P\{X_1 \leqslant x_1, X_2 \leqslant x_2, \cdots, X_n \leqslant x_n\}$$

为 n **维随机向量** $(X_1, X_2, \cdots, X_n)$ **的分布函数**,或称为随机变量 $X_1, X_2, \cdots, X_n$ 的**联合分布函数**.

我们容易给出分布函数的几何解释:如果把二维随机向量 (X, Y) 看成平面上随机点的坐标,那么分布函数 $F(x, y)$ 在 (x, y) 处的函数值就是随机点 (X, Y) 落在直线 $X = x$ 的左侧和直线 $Y = y$ 的下方的无穷矩形域内的概率,如图 3-1 所示.

根据以上的几何解释,借助于图 3-2,我们可以算出随机点 (X, Y) 落在矩形域 $\{(x, y) \mid x_1 < x \leqslant x_2, y_1 < y \leqslant y_2\}$ 内的概率为

$$P\{x_1 < X \leqslant x_2, y_1 < Y \leqslant y_2\} = F(x_2, y_2) - F(x_2, y_1) - F(x_1, y_2) + F(x_1, y_1). \tag{3.2}$$

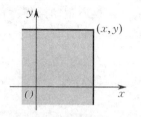

图 3-1

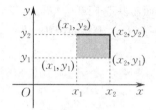

图 3-2

容易证明,分布函数 $F(x, y)$ 具有以下基本性质:

(1) $F(x, y)$ 是变量 x 和 y 的不减函数,即对于任意固定的 y,当 $x_2 > x_1$ 时,$F(x_2, y) \geqslant F(x_1, y)$;对于任意固定的 x,当 $y_2 > y_1$ 时,$F(x, y_2) \geqslant F(x, y_1)$.

(2) $0 \leqslant F(x, y) \leqslant 1$,且对于任意固定的 y,有 $F(-\infty, y) = 0$;对于任意固定的 x,有 $F(x, -\infty) = 0$. 此外,$F(-\infty, -\infty) = 0, F(+\infty, +\infty) = 1$.

(3) $F(x,y)$ 关于 x 和 y 是右连续的，即
$$F(x,y) = F(x+0,y), \quad F(x,y) = F(x,y+0).$$
(4) 对于任意点 $(x_1,y_1),(x_2,y_2)(x_1 < x_2, y_1 < y_2)$，有下述不等式成立：
$$F(x_2,y_2) - F(x_2,y_1) - F(x_1,y_2) + F(x_1,y_1) \geqslant 0.$$
与一维随机变量一样，经常讨论的二维随机向量有两种类型：离散型与连续型．

§3.2 二维离散型随机向量

1. 联合分布

定义 3.3 若二维随机向量 (X,Y) 的所有可能取值是有限对或可列无限多对，则称 (X,Y) 为二维离散型随机向量．

设二维离散型随机向量 (X,Y) 的所有可能取值为 $(x_i,y_j)(i,j=1,2,\cdots)$，且 (X,Y) 取各对可能值的概率为
$$P\{X=x_i, Y=y_j\} = p_{ij} \quad (i,j=1,2,\cdots), \tag{3.3}$$
则称 (3.3) 式为 (X,Y) 的 (**联合**) **概率分布**或 (**联合**) **分布律**．

二维离散型随机向量 (X,Y) 的联合分布律也可用表格形式表示 (见表 3-1)．

表 3-1

Y	X				
	x_1	x_2	$\cdots$	x_i	$\cdots$
y_1	p_{11}	p_{21}	$\cdots$	p_{i1}	$\cdots$
y_2	p_{12}	p_{22}	$\cdots$	p_{i2}	$\cdots$
$\vdots$	$\vdots$	$\vdots$		$\vdots$	
y_j	p_{1j}	p_{2j}	$\cdots$	p_{ij}	$\cdots$
$\vdots$	$\vdots$	$\vdots$		$\vdots$	

由概率的定义可知，p_{ij} 具有如下性质：

(1) **非负性** $p_{ij} \geqslant 0 \quad (i,j=1,2,\cdots)$．

(2) **规范性** $\sum_{i,j} p_{ij} = 1$．

离散型随机变量 X 和 Y 的联合分布函数为
$$F(x,y) = P\{X \leqslant x, Y \leqslant y\} = \sum_{x_i \leqslant x} \sum_{y_j \leqslant y} p_{ij}, \tag{3.4}$$
其中和式是对一切满足 $x_i \leqslant x, y_j \leqslant y$ 的 i,j 来求和的．

例 3.1 设二维离散型随机向量 (X,Y) 的联合分布律如表 3-2 所示，求：$P\{X>1, Y \geqslant 3\}$ 及 $P\{X=1\}$．

解 $P\{X>1, Y \geqslant 3\} = P\{X=2, Y=3\} + P\{X=2, Y=4\}$
$$+ P\{X=3, Y=3\} + P\{X=3, Y=4\} = 0.3,$$
$$P\{X=1\} = P\{X=1, Y=1\} + P\{X=1, Y=2\}$$

$$+P\{X=1,Y=3\}+P\{X=1,Y=4\}=0.2.$$

表 3-2

Y	X		
	1	2	3
1	0.1	0.3	0
2	0	0	0.2
3	0.1	0.1	0
4	0	0.2	0

例 3.2 设某盒子里装有 3 个黑球、2 个红球、2 个白球,在其中任取 4 个球,以 X 表示取到黑球的个数,以 Y 表示取到红球的个数,求 X 和 Y 的联合分布律.

解 X 和 Y 的联合分布律如表 3-3 所示.

表 3-3

Y	X			
	0	1	2	3
0	0	0	$\dfrac{C_3^2 C_2^2}{C_7^4}=\dfrac{3}{35}$	$\dfrac{C_3^3 C_2^1}{C_7^4}=\dfrac{2}{35}$
1	0	$\dfrac{C_3^1 C_2^1 C_2^2}{C_7^4}=\dfrac{6}{35}$	$\dfrac{C_3^2 C_2^1 C_2^1}{C_7^4}=\dfrac{12}{35}$	$\dfrac{C_3^3 C_2^1}{C_7^4}=\dfrac{2}{35}$
2	$\dfrac{C_2^2 C_2^2}{C_7^4}=\dfrac{1}{35}$	$\dfrac{C_3^1 C_2^2 C_2^1}{C_7^4}=\dfrac{6}{35}$	$\dfrac{C_3^2 C_2^2}{C_7^4}=\dfrac{3}{35}$	0

2. 边缘分布

二维随机向量 (X,Y) 作为一个整体,它具有分布函数 $F(x,y)$. 而 X 和 Y 也都是随机变量,它们各自具有分布函数,分别记作 $F_X(x)$ 和 $F_Y(y)$,我们依次称它们为二维随机向量 (X,Y) 关于 X 和 Y 的**边缘分布函数**(marginal distribution function). 边缘分布函数可以由 (X,Y) 的分布函数 $F(x,y)$ 来确定. 事实上

$$F_X(x)=P\{X\leqslant x\}=P\{X\leqslant x,Y<+\infty\}=F(x,+\infty), \tag{3.5}$$

$$F_Y(y)=P\{Y\leqslant y\}=P\{X<+\infty,Y\leqslant y\}=F(+\infty,y). \tag{3.6}$$

设 (X,Y) 是二维离散型随机向量,其联合分布律为

$$P\{X=x_i,Y=y_j\}=p_{ij} \quad (i,j=1,2,\cdots).$$

于是,有关于 X 的边缘分布函数

$$F_X(x)=F(x,+\infty)=\sum_{x_i\leqslant x}\sum_j p_{ij}.$$

由此可知,X 的分布律为

$$P\{X=x_i\}=\sum_j p_{ij} \quad (i=1,2,\cdots), \tag{3.7}$$

称其为 (X,Y) 关于 X 的边缘分布律.

同理,(X,Y) 关于 Y 的边缘分布律为

$$P\{Y=y_j\}=\sum_i p_{ij} \quad (j=1,2,\cdots). \tag{3.8}$$

例 3.3 设袋中有 4 个白球及 5 个红球,现从其中随机地抽取两次,每次取一个,定义随机变量 X,Y 如下:

$$X = \begin{cases} 0, & \text{第一次摸出白球,} \\ 1, & \text{第一次摸出红球;} \end{cases} \quad Y = \begin{cases} 0, & \text{第二次摸出白球,} \\ 1, & \text{第二次摸出红球.} \end{cases}$$

写出下列两种试验的随机变量 (X,Y) 的联合分布律及关于 X,Y 的边缘分布律:

(1) 有放回摸球;

(2) 无放回摸球.

解 (1) 采取有放回摸球时,(X,Y) 的联合分布律及关于 X,Y 的边缘分布律如表 3-4 所示.

表 3-4

Y	X		$P\{Y=y_j\}$
	0	1	
0	$\frac{4}{9} \times \frac{4}{9} = \frac{16}{81}$	$\frac{5}{9} \times \frac{4}{9} = \frac{20}{81}$	$\frac{4}{9}$
1	$\frac{4}{9} \times \frac{5}{9} = \frac{20}{81}$	$\frac{5}{9} \times \frac{5}{9} = \frac{25}{81}$	$\frac{5}{9}$
$P\{X=x_i\}$	$\frac{4}{9}$	$\frac{5}{9}$	

(2) 采取无放回摸球时,(X,Y) 的联合分布律及关于 X,Y 的边缘分布律如表 3-5 所示.

表 3-5

Y	X		$P\{Y=y_j\}$
	0	1	
0	$\frac{4}{9} \times \frac{3}{8} = \frac{1}{6}$	$\frac{5}{9} \times \frac{4}{8} = \frac{5}{18}$	$\frac{4}{9}$
1	$\frac{4}{9} \times \frac{5}{8} = \frac{5}{18}$	$\frac{5}{9} \times \frac{4}{8} = \frac{5}{18}$	$\frac{5}{9}$
$P\{X=x_i\}$	$\frac{4}{9}$	$\frac{5}{9}$	

注 在例 3.3 的表中,中间部分是 (X,Y) 的联合分布律,而边缘部分是 (X,Y) 关于 X 和 Y 的边缘分布律,它们由联合分布律经同一行或同一列的和而得到,"边缘"二字即由上表的外貌得来.

显然,二维离散型随机向量的边缘分布律也是离散的. 另外,例 3.3 的(1) 和(2) 中的 (X,Y) 关于 X 和 Y 的边缘分布律是相同的,但它们的联合分布律却完全不同. 由此可见,联合分布不能由边缘分布唯一确定. 也就是说,二维随机向量的性质不能由它的两个分量的个别性质来确定,还必须考虑它们之间的联系,这进一步说明了多维随机向量的作用. 那么在什么情况下,二维随机向量的联合分布可由它关于两个随机变量的边缘分布确定呢?这是 §3.4 将要学习的内容.

3. 条件分布

定义 3.4 设 (X,Y) 是二维离散型随机向量. 对于固定的 j,若 $P\{Y=y_j\} > 0$,则称

$$P\{X=x_i \mid Y=y_j\} = \frac{P\{X=x_i, Y=y_j\}}{P\{Y=y_j\}} \quad (i=1,2,\cdots)$$

为在 $Y=y_j$ 条件下随机变量 X 的**条件分布律**(conditional distribution).

同样,对于固定的 i,若 $P\{X=x_i\} > 0$,则称

$$P\{Y=y_j \mid X=x_i\} = \frac{P\{X=x_i, Y=y_j\}}{P\{X=x_i\}} \quad (j=1,2,\cdots)$$

为在 $X=x_i$ 条件下随机变量 Y 的条件分布律.

例 3.4 已知 (X,Y) 的联合分布律如表 3-6 所示,求:

(1) 在 $Y=1$ 条件下,X 的条件分布律;

(2) 在 $X=2$ 条件下,Y 的条件分布律.

表 3-6

Y	X				$P\{Y=y_j\}$
	1	2	3	4	
1	$\frac{1}{4}$	$\frac{1}{8}$	$\frac{1}{12}$	$\frac{1}{16}$	$\frac{25}{48}$
2	0	$\frac{1}{8}$	$\frac{1}{12}$	$\frac{1}{16}$	$\frac{13}{48}$
3	0	0	$\frac{1}{12}$	$\frac{2}{16}$	$\frac{10}{48}$
$P\{X=x_i\}$	$\frac{1}{4}$	$\frac{1}{4}$	$\frac{1}{4}$	$\frac{1}{4}$	

解 (1) 由联合分布律可知边缘分布律,于是

$$P\{X=1 \mid Y=1\} = \frac{1}{4} \Big/ \frac{25}{48} = \frac{12}{25},$$

$$P\{X=2 \mid Y=1\} = \frac{1}{8} \Big/ \frac{25}{48} = \frac{6}{25},$$

$$P\{X=3 \mid Y=1\} = \frac{1}{12} \Big/ \frac{25}{48} = \frac{4}{25},$$

$$P\{X=4 \mid Y=1\} = \frac{1}{16} \Big/ \frac{25}{48} = \frac{3}{25}.$$

故在 $Y=1$ 条件下,X 的条件分布律如表 3-7 所示.

表 3-7

X	1	2	3	4
P	$\frac{12}{25}$	$\frac{6}{25}$	$\frac{4}{25}$	$\frac{3}{25}$

(2) 同理,可求得在 $X=2$ 条件下,Y 的条件分布律如表 3-8 所示.

表 3-8

Y	1	2	3
P	$\frac{1}{2}$	$\frac{1}{2}$	0

例 3.5 某射手进行射击,击中的概率为 $p(0<p<1)$,射击到击中目标两次为止. 记 X 表示首次击中目标时的射击次数,Y 表示射击的总次数. 试求 X,Y 的联合分布律与条件分布律.

解 依题意,$\{X=m,Y=n\}$ 表示"前 $m-1$ 次不中,第 m 次击中,接着又 $n-1-m$ 次不中,第 n 次击中". 因各次射击是独立的,故 X,Y 的联合分布律为

$$P\{X=m,Y=n\} = p^2(1-p)^{n-2} \quad (m=1,2,\cdots,n-1; n=2,3,\cdots).$$

又因

$$P\{X=m\} = \sum_{n=m+1}^{\infty} P\{X=m,Y=n\} = \sum_{n=m+1}^{\infty} p^2(1-p)^{n-2}$$

$$= p^2 \sum_{n=m+1}^{\infty} (1-p)^{n-2} = p(1-p)^{m-1} \quad (m=1,2,\cdots),$$

$$P\{Y=n\} = (n-1)p^2(1-p)^{n-2} \quad (n=2,3,\cdots),$$

因此所求的条件分布律分别为

当 $n=2,3,\cdots$ 时,

$$P\{X=m \mid Y=n\} = \frac{P\{X=m,Y=n\}}{P\{Y=n\}} = \frac{1}{n-1} \quad (m=1,2,\cdots,n-1);$$

当 $m=1,2,\cdots$ 时,

$$P\{Y=n \mid X=m\} = \frac{P\{X=m,Y=n\}}{P\{X=m\}} = p(1-p)^{n-m-1} \quad (n=m+1,m+2,\cdots).$$

4. 多维离散型随机向量的联合分布

类似地,我们容易把二维离散型随机向量的联合分布律、边缘分布律和条件分布律推广到多维(二维以上)的情形. 此外,$n(n\geqslant 2)$ 个离散型随机变量的联合分布的边缘分布,包括任意 $m(1\leqslant m\leqslant n)$ 个随机变量的分布律以及它们的联合分布律,这里就不再详细介绍了,感兴趣的读者可以自行推导.

§3.3 二维连续型随机向量

与一维情形类似,二维连续型随机向量的概率分布,通过一个非负二元函数——联合密度的积分表示.

1. 联合分布

定义 3.5 设二维随机向量 (X,Y) 的分布函数为 $F(x,y)$. 如果存在一个非负可积函数 $f(x,y)$,使得对于任意实数 x,y,有

$$F(x,y) = P\{X\leqslant x, Y\leqslant y\} = \int_{-\infty}^{x}\int_{-\infty}^{y} f(u,v)\mathrm{d}u\mathrm{d}v, \tag{3.9}$$

那么称 (X,Y) 为**二维连续型随机向量**,$f(x,y)$ 称为 (X,Y) 的**概率密度**或 X 和 Y 的**联合概率密度**.

按定义,概率密度 $f(x,y)$ 具有如下性质:

(1) $f(x,y) \geqslant 0 \quad (-\infty < x, y < +\infty)$.

(2) $\int_{-\infty}^{+\infty} \int_{-\infty}^{+\infty} f(u,v) \mathrm{d}u \mathrm{d}v = 1$.

(3) 若 $f(x,y)$ 在点 (x,y) 处连续,则有 $\dfrac{\partial^2 F(x,y)}{\partial x \partial y} = f(x,y)$.

(4) 设 G 为 xOy 平面上的任一区域,则随机点 (X,Y) 落在 G 内的概率为

$$P\{(X,Y) \in G\} = \iint_G f(x,y) \mathrm{d}x\mathrm{d}y. \tag{3.10}$$

注 在几何上,$z = f(x,y)$ 表示空间一曲面,则性质(2)表明,介于它和 xOy 平面之间的空间区域的立体体积等于 1;性质(4)表明,$P\{(X,Y) \in G\}$ 的值等于以 G 为底,以曲面 $z = f(x,y)$ 为顶的曲顶柱体的体积.

与一维随机变量相似,有如下常用的二维均匀分布和二维正态分布.

设 G 是平面上的有界区域,其面积为 A. 若二维随机向量 (X,Y) 具有概率密度

$$f(x,y) = \begin{cases} \dfrac{1}{A}, & (x,y) \in G, \\ 0, & \text{其他}, \end{cases}$$

则称 (X,Y) 在 G 上服从**二维均匀分布**.

类似地,设 G 为空间上的有界区域,其体积为 A. 若三维随机向量 (X,Y,Z) 具有概率密度

$$f(x,y,z) = \begin{cases} \dfrac{1}{A}, & (x,y,z) \in G, \\ 0, & \text{其他}, \end{cases}$$

则称 (X,Y,Z) 在 G 上服从**三维均匀分布**.

设二维随机向量 (X,Y) 具有概率密度

$$f(x,y) = \dfrac{1}{2\pi \sigma_1 \sigma_2 \sqrt{1-\rho^2}} \mathrm{e}^{-\frac{1}{2(1-\rho^2)}\left[\frac{(x-\mu_1)^2}{\sigma_1^2} - 2\rho \frac{(x-\mu_1)(y-\mu_2)}{\sigma_1 \sigma_2} + \frac{(y-\mu_2)^2}{\sigma_2^2}\right]}$$

$$(-\infty < x < +\infty, -\infty < y < +\infty),$$

其中 $\mu_1, \mu_2, \sigma_1, \sigma_2, \rho$ 均为常数,且 $\sigma_1 > 0, \sigma_2 > 0, -1 < \rho < 1$,则称 (X,Y) 为服从参数为 $\mu_1, \mu_2, \sigma_1, \sigma_2, \rho$ 的**二维正态分布**,记作 $(X,Y) \sim N(\mu_1, \mu_2, \sigma_1^2, \sigma_2^2, \rho)$.

例 3.6 设 (X,Y) 在圆形域 $x^2 + y^2 \leqslant 4$ 上服从二维均匀分布,求:

(1) (X,Y) 的概率密度;

(2) $P\{0 < X < 1, 0 < Y < 1\}$.

解 (1) 易知,圆形域 $x^2 + y^2 \leqslant 4$ 的面积 $A = 4\pi$,故 (X,Y) 的概率密度为

$$f(x,y) = \begin{cases} \dfrac{1}{4\pi}, & x^2 + y^2 \leqslant 4, \\ 0, & \text{其他}. \end{cases}$$

(2) 设 G 为由不等式 $0 < x < 1, 0 < y < 1$ 所确定的区域,所以

$$P\{0 < X < 1, 0 < Y < 1\} = \iint_G f(x,y) \mathrm{d}x\mathrm{d}y = \int_0^1 \mathrm{d}x \int_0^1 \dfrac{1}{4\pi} \mathrm{d}y = \dfrac{1}{4\pi}.$$

例 3.7 设二维随机向量 (X,Y) 的概率密度为

$$f(x,y) = \begin{cases} A\mathrm{e}^{-(3x+4y)}, & x > 0, y > 0, \\ 0, & \text{其他}, \end{cases}$$

求：

(1) 常数 A 的值；

(2) (X,Y) 的分布函数；

(3) $P\{0 \leqslant X < 1, 0 \leqslant Y < 2\}$.

解 (1) 由

$$\int_{-\infty}^{+\infty}\int_{-\infty}^{+\infty} f(x,y)\mathrm{d}x\mathrm{d}y = \int_{0}^{+\infty}\int_{0}^{+\infty} A\mathrm{e}^{-(3x+4y)}\mathrm{d}x\mathrm{d}y = \frac{A}{12} = 1,$$

得 $A = 12$.

(2) 由分布函数的定义，有

$$F(x,y) = \int_{-\infty}^{y}\int_{-\infty}^{x} f(u,v)\mathrm{d}u\mathrm{d}v = \begin{cases} \int_{0}^{y}\int_{0}^{x} 12\mathrm{e}^{-(3u+4v)}\mathrm{d}u\mathrm{d}v, & x > 0, y > 0, \\ 0, & \text{其他} \end{cases}$$

$$= \begin{cases} (1-\mathrm{e}^{-3x})(1-\mathrm{e}^{-4y}), & x > 0, y > 0, \\ 0, & \text{其他}. \end{cases}$$

(3) $P\{0 \leqslant X < 1, 0 \leqslant Y < 2\} = P\{0 < X \leqslant 1, 0 < Y \leqslant 2\} = \int_{0}^{1}\int_{0}^{2} 12\mathrm{e}^{-(3x+4y)}\mathrm{d}x\mathrm{d}y$

$$= (1-\mathrm{e}^{-3})(1-\mathrm{e}^{-8}) \approx 0.949\,9.$$

例 3.8 设 $(X,Y) \sim N(0,0,\sigma^2,\sigma^2,0)$，求 $P\{X < Y\}$.

解 易知，$f(x,y) = \frac{1}{2\pi\sigma^2}\mathrm{e}^{-\frac{x^2+y^2}{2\sigma^2}}(-\infty < x,y < +\infty)$，所以

$$P\{X < Y\} = \iint_{x<y} \frac{1}{2\pi\sigma^2}\mathrm{e}^{-\frac{x^2+y^2}{2\sigma^2}}\mathrm{d}x\mathrm{d}y.$$

利用极坐标计算上述二重积分，令

$$x = r\cos\theta, \quad y = r\sin\theta,$$

则积分区域为 $\left\{(r,\theta)\,\Big|\, 0 < r < +\infty, \frac{\pi}{4} < \theta < \frac{5\pi}{4}\right\}$，于是

$$P\{X < Y\} = \int_{\frac{\pi}{4}}^{\frac{5\pi}{4}}\int_{0}^{+\infty} \frac{1}{2\pi\sigma^2} r\mathrm{e}^{-\frac{r^2}{2\sigma^2}}\mathrm{d}r\mathrm{d}\theta = \frac{1}{2}.$$

2. 边缘分布

与二维离散型随机向量类似，我们可以定义二维连续型随机向量的边缘概率密度.

设 (X,Y) 是二维连续型随机向量，其概率密度为 $f(x,y)$. 由

$$F_X(x) = F(x,+\infty) = \int_{-\infty}^{x}\left[\int_{-\infty}^{+\infty} f(u,y)\mathrm{d}y\right]\mathrm{d}u$$

可知，X 是一个连续型随机变量，其密度函数为

$$f_X(x) = \frac{\mathrm{d}F_X(x)}{\mathrm{d}x} = \int_{-\infty}^{+\infty} f(x,y)\mathrm{d}y. \tag{3.11}$$

同样，Y 也是一个连续型随机变量，其密度函数为

$$f_Y(y) = \frac{\mathrm{d}F_Y(y)}{\mathrm{d}y} = \int_{-\infty}^{+\infty} f(x,y)\mathrm{d}x. \tag{3.12}$$

分别称 $f_X(x), f_Y(y)$ 为二维连续型随机向量 (X,Y) 关于 X 和 Y 的**边缘分布密度**或**边缘概率密度**.

例 3.9 设二维随机向量 (X,Y) 具有概率密度

$$f(x,y)=\begin{cases}6, & x^2\leqslant y\leqslant x,\\ 0, & \text{其他},\end{cases}$$

求边缘概率密度 $f_X(x), f_Y(y)$.

解 $f_X(x)=\int_{-\infty}^{+\infty}f(x,y)\mathrm{d}y=\begin{cases}\int_{x^2}^{x}6\mathrm{d}y=6(x-x^2), & 0\leqslant x\leqslant 1,\\ 0, & \text{其他},\end{cases}$

$f_Y(y)=\int_{-\infty}^{+\infty}f(x,y)\mathrm{d}x=\begin{cases}\int_{y}^{\sqrt{y}}6\mathrm{d}x=6(\sqrt{y}-y), & 0\leqslant y\leqslant 1,\\ 0, & \text{其他}.\end{cases}$

例 3.10 求二维正态随机向量 (X,Y) 的边缘概率密度.

解 $f_X(x)=\int_{-\infty}^{+\infty}f(x,y)\mathrm{d}y$,由于

$$\frac{(y-\mu_2)^2}{\sigma_2^2}-2\rho\frac{(x-\mu_1)(y-\mu_2)}{\sigma_1\sigma_2}=\left(\frac{y-\mu_2}{\sigma_2}-\rho\frac{x-\mu_1}{\sigma_1}\right)^2-\rho^2\frac{(x-\mu_1)^2}{\sigma_1^2},$$

于是

$$f_X(x)=\frac{1}{2\pi\sigma_1\sigma_2\sqrt{1-\rho^2}}\mathrm{e}^{-\frac{(x-\mu_1)^2}{2\sigma_1^2}}\int_{-\infty}^{+\infty}\mathrm{e}^{-\frac{1}{2(1-\rho^2)}\left(\frac{y-\mu_2}{\sigma_2}-\rho\frac{x-\mu_1}{\sigma_1}\right)^2}\mathrm{d}y.$$

对上式右端的积分做变量替换,令

$$t=\frac{1}{\sqrt{1-\rho^2}}\left(\frac{y-\mu_2}{\sigma_2}-\rho\frac{x-\mu_1}{\sigma_1}\right),$$

则有

$$f_X(x)=\frac{1}{2\pi\sigma_1}\mathrm{e}^{-\frac{(x-\mu_1)^2}{2\sigma_1^2}}\int_{-\infty}^{+\infty}\mathrm{e}^{-\frac{t^2}{2}}\mathrm{d}t=\frac{1}{\sqrt{2\pi}\sigma_1}\mathrm{e}^{-\frac{(x-\mu_1)^2}{2\sigma_1^2}}\quad(-\infty<x<+\infty).$$

同理,有

$$f_Y(y)=\frac{1}{\sqrt{2\pi}\sigma_2}\mathrm{e}^{-\frac{(y-\mu_2)^2}{2\sigma_2^2}}\quad(-\infty<y<+\infty).$$

注 由例 3.10 可以看到,二维正态分布的两个边缘分布都是一维正态分布,并且都不依赖于 ρ,即对于给定的 $\mu_1,\mu_2,\sigma_1,\sigma_2$,不同的 ρ 对应不同的二维正态分布,它们的边缘分布却都是一样的. 这一事实表明,对于二维连续型随机向量 (X,Y) 来说,仅由其关于 X 和 Y 的边缘分布,一般来说是不能确定 X 和 Y 的联合分布的.

3. 条件分布

对于连续型随机向量 (X,Y),因为 $P\{X=x,Y=y\}=0$,所以不能直接由定义3.4来定义条件分布. 但是对于任意的 $\varepsilon>0$,若 $P\{y-\varepsilon<Y\leqslant y+\varepsilon\}>0$,则可以考虑

$$P\{X\leqslant x\mid y-\varepsilon<Y\leqslant y+\varepsilon\}=\frac{P\{X\leqslant x,y-\varepsilon<Y\leqslant y+\varepsilon\}}{P\{y-\varepsilon<Y\leqslant y+\varepsilon\}}.$$

如果上述条件概率当 $\varepsilon\to 0^+$ 时的极限存在,那么自然可以将此极限值定义为在 $Y=y$ 条件下 X 的条件分布.

定义 3.6 设对于任意固定的正数 ε,均有 $P\{y-\varepsilon<Y\leqslant y+\varepsilon\}>0$. 若

$$\lim_{\varepsilon\to 0^+}P\{X\leqslant x\mid y-\varepsilon<Y\leqslant y+\varepsilon\}=\lim_{\varepsilon\to 0^+}\frac{P\{X\leqslant x,y-\varepsilon<Y\leqslant y+\varepsilon\}}{P\{y-\varepsilon<Y\leqslant y+\varepsilon\}}$$

存在,则称此极限值为在 $Y=y$ 条件下 X 的**条件分布函数**,记作 $P\{X\leqslant x\mid Y=y\}$ 或 $F_{X\mid Y}(x\mid y)$.

设二维连续型随机向量 (X,Y) 的分布函数为 $F(x,y)$,概率密度为 $f(x,y)$,且 $f(x,y)$ 和边缘概率密度 $f_Y(y)$ 连续,$f_Y(y)>0$,则不难验证,在 $Y=y$ 条件下 X 的条件分布函数为

$$F_{X\mid Y}(x\mid y)=\int_{-\infty}^{x}\frac{f(u,y)}{f_Y(y)}\mathrm{d}u.$$

若记 $f_{X\mid Y}(x\mid y)$ 为在 $Y=y$ 条件下 X 的**条件概率密度**,则

$$f_{X\mid Y}(x\mid y)=\frac{f(x,y)}{f_Y(y)}.$$

类似地,若 $f(x,y)$ 和边缘概率密度 $f_X(x)$ 连续,$f_X(x)>0$,则在 $X=x$ 条件下 Y 的条件分布函数为

$$F_{Y\mid X}(y\mid x)=\int_{-\infty}^{y}\frac{f(x,v)}{f_X(x)}\mathrm{d}v.$$

若记 $f_{Y\mid X}(y\mid x)$ 为在 $X=x$ 条件下 Y 的条件概率密度,则

$$f_{Y\mid X}(y\mid x)=\frac{f(x,y)}{f_X(x)}.$$

例 3.11 设 $(X,Y)\sim N(0,0,1,1,\rho)$,求 $f_{X\mid Y}(x\mid y)$ 与 $f_{Y\mid X}(y\mid x)$.

解 易知,$f(x,y)=\dfrac{1}{2\pi\sqrt{1-\rho^2}}\mathrm{e}^{-\frac{x^2-2\rho xy+y^2}{2(1-\rho^2)}}$ $(-\infty<x,y<+\infty)$,故由例 3.10 的结果,得

$$f_{X\mid Y}(x\mid y)=\frac{f(x,y)}{f_Y(y)}=\frac{1}{\sqrt{2\pi(1-\rho^2)}}\mathrm{e}^{-\frac{(x-\rho y)^2}{2(1-\rho^2)}},$$

$$f_{Y\mid X}(y\mid x)=\frac{f(x,y)}{f_X(x)}=\frac{1}{\sqrt{2\pi(1-\rho^2)}}\mathrm{e}^{-\frac{(y-\rho x)^2}{2(1-\rho^2)}}.$$

例 3.12 设二维随机向量 (X,Y) 在边长为 a 的正方形上服从二维均匀分布,该正方形的对角线为坐标轴,求:

(1) 随机变量 X,Y 的边缘概率密度;

(2) 条件概率密度 $f_{X\mid Y}(x\mid y)$.

解 (1) $f_X(x)=\int_{-\infty}^{+\infty}f(x,y)\mathrm{d}y=\begin{cases}\int_{-\frac{a}{\sqrt{2}}+|x|}^{\frac{a}{\sqrt{2}}-|x|}\dfrac{1}{a^2}\mathrm{d}y=\dfrac{2}{a^2}\left(\dfrac{a}{\sqrt{2}}-\mid x\mid\right), & \mid x\mid\leqslant\dfrac{a}{\sqrt{2}},\\ 0, & \text{其他}.\end{cases}$

由对称性,得

$$f_Y(y)=\int_{-\infty}^{+\infty}f(x,y)\mathrm{d}x=\begin{cases}\int_{-\frac{a}{\sqrt{2}}+|y|}^{\frac{a}{\sqrt{2}}-|y|}\dfrac{1}{a^2}\mathrm{d}x=\dfrac{2}{a^2}\left(\dfrac{a}{\sqrt{2}}-\mid y\mid\right), & \mid y\mid\leqslant\dfrac{a}{\sqrt{2}},\\ 0, & \text{其他}.\end{cases}$$

(2) 当 $\mid y\mid<\dfrac{a}{\sqrt{2}}$ 时,有

$$f_{X\mid Y}(x\mid y)=\frac{f(x,y)}{f_Y(y)}=\begin{cases}\dfrac{1}{\sqrt{2}a-2\mid y\mid}, & \mid x\mid\leqslant\dfrac{a}{\sqrt{2}}-y,\\ 0, & \text{其他}.\end{cases}$$

4. 多维连续型随机向量的联合分布

类似地,可以引进多维连续型随机向量的概率密度、边缘概率密度和条件概率密度. 此外,

$n(n \geqslant 2)$ 个连续型随机变量的联合概率密度的边缘概率密度,包括任意 $m(1 \leqslant m \leqslant n)$ 个随机变量的密度函数以及它们的联合概率密度,这里也不再详细介绍,感兴趣的读者可以自行推导.

§3.4 随机变量的独立性

独立性是许多概率和统计问题的前提条件. 第 1 章引进了事件的独立性概念,研究了独立事件的性质. 本节主要研究随机变量之间的独立性. 随机变量的独立性是通过与其有联系的事件的独立性引进的,而随机变量独立性的研究也是通过事件的独立性展开的. 下面将给出随机变量独立性的定义及其一些等价的独立性条件.

定义 3.7 设 X 和 Y 为两个随机变量. 若对于任意的 x 和 y,有
$$P\{X \leqslant x, Y \leqslant y\} = P\{X \leqslant x\}P\{Y \leqslant y\},$$
则称 X 和 Y 是**相互独立**(mutually independent)的.

若二维随机向量 (X,Y) 的分布函数为 $F(x,y)$,其边缘分布函数分别为 $F_X(x)$ 和 $F_Y(y)$,则上述独立性条件等价于:对于所有 x 和 y,有
$$F(x,y) = F_X(x)F_Y(y). \tag{3.13}$$

对于二维离散型随机向量,上述独立性条件等价于:对于 (X,Y) 的任何可能取值 (x_i,y_j),有
$$P\{X = x_i, Y = y_j\} = P\{X = x_i\}P\{Y = y_j\}. \tag{3.14}$$

对于二维连续型随机向量,上述独立性条件的等价形式是:对于一切 x 和 y,有
$$f(x,y) = f_X(x)f_Y(y), \tag{3.15}$$
这里 $f(x,y)$ 为 (X,Y) 的概率密度,而 $f_X(x)$ 和 $f_Y(y)$ 分别是关于 X 和 Y 的边缘概率密度.

一般地,若随机变量 X 与 Y 相互独立,$I_1, I_2 \subset \mathbf{R}$,则
$$P\{X \in I_1, Y \in I_2\} = P\{X \in I_1\}P\{Y \in I_2\}. \tag{3.16}$$

例如,在例 3.3 的 (1) 中,有放回摸球时,X 与 Y 是相互独立的;而在 (2) 中,无放回摸球时,X 与 Y 不是相互独立的.

例 3.13 设 (X,Y) 在圆形域 $x^2 + y^2 \leqslant 1$ 上服从二维均匀分布,问:X 与 Y 是否相互独立?

解 易知,(X,Y) 的概率密度为
$$f(x,y) = \begin{cases} \dfrac{1}{\pi}, & x^2 + y^2 \leqslant 1, \\ 0, & \text{其他}. \end{cases}$$

由此可得
$$f_X(x) = \int_{-\infty}^{+\infty} f(x,y)\mathrm{d}y = \begin{cases} \dfrac{2}{\pi}\sqrt{1-x^2}, & -1 \leqslant x \leqslant 1, \\ 0, & \text{其他}, \end{cases}$$

$$f_Y(y) = \int_{-\infty}^{+\infty} f(x,y)\mathrm{d}x = \begin{cases} \dfrac{2}{\pi}\sqrt{1-y^2}, & -1 \leqslant y \leqslant 1, \\ 0, & \text{其他}. \end{cases}$$

显然,在圆形域 $x^2 + y^2 \leqslant 1$ 上,$f(x,y) \neq f_X(x)f_Y(y)$,故 X 与 Y 不相互独立.

例 3.14 设 X 和 Y 分别表示两个元件的寿命(单位:h),又 X 与 Y 相互独立,且它们的边缘概率密度分别为

$$f_X(x) = \begin{cases} e^{-x}, & x > 0, \\ 0, & \text{其他}, \end{cases} \quad f_Y(y) = \begin{cases} e^{-y}, & y > 0, \\ 0, & \text{其他}. \end{cases}$$

求 X 与 Y 的联合概率密度 $f(x,y)$.

解 由 X 与 Y 相互独立可知

$$f(x,y) = f_X(x)f_Y(y) = \begin{cases} e^{-(x+y)}, & x > 0, y > 0, \\ 0, & \text{其他}. \end{cases}$$

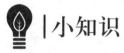

积分计算方法

1. 定积分计算:换元积分法与分部积分法

定理 3.1(定积分的换元积分法) 设函数 $f(x)$ 在区间 $[a,b]$ 上连续,函数 $x = \varphi(t)$ 在区间 $[\alpha,\beta]$ 上具有连续导数,且满足 $\varphi(\alpha) = a, \varphi(\beta) = b, a \leqslant \varphi(t) \leqslant b (t \in [\alpha,\beta])$,则有定积分的换元公式

$$\int_a^b f(x)\mathrm{d}x = \int_\alpha^\beta f[\varphi(t)]\varphi'(t)\mathrm{d}t. \tag{3.17}$$

证 由于 (3.17) 式两端的被积函数都是连续函数,因此两端的定积分都存在,且被积函数的原函数也都存在. 设 $F(x)$ 是 $f(x)$ 在区间 $[a,b]$ 上的一个原函数,由复合函数的求导法则,有

$$\frac{\mathrm{d}}{\mathrm{d}t}F[\varphi(t)] = F'[\varphi(t)]\varphi'(t) = f[\varphi(t)]\varphi'(t),$$

即 $F[\varphi(t)]$ 是 $f[\varphi(t)]\varphi'(t)$ 的一个原函数. 根据牛顿-莱布尼茨公式,有

$$\int_\alpha^\beta f[\varphi(t)]\varphi'(t)\mathrm{d}t = F[\varphi(\beta)] - F[\varphi(\alpha)] = F(b) - F(a) = \int_a^b f(x)\mathrm{d}x.$$

从以上证明可以看出,在用换元积分法计算定积分时,一旦得到了用新变量表示的原函数后,不必做变量还原,而只要用新的积分限代入并求其差值就可以了. 这就是定积分的换元积分法与不定积分的换元积分法的区别. 产生这一区别的原因在于不定积分所求的是被积函数的原函数,理应保留与原来相同的自变量;而定积分的计算结果是一个确定的数,如果 (3.17) 式一边的定积分计算出来了,那么另一边的定积分自然也求得了.

例 3.15 计算 $\int_0^1 \sqrt{1-x^2}\,\mathrm{d}x$.

解 令 $x = \sin t$,则 $\mathrm{d}x = \cos t\,\mathrm{d}t$,且当 t 由 0 变到 $\dfrac{\pi}{2}$ 时,x 由 0 增到 1,故取 $[\alpha,\beta] = \left[0, \dfrac{\pi}{2}\right]$. 应用公式 (3.17),并注意到在第一象限内 $\cos t \geqslant 0$,于是有

$$\int_0^1 \sqrt{1-x^2}\,\mathrm{d}x = \int_0^{\frac{\pi}{2}} \sqrt{1-\sin^2 t}\cos t\,\mathrm{d}t = \int_0^{\frac{\pi}{2}} \cos^2 t\,\mathrm{d}t$$

$$= \frac{1}{2}\int_0^{\frac{\pi}{2}} (1 + \cos 2t)\,\mathrm{d}t = \frac{1}{2}\left(t + \frac{1}{2}\sin 2t\right)\bigg|_0^{\frac{\pi}{2}} = \frac{\pi}{4}.$$

例 3.16 计算 $\int_0^{\frac{\pi}{2}} \sin t \cos^2 t \, dt$.

解 逆向使用公式(3.17). 令 $x = \cos t$, 则 $dx = -\sin t \, dt$, 且当 t 由 0 变到 $\frac{\pi}{2}$ 时, x 由 1 减到 0, 于是有

$$\int_0^{\frac{\pi}{2}} \sin t \cos^2 t \, dt = -\int_1^0 x^2 \, dx = \int_0^1 x^2 \, dx = \frac{1}{3}.$$

例 3.17 计算 $J = \int_0^1 \frac{\ln(1+x)}{1+x^2} dx$.

解 令 $x = \tan t$, 则 $dx = \sec^2 t \, dt$, 且当 t 由 0 变到 $\frac{\pi}{4}$ 时, x 由 0 增到 1, 于是有

$$J = \int_0^{\frac{\pi}{4}} \frac{\ln(1+\tan t)}{1+\tan^2 t} \sec^2 t \, dt = \int_0^{\frac{\pi}{4}} \ln \frac{\cos t + \sin t}{\cos t} dt = \int_0^{\frac{\pi}{4}} \ln \frac{\sqrt{2}\cos\left(\frac{\pi}{4}-t\right)}{\cos t} dt$$

$$= \int_0^{\frac{\pi}{4}} \ln\sqrt{2} \, dt + \int_0^{\frac{\pi}{4}} \ln\cos\left(\frac{\pi}{4}-t\right) dt - \int_0^{\frac{\pi}{4}} \ln\cos t \, dt.$$

令 $u = \frac{\pi}{4} - t$, 于是有

$$\int_0^{\frac{\pi}{4}} \ln\cos\left(\frac{\pi}{4}-t\right) dt = \int_{\frac{\pi}{4}}^0 \ln\cos u \, (-du) = \int_0^{\frac{\pi}{4}} \ln\cos u \, du,$$

将上式代入 J 中, 故得

$$J = \int_0^{\frac{\pi}{4}} \ln\sqrt{2} \, dt = \frac{\pi}{8} \ln 2.$$

事实上, 例 3.17 中的被积函数的原函数存在, 但由于难以用初等函数来表示, 因此无法直接使用牛顿-莱布尼茨公式. 于是像上面那样, 利用定积分的性质和换元公式(3.17), 消去了其中无法求出原函数的部分, 最终得出这个定积分的值.

定理 3.2(定积分的分部积分法) 设函数 $u(x), v(x)$ 在区间 $[a,b]$ 上具有连续导数, 则有定积分的分部积分公式

$$\int_a^b u(x) v'(x) \, dx = u(x)v(x) \Big|_a^b - \int_a^b u'(x) v(x) \, dx. \tag{3.18}$$

证 因为 $u(x)v(x)$ 是 $u(x)v'(x) + u'(x)v(x)$ 在区间 $[a,b]$ 上的一个原函数, 所以有

$$\int_a^b u(x)v'(x) \, dx + \int_a^b u'(x)v(x) \, dx = \int_a^b [u(x)v'(x) + u'(x)v(x)] \, dx = u(x)v(x) \Big|_a^b.$$

移项后即为(3.18)式.

为了方便起见, 公式(3.18)常写成以下形式:

$$\int_a^b u(x) \, dv(x) = u(x)v(x) \Big|_a^b - \int_a^b v(x) \, du(x). \tag{3.19}$$

例 3.18 计算 $\int_1^e x^2 \ln x \, dx$.

解 $\int_1^e x^2 \ln x \, dx = \frac{1}{3} \int_1^e \ln x \, d(x^3) = \frac{1}{3}\left(x^3 \ln x \Big|_1^e - \int_1^e x^2 \, dx\right) = \frac{1}{3}\left(e^3 - \frac{1}{3} x^3 \Big|_1^e\right)$

$= \frac{1}{9}(2e^3 + 1).$

2. 利用直角坐标计算二重积分

先介绍积分区域的两种类型.

若积分区域 D 可以用不等式
$$\varphi_1(x) \leqslant y \leqslant \varphi_2(x), \quad a \leqslant x \leqslant b$$
来表示,其中函数 $\varphi_1(x), \varphi_2(x)$ 在区间 $[a,b]$ 上连续,则称为 X-型区域.

若积分区域 D 可以用不等式
$$\psi_1(y) \leqslant x \leqslant \psi_2(y), \quad c \leqslant y \leqslant d$$
来表示,其中函数 $\psi_1(y), \psi_2(y)$ 在区间 $[c,d]$ 上连续,则称为 Y-型区域.

设函数 $f(x,y) \geqslant 0$,积分区域 D 为 X-型区域,即 $D = \{(x,y) \mid \varphi_1(x) \leqslant y \leqslant \varphi_2(x), a \leqslant x \leqslant b\}$. 此时,二重积分 $\iint\limits_D f(x,y)\mathrm{d}\sigma$ 在几何上表示以曲面 $z = f(x,y)$ 为顶,以闭区域 D 为底的曲顶柱体的体积.

对于任一 $x_0 \in [a,b]$,平行于 yOz 面的平面 $x = x_0$ 所截得曲顶柱体的截面面积为以区间 $[\varphi_1(x_0), \varphi_2(x_0)]$ 为底,以曲线 $z = f(x_0, y)$ 为曲边的曲边梯形,所以这截面的面积为
$$A(x_0) = \int_{\varphi_1(x_0)}^{\varphi_2(x_0)} f(x_0, y)\mathrm{d}y.$$

一般地,过区间 $[a,b]$ 上任一点 x 且平行于 yOz 面的平面截曲顶柱体所得截面的面积为
$$A(x) = \int_{\varphi_1(x)}^{\varphi_2(x)} f(x,y)\mathrm{d}y.$$

于是,根据计算平行截面面积为已知的立体体积的方法,得曲顶柱体体积为
$$V = \int_a^b A(x)\mathrm{d}x = \int_a^b \left[\int_{\varphi_1(x)}^{\varphi_2(x)} f(x,y)\mathrm{d}y \right]\mathrm{d}x.$$

这个体积也就是所求二重积分的值,从而有
$$\iint\limits_D f(x,y)\mathrm{d}\sigma = \int_a^b \left[\int_{\varphi_1(x)}^{\varphi_2(x)} f(x,y)\mathrm{d}y \right]\mathrm{d}x,$$

也可记作
$$\iint\limits_D f(x,y)\mathrm{d}\sigma = \int_a^b \mathrm{d}x \int_{\varphi_1(x)}^{\varphi_2(x)} f(x,y)\mathrm{d}y.$$

类似地,如果积分区域 D 为 Y-型区域,即
$$D = \{(x,y) \mid \psi_1(y) \leqslant x \leqslant \psi_2(y), c \leqslant y \leqslant d\},$$

则有
$$\iint\limits_D f(x,y)\mathrm{d}\sigma = \int_c^d \mathrm{d}y \int_{\psi_1(y)}^{\psi_2(y)} f(x,y)\mathrm{d}x.$$

例 3.19 计算 $\iint\limits_D xy\mathrm{d}\sigma$,其中 D 是由直线 $y=1, x=2$ 及 $y=x$ 所围成的闭区域.

解 画出积分区域 D,如图 3-3 所示.

方法一 可把 D 看成 X-型区域 $\{(x,y) \mid 1 \leqslant y \leqslant x, 1 \leqslant x \leqslant 2\}$,于是
$$\iint\limits_D xy\mathrm{d}\sigma = \int_1^2 \mathrm{d}x \int_1^x xy\mathrm{d}y = \int_1^2 \left(x \frac{y^2}{2} \Big|_1^x \right)\mathrm{d}x$$
$$= \frac{1}{2}\int_1^2 (x^3 - x)\mathrm{d}x = \frac{1}{2}\left(\frac{x^4}{4} - \frac{x^2}{2} \right)\Big|_1^2 = \frac{9}{8}.$$

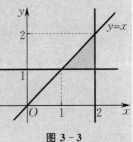

图 3-3

方法二 可把 D 看成 Y-型区域 $\{(x,y) \mid y \leqslant x \leqslant 2, 1 \leqslant y \leqslant 2\}$,于是

$$\iint\limits_{D} xy\,\mathrm{d}\sigma = \int_1^2 \mathrm{d}y \int_y^2 xy\,\mathrm{d}x = \int_1^2 \left(y\frac{x^2}{2}\Big|_y^2\right)\mathrm{d}y = \int_1^2 \left(2y - \frac{y^3}{2}\right)\mathrm{d}y = \left(y^2 - \frac{y^4}{8}\right)\Big|_1^2 = \frac{9}{8}.$$

例 3.20 计算 $\iint\limits_{D} y\sqrt{1+x^2-y^2}\,\mathrm{d}\sigma$,其中 D 是由直线 $y=1, x=-1$ 及 $y=x$ 所围成的闭区域.

解 画出积分区域 D,如图 3-4 所示. 可把 D 看成 X-型区域 $\{(x,y) \mid x \leqslant y \leqslant 1, -1 \leqslant x \leqslant 1\}$,于是

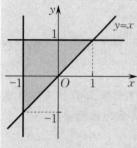

图 3-4

$$\iint\limits_{D} y\sqrt{1+x^2-y^2}\,\mathrm{d}\sigma = \int_{-1}^1 \mathrm{d}x \int_x^1 y\sqrt{1+x^2-y^2}\,\mathrm{d}y$$

$$= -\frac{1}{3}\int_{-1}^1 \left[(1+x^2-y^2)^{\frac{3}{2}}\Big|_x^1\right]\mathrm{d}x$$

$$= -\frac{1}{3}\int_{-1}^1 (|x|^3 - 1)\mathrm{d}x$$

$$= -\frac{2}{3}\int_0^1 (x^3 - 1)\mathrm{d}x = \frac{1}{2}.$$

如果把 D 看成 Y-型区域 $\{(x,y) \mid -1 \leqslant x < y, -1 \leqslant y \leqslant 1\}$,于是

$$\iint\limits_{D} y\sqrt{1+x^2-y^2}\,\mathrm{d}\sigma = \int_{-1}^1 \mathrm{d}y \int_{-1}^y y\sqrt{1+x^2-y^2}\,\mathrm{d}x,$$

其中关于 x 的积分计算麻烦,这里把 D 看成 X-型区域较为方便.

例 3.21 计算 $\iint\limits_{D} xy\,\mathrm{d}\sigma$,其中 D 是由直线 $y=x-2$ 及抛物线 $y^2=x$ 所围成的闭区域.

解 画出积分区域,如图 3-5 所示. 积分区域可以表示为 $\{(x,y) \mid y^2 \leqslant x \leqslant y+2, -1 \leqslant y \leqslant 2\}$,于是

$$\iint\limits_{D} xy\,\mathrm{d}\sigma = \int_{-1}^2 \mathrm{d}y \int_{y^2}^{y+2} xy\,\mathrm{d}x = \int_{-1}^2 \left(\frac{x^2}{2}y\Big|_{y^2}^{y+2}\right)\mathrm{d}y = \frac{1}{2}\int_{-1}^2 [y(y+2)^2 - y^5]\mathrm{d}y$$

$$= \frac{1}{2}\left(\frac{y^4}{4} + \frac{4}{3}y^3 + 2y^2 - \frac{y^6}{6}\right)\Big|_{-1}^2 = \frac{45}{8}.$$

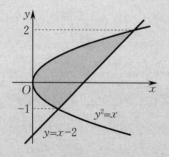

图 3-5

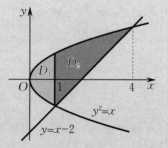

图 3-6

如图 3-6 所示,若将积分区域表示为 $D = D_1 + D_2$,其中

$$D_1 = \{(x,y) \mid -\sqrt{x} \leqslant y \leqslant \sqrt{x}, 0 \leqslant x \leqslant 1\},$$
$$D_2 = \{(x,y) \mid x-2 \leqslant y \leqslant \sqrt{x}, 1 \leqslant x \leqslant 4\},$$

于是

$$\iint_D xy\,d\sigma = \iint_{D_1} xy\,d\sigma + \iint_{D_2} xy\,d\sigma = \int_0^1 dx \int_{-\sqrt{x}}^{\sqrt{x}} xy\,dy + \int_1^4 dx \int_{x-2}^{\sqrt{x}} xy\,dy.$$

由此可见,这里要计算两个二重积分,比较麻烦.

上述几个例子说明,在计算二重积分时,要恰当地选择积分区域的类型.这时,既要考虑积分区域的形状,又要考虑被积函数的特性.

3. 利用极坐标计算二重积分

有些二重积分,积分区域 D 的边界曲线用极坐标方程来表示比较方便,且被积函数用极坐标变量 ρ,θ 表达比较简单.这时,我们就可以考虑利用极坐标来计算二重积分 $\iint_D f(x,y)\,d\sigma$.

按二重积分的定义 $\iint_D f(x,y)\,d\sigma = \lim\limits_{\lambda \to 0}\sum\limits_{i=1}^n f(\xi_i,\eta_i)\Delta\sigma_i$,下面我们来研究这个和式的极限在极坐标系中的形式.

假定从极点 O 出发且穿过闭区域 D 内部的射线与 D 的边界曲线相交不多于两点. 我们用从极点 O 出发的一族射线 $\theta =$ 常数及以极点为圆心的一族同心圆 $\rho =$ 常数,构成网格,将闭区域 D 分为 n 个小闭区域(见图 3-7).除了包含边界点的一些小闭区域外,小闭区域的面积为

$$\Delta\sigma_i = \frac{1}{2}(\rho_i + \Delta\rho_i)^2 \Delta\theta_i - \frac{1}{2}\rho_i^2 \Delta\theta_i$$
$$= \frac{1}{2}(2\rho_i + \Delta\rho_i)\Delta\rho_i\Delta\theta_i$$
$$= \frac{\rho_i + (\rho_i + \Delta\rho_i)}{2}\Delta\rho_i\Delta\theta_i$$
$$= \bar{\rho}_i\Delta\rho_i\Delta\theta_i,$$

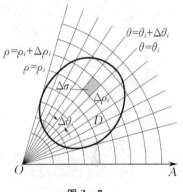

图 3-7

其中 $\bar{\rho}_i$ 表示相邻两圆弧的半径的平均值.

在小闭区域内取点 $(\bar{\rho}_i,\bar{\theta}_i)$,设其直角坐标为 (ξ_i,η_i),则有

$$\xi_i = \bar{\rho}_i\cos\bar{\theta}_i, \quad \eta_i = \bar{\rho}_i\sin\bar{\theta}_i.$$

于是

$$\lim_{\lambda\to 0}\sum_{i=1}^n f(\xi_i,\eta_i)\Delta\sigma_i = \lim_{\lambda\to 0}\sum_{i=1}^n f(\bar{\rho}_i\cos\bar{\theta}_i,\bar{\rho}_i\sin\bar{\theta}_i)\bar{\rho}_i\Delta\rho_i\Delta\theta_i,$$

即

$$\iint_D f(x,y)\,d\sigma = \iint_D f(\rho\cos\theta,\rho\sin\theta)\rho\,d\rho\,d\theta.$$

若积分区域 D 可表示为

$$\varphi_1(\theta) \leqslant \rho \leqslant \varphi_2(\theta), \quad \alpha \leqslant \theta \leqslant \beta,$$

其中函数 $\varphi_1(\theta),\varphi_2(\theta)$ 在区间 $[\alpha,\beta]$ 上连续,则

$$\iint_D f(\rho\cos\theta,\rho\sin\theta)\rho\,d\rho\,d\theta = \int_\alpha^\beta d\theta \int_{\varphi_1(\theta)}^{\varphi_2(\theta)} f(\rho\cos\theta,\rho\sin\theta)\rho\,d\rho.$$

例 3.22 计算 $\iint_D e^{-x^2-y^2}\,dx\,dy$,其中 D 是由圆心在原点、半径为 a 的圆周所围成的闭区域.

解 在极坐标系中,闭区域 D 可表示为

$$0 \leqslant \rho \leqslant a, \quad 0 \leqslant \theta \leqslant 2\pi,$$

于是
$$\iint_D e^{-x^2-y^2}dxdy = \iint_D e^{-\rho^2}\rho d\rho d\theta = \int_0^{2\pi}d\theta\int_0^a e^{-\rho^2}\rho d\rho$$
$$= \int_0^{2\pi}\left(-\frac{1}{2}e^{-\rho^2}\Big|_0^a\right)d\theta = \frac{1}{2}(1-e^{-a^2})\int_0^{2\pi}d\theta = \pi(1-e^{-a^2}).$$

注 此处积分 $\iint_D e^{-x^2-y^2}dxdy$ 也常写成 $\iint_{x^2+y^2\leqslant a^2} e^{-x^2-y^2}dxdy$.

现在我们利用 $\iint_{x^2+y^2\leqslant a^2} e^{-x^2-y^2}dxdy = \pi(1-e^{-a^2})$ 来计算广义积分 $\int_0^{+\infty}e^{-x^2}dx$.

设
$$D_1 = \{(x,y) \mid x^2+y^2 \leqslant R^2, x\geqslant 0, y\geqslant 0\},$$
$$D_2 = \{(x,y) \mid x^2+y^2 \leqslant 2R^2, x\geqslant 0, y\geqslant 0\},$$
$$S = \{(x,y) \mid 0\leqslant x\leqslant R, 0\leqslant y\leqslant R\}.$$

显然，$D_1 \subset S \subset D_2$（见图3-8）. 由于 $e^{-x^2-y^2} > 0$，从而在这些闭区域上的二重积分之间有不等式

$$\iint_{D_1}e^{-x^2-y^2}dxdy < \iint_S e^{-x^2-y^2}dxdy < \iint_{D_2}e^{-x^2-y^2}dxdy.$$

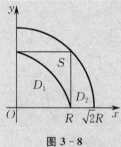

图 3-8

因为
$$\iint_S e^{-x^2-y^2}dxdy = \int_0^R e^{-x^2}dx\int_0^R e^{-y^2}dy = \left(\int_0^R e^{-x^2}dx\right)^2,$$

又应用上面已得的结果，有
$$\iint_{D_1}e^{-x^2-y^2}dxdy = \frac{\pi}{4}(1-e^{-R^2}), \quad \iint_{D_2}e^{-x^2-y^2}dxdy = \frac{\pi}{4}(1-e^{-2R^2}),$$

于是上面的不等式可写成
$$\frac{\pi}{4}(1-e^{-R^2}) < \left(\int_0^R e^{-x^2}dx\right)^2 < \frac{\pi}{4}(1-e^{-2R^2}).$$

令 $R \to +\infty$，上式两端趋于同一极限 $\frac{\pi}{4}$，从而 $\int_0^{+\infty}e^{-x^2}dx = \frac{\sqrt{\pi}}{2}$.

习 题 3

1. 设随机变量 X 在 $1,2,3,4$ 四个整数中等可能地取值，另一个随机变量 Y 在 $1\sim X$ 中等可能地取一整数值，试求 (X,Y) 的联合分布律.

2. 设二维随机向量 (X,Y) 的分布函数的部分表达式为
$$F(x,y) = \sin x\sin y \quad \left(0\leqslant x\leqslant \frac{\pi}{2}, 0\leqslant y\leqslant \frac{\pi}{2}\right),$$
求二维随机向量 (X,Y) 在长方形区域 $\left\{(x,y) \,\Big|\, 0<x\leqslant \frac{\pi}{4}, \frac{\pi}{6}<y\leqslant \frac{\pi}{3}\right\}$ 内的概率.

3. 设二维随机向量 (X,Y) 的概率密度为
$$f(x,y) = \begin{cases} k(6-x-y), & 0<x<2, 2<y<4, \\ 0, & \text{其他}. \end{cases}$$

(1) 确定常数 k 的值；

(2) 求 $P\{X<1, Y<3\}$；

(3) 求 $P\{X<1.5\}$；

(4) 求 $P\{X+Y\leqslant 4\}$.

4. 设二维随机向量 (X,Y) 的概率密度为

$$f(x,y) = \begin{cases} \dfrac{1}{2}, & 0\leqslant x\leqslant 1, 0\leqslant y\leqslant 2, \\ 0, & \text{其他}, \end{cases}$$

求：

(1) X 与 Y 中至少有一个小于 $\dfrac{1}{2}$ 的概率；

(2) $X+Y$ 大于 1 的概率.

5. 设二维连续型随机向量 (X,Y) 的分布函数为

$$F(x,y) = A\left(B+\arctan\dfrac{x}{2}\right)\left(C+\arctan\dfrac{y}{3}\right).$$

(1) 求常数 A,B,C 的值；

(2) 求 (X,Y) 的概率密度；

(3) 判断 X 与 Y 的独立性.

6. 设二维随机向量 (X,Y) 的概率密度为

$$f(x,y) = \begin{cases} Ay(1-x), & 0\leqslant x\leqslant 1, 0\leqslant y\leqslant x, \\ 0, & \text{其他}. \end{cases}$$

(1) 求常数 A 的值；

(2) 求 (X,Y) 的分布函数；

(3) 求关于 X 及 Y 的边缘概率密度；

(4) X 与 Y 是否相互独立？

(5) 求 $f_{Y|X}(y|x)$ 和 $f_{X|Y}(x|y)$.

7. 设随机变量 $X\sim U(0,1)$，观察到当 $X=x(0<x<1)$ 时，$Y\sim U(x,1)$，求 Y 的密度函数 $f_Y(y)$.

8. 设 X 和 Y 是两个相互独立的随机变量，X 在区间 $(0,1)$ 上服从均匀分布，Y 的密度函数为

$$f_Y(y) = \begin{cases} \dfrac{1}{2}\mathrm{e}^{-\frac{y}{2}}, & y>0, \\ 0, & \text{其他}. \end{cases}$$

(1) 求 X 与 Y 的联合概率密度；

(2) 设含有 a 的二次方程为 $a^2+2Xa+Y=0$，试求 a 有实根的概率.

第4章
随机变量的函数的分布

前面我们已经介绍了一些常见的随机变量的概率分布,但多数分布都由作为具有一定分布的随机变量的函数的分布导出.因此,要研究随机变量之间的函数关系,从而通过这种关系由已知的随机变量的分布求出与其有函数关系的另一个随机变量的分布.

§4.1　一维随机变量的函数的分布

本节讨论一维随机变量的情形.

1. 离散型随机变量

设 X 是离散型随机变量,其所有(有限个或可列无限个)可能取值为 $x_1, x_2, \cdots$. 为了求随机变量 $Y = g(X)$ 的概率分布,首先由函数关系 $y = g(x)$ 确定 Y 的所有可能取值 $y_1, y_2, \cdots$, 然后分别求概率 $P\{Y = y_j\}(j = 1, 2, \cdots)$.

(1) 已知 $P\{X = x_i\} = p_i (i = 1, 2, \cdots)$, 若函数 $y = g(x)$ 的所有可能取值两两不等, 则 $P\{Y = g(x_i)\} = p_i (i = 1, 2, \cdots)$ 就是 Y 的分布律.

(2) 若对于某些 X 的可能取值 $x_{k_1}, x_{k_2}, \cdots, x_{k_r}$, $y = g(x_{k_j}) (j = 1, 2, \cdots, r)$ 等于同一值 y_k, 则
$$P\{Y = y_k\} = P\{X = x_{k_1}\} + P\{X = x_{k_2}\} + \cdots + P\{X = x_{k_r}\} = p_{k_1} + p_{k_2} + \cdots + p_{k_r}.$$

例 4.1　设随机变量 X 具有如表 4-1 所示的分布律,试求 X^2 的分布律.

表 4-1

X	-1	0	1	1.5	3
P	0.2	0.1	0.3	0.3	0.1

解　由于在随机变量 X 的取值范围内,事件 $\{X = 0\}, \{X = 1.5\}, \{X = 3\}$ 分别与事件 $\{X^2 = 0\}, \{X^2 = 2.25\}, \{X^2 = 9\}$ 等价,所以
$$P\{X^2 = 0\} = P\{X = 0\} = 0.1,$$
$$P\{X^2 = 2.25\} = P\{X = 1.5\} = 0.3,$$
$$P\{X^2 = 9\} = P\{X = 3\} = 0.1.$$

事件 $\{X^2 = 1\}$ 是两个互斥事件 $\{X = -1\}$ 及 $\{X = 1\}$ 的和,其概率为这两事件概率之和,即
$$P\{X^2 = 1\} = P\{X = -1\} + P\{X = 1\} = 0.2 + 0.3 = 0.5.$$

于是,得 X^2 的分布律如表 4-2 所示.

表 4-2

X^2	0	1	2.25	9
P	0.1	0.5	0.3	0.1

2. 连续型随机变量

设 X 是连续型随机变量,则随机变量 $Y = g(X)$ 可能是离散型的,也可能是连续型的.

(1) 若函数 $y = g(x)$ 只有有限个或可列无限个可能值,则按照上述离散型随机变量的情形进行处理.

(2) 若函数 $y = g(x)$ 所有可能取值的集合是(有限或无限)区间,则一般先求 Y 的分布函数 $F_Y(y)$, 再求导数 $F'_Y(y)$, 即可得到 $Y = g(X)$ 的密度函数 $f_Y(y)$.

例 4.2　设连续型随机变量 X 具有密度函数 $f_X(x)(-\infty < x < +\infty)$, 求 $Y = g(X) = X^2$ 的密度函数.

解 先求 Y 的分布函数 $F_Y(y)$. 由于 $Y = g(X) = X^2 \geqslant 0$,故当 $y \leqslant 0$ 时事件 $\{Y \leqslant y\}$ 的概率为 0,即 $F_Y(y) = P\{Y \leqslant y\} = 0$;当 $y > 0$ 时,有

$$F_Y(y) = P\{Y \leqslant y\} = P\{X^2 \leqslant y\} = P\{-\sqrt{y} \leqslant X \leqslant \sqrt{y}\} = \int_{-\sqrt{y}}^{\sqrt{y}} f_X(x) \mathrm{d}x.$$

再将 $F_Y(y)$ 关于 y 求导,即得 Y 的密度函数为

$$f_Y(y) = \begin{cases} \dfrac{1}{2\sqrt{y}}[f_X(\sqrt{y}) + f_X(-\sqrt{y})], & y > 0, \\ 0, & y \leqslant 0. \end{cases}$$

例如,当 $X \sim N(0,1)$ 时,其密度函数为(2.15)式,则 $Y = X^2$ 的密度函数为

$$f_Y(y) = \begin{cases} \dfrac{1}{\sqrt{2\pi}} y^{-\frac{1}{2}} \mathrm{e}^{-\frac{y}{2}}, & y > 0, \\ 0, & y \leqslant 0. \end{cases}$$

此时也称 Y 服从自由度为 1 的 χ^2 分布.

上例中关键的一步在于将事件 $\{Y \leqslant y\}$ 由其等价事件 $\{-\sqrt{y} \leqslant X \leqslant \sqrt{y}\}$ 代替,即将事件 $\{Y \leqslant y\}$ 转换为有关 X 的范围所表示的等价事件. 下面我们仅对于 $Y = g(X)$,其中 $g(x)$ 为严格单调函数的情形,写出一般结论.

定理 4.1 设随机变量 X 具有密度函数 $f_X(x)(-\infty < x < +\infty)$,函数 $g(x)$ 处处可导且 $g'(x) > 0$(或 $g'(x) < 0$),则 $Y = g(X)$ 是连续型随机变量,其密度函数为

$$f_Y(y) = \begin{cases} f_X[h(y)]|h'(y)|, & \alpha < x < \beta, \\ 0, & \text{其他,} \end{cases} \tag{4.1}$$

其中 $\alpha = \min\{g(-\infty), g(+\infty)\}$,$\beta = \max\{g(-\infty), g(+\infty)\}$,$h(y)$ 是 $g(x)$ 的反函数.

我们只证 $g'(x) > 0$ 的情况. 由于 $g'(x) > 0$,故 $g(x)$ 在区间 $(-\infty, +\infty)$ 上严格单调递增,它的反函数 $h(y)$ 存在,且在区间 (α, β) 内严格单调递增并可导. 我们先求 Y 的分布函数 $F_Y(y)$,再通过对 $F_Y(y)$ 求导求出 $f_Y(y)$. 由于 $Y = g(X)$ 在区间 (α, β) 内取值,故

当 $y \leqslant \alpha$ 时,$F_Y(y) = P\{Y \leqslant y\} = 0$;
当 $y \geqslant \beta$ 时,$F_Y(y) = P\{Y \leqslant y\} = 1$;
当 $\alpha < y < \beta$ 时,$F_Y(y) = P\{Y \leqslant y\} = P\{g(X) \leqslant y\} = P\{X \leqslant h(y)\} = \int_{-\infty}^{h(x)} f_X(x) \mathrm{d}x.$

对上面所得分布函数求导,于是得 Y 的密度函数为

$$f_Y(y) = \begin{cases} f_X[h(y)]h'(y), & \alpha < x < \beta, \\ 0, & \text{其他.} \end{cases}$$

对于 $g'(x) < 0$ 的情况可以同样证明,此时有

$$f_Y(y) = \begin{cases} f_X[h(y)][-h'(y)], & \alpha < x < \beta, \\ 0, & \text{其他.} \end{cases}$$

将上面两种情况合并,得

$$f_Y(y) = \begin{cases} f_X[h(y)]|h'(y)|, & \alpha < x < \beta, \\ 0, & \text{其他.} \end{cases}$$

注 若函数 $f(x)$ 在区间 $[a, b]$ 之外为零,则只需假设在区间 (a, b) 内恒有 $g'(x) > 0$(或恒有 $g'(x) < 0$),此时

$$\alpha = \min\{g(a), g(b)\}, \quad \beta = \max\{g(a), g(b)\}.$$

例 4.3 设随机变量 $X \sim N(\mu, \sigma^2)$. 试证明 X 的线性函数 $Y = aX + b (a \neq 0)$ 也服从正态分布.

证 X 的密度函数为
$$f_X(x) = \frac{1}{\sqrt{2\pi}\sigma} e^{-\frac{(x-\mu)^2}{2\sigma^2}} \quad (-\infty < x < +\infty).$$

现由 $y = g(x) = ax + b$,得 $g(x)$ 的反函数为
$$x = h(y) = \frac{y-b}{a},$$

所以 $h'(y) = \dfrac{1}{a}$.

由 (4.1) 式可知,$Y = g(X) = aX + b$ 的密度函数为
$$f_Y(y) = \frac{1}{|a|} f_X\left(\frac{y-b}{a}\right) \quad (-\infty < y < +\infty),$$

即
$$f_Y(y) = \frac{1}{|a|\sigma\sqrt{2\pi}} e^{-\frac{[y-(b+a\mu)]^2}{2(a\sigma)^2}} \quad (-\infty < y < +\infty),$$

因此
$$Y = aX + b \sim N(a\mu + b, (a\sigma)^2).$$

例 4.4 由统计物理学可知,分子运动速度的绝对值 X 服从麦克斯韦(Maxwell)分布,其密度函数为
$$f(x) = \begin{cases} \dfrac{4x^2}{a^3\sqrt{\pi}} e^{-\frac{x^2}{a^2}}, & x > 0, \\ 0, & x \leqslant 0, \end{cases}$$

其中 $a > 0$ 为常数,求分子动能 $Y = \dfrac{1}{2}mX^2$ (m 为分子质量)的密度函数.

解 已知 $y = g(x) = \dfrac{1}{2}mx^2$,函数 $f(x)$ 只在区间 $(0, +\infty)$ 上非零且 $g(x)$ 在此区间内严格单调递增,由 (4.1) 式,得 Y 的密度函数为
$$\psi(y) = \begin{cases} \dfrac{4\sqrt{2y}}{m^{\frac{3}{2}} a^3 \sqrt{\pi}} e^{-\frac{2y}{ma^2}}, & y > 0, \\ 0, & y \leqslant 0. \end{cases}$$

§4.2 两个随机变量的函数的分布

下面讨论两个随机变量的函数的分布问题,就是已知二维随机向量 (X, Y) 的联合分布律或概率密度,求 $Z = \varphi(X, Y)$ 的分布律或密度函数的问题.

1. 二维离散型随机向量

设 (X, Y) 为二维离散型随机向量,则函数 $Z = \varphi(X, Y)$ 仍然是离散型随机变量. 从下面两例

可知,二维离散型随机向量的函数的分布律是不难获得的.对于 $Z = \varphi(X,Y)$ 的每一个取值 z_k 的概率,都可以通过把满足 $\varphi(x_i, y_j) = z_k$ 的取值 (x_i, y_j) 对应的概率相加得到.

例 4.5 设二维离散型随机向量 (X,Y) 的联合分布律如表 4-3 所示,求 $Z = X+Y$ 和 $Z = XY$ 的分布律.

表 4-3

Y	X	
	-1	2
-1	$\frac{5}{20}$	$\frac{3}{20}$
1	$\frac{2}{20}$	$\frac{3}{20}$
2	$\frac{6}{20}$	$\frac{1}{20}$

解 由表 4-3 可列出表 4-4.

表 4-4

P	$\frac{5}{20}$	$\frac{2}{20}$	$\frac{6}{20}$	$\frac{3}{20}$	$\frac{3}{20}$	$\frac{1}{20}$
(X,Y)	$(-1,-1)$	$(-1,1)$	$(-1,2)$	$(2,-1)$	$(2,1)$	$(2,2)$
$X+Y$	-2	0	1	1	3	4
XY	1	-1	-2	-2	2	4

如表 4-4 所示,$Z = X+Y$ 的所有可能取值为 $-2, 0, 1, 3, 4$,且

$$P\{Z = -2\} = P\{X+Y = -2\} = P\{X = -1, Y = -1\} = \frac{5}{20},$$

$$P\{Z = 0\} = P\{X+Y = 0\} = P\{X = -1, Y = 1\} = \frac{2}{20},$$

$$P\{Z = 1\} = P\{X+Y = 1\} = P\{X = -1, Y = 2\} + P\{X = 2, Y = -1\}$$
$$= \frac{6}{20} + \frac{3}{20} = \frac{9}{20},$$

$$P\{Z = 3\} = P\{X+Y = 3\} = P\{X = 2, Y = 1\} = \frac{3}{20},$$

$$P\{Z = 4\} = P\{X+Y = 4\} = P\{X = 2, Y = 2\} = \frac{1}{20}.$$

于是,$Z = X+Y$ 的分布律如表 4-5 所示.

表 4-5

$X+Y$	-2	0	1	3	4
P	$\frac{5}{20}$	$\frac{2}{20}$	$\frac{9}{20}$	$\frac{3}{20}$	$\frac{1}{20}$

同理可得,$Z = XY$ 的分布律如表 4-6 所示.

表 4-6

XY	-2	-1	1	2	4
P	$\frac{9}{20}$	$\frac{2}{20}$	$\frac{5}{20}$	$\frac{3}{20}$	$\frac{1}{20}$

例 4.6 设 X 与 Y 相互独立,且分别服从参数为 λ_1 与 λ_2 的泊松分布,求证:$Z = X + Y$ 服从参数为 $\lambda_1 + \lambda_2$ 的泊松分布.

证 因为 Z 的所有可能取值为 $0,1,2,\cdots$,且 Z 的分布律为

$$P\{Z=k\} = P\{X+Y=k\} = \sum_{i=0}^{k} P\{X=i\}P\{Y=k-i\}$$

$$= \sum_{i=0}^{k} \frac{\lambda_1^i \lambda_2^{k-i}}{i!(k-i)!} e^{-\lambda_1} e^{-\lambda_2} = \frac{1}{k!} e^{-(\lambda_1+\lambda_2)} (\lambda_1+\lambda_2)^k \quad (k=0,1,2,\cdots),$$

所以 Z 服从参数为 $\lambda_1 + \lambda_2$ 的泊松分布.

本例说明,若 X 与 Y 相互独立,且 $X \sim P(\lambda_1)$,$Y \sim P(\lambda_2)$,则 $X + Y \sim P(\lambda_1+\lambda_2)$. 这种性质称为**分布的可加性**. 泊松分布是一个可加性分布. 类似地,可以证明二项分布也是一个可加性分布,即若 X 与 Y 相互独立,且 $X \sim B(n_1,p)$,$Y \sim B(n_2,p)$,则 $X + Y \sim B(n_1+n_2,p)$.

2. 二维连续型随机向量

设 (X,Y) 为二维连续型随机向量. 若函数 $Z = \varphi(X,Y)$ 仍然是连续型随机变量,则存在密度函数 $f_Z(z)$. 求密度函数 $f_Z(z)$ 的一般方法步骤如下:

首先,求出 $Z = \varphi(X,Y)$ 的分布函数:

$$F_Z(z) = P\{Z \leqslant z\} = P\{\varphi(X,Y) \leqslant z\} = P\{(X,Y) \in G\} = \iint_G f(u,v) \mathrm{d}u \mathrm{d}v,$$

其中 $f(x,y)$ 是 (X,Y) 的概率密度,$G = \{(x,y) \mid \varphi(x,y) \leqslant z\}$.

其次,利用分布函数与密度函数的关系,对分布函数求导,这样就可得到密度函数 $f_Z(z)$.

下面讨论三个具体的连续型随机变量的函数的分布.

1) $Z = X + Y$ 的分布

设二维连续型随机向量 (X,Y) 的概率密度为 $f(x,y)$,则 $Z = X + Y$ 的分布函数为

$$F_Z(z) = P\{Z \leqslant z\} = \iint_{x+y \leqslant z} f(x,y) \mathrm{d}x \mathrm{d}y,$$

这里积分区域 $G: x + y \leqslant z$(z 此时是取定的)是直线 $x + y = z$ 左下方的半平面. 于是

$$F_Z(z) = \int_{-\infty}^{+\infty} \mathrm{d}y \int_{-\infty}^{z-y} f(x,y) \mathrm{d}x.$$

固定 z 和 y,对积分 $\int_{-\infty}^{z-y} f(x,y) \mathrm{d}x$ 做变量替换,令 $x = u - y$,得

$$\int_{-\infty}^{z-y} f(x,y) \mathrm{d}x = \int_{-\infty}^{z} f(u-y,y) \mathrm{d}u.$$

于是

$$F_Z(z) = \int_{-\infty}^{+\infty} \mathrm{d}y \int_{-\infty}^{z} f(u-y,y) \mathrm{d}u = \int_{-\infty}^{z} \mathrm{d}u \int_{-\infty}^{+\infty} f(u-y,y) \mathrm{d}y.$$

由密度函数的定义,即得 Z 的密度函数为

$$f_Z(z) = \int_{-\infty}^{+\infty} f(z-y,y) \mathrm{d}y. \tag{4.2}$$

由 X,Y 的对称性,$f_Z(z)$ 又可写成

$$f_Z(z) = \int_{-\infty}^{+\infty} f(x,z-x) \mathrm{d}x. \tag{4.3}$$

这样,我们得到了两个连续型随机变量的和的密度函数的一般公式.

特别地,当 X 与 Y 相互独立时,设 (X,Y) 关于 X,Y 的边缘概率密度分别为 $f_X(x)$, $f_Y(y)$,则有

$$f_Z(z) = \int_{-\infty}^{+\infty} f_X(z-y) f_Y(y) \mathrm{d}y, \tag{4.4}$$

$$f_Z(z) = \int_{-\infty}^{+\infty} f_X(x) f_Y(z-x) \mathrm{d}x. \tag{4.5}$$

以上两个公式称为**卷积**(convolution)**公式**,记作 $f_X * f_Y$,即

$$f_X * f_Y = \int_{-\infty}^{+\infty} f_X(z-y) f_Y(y) \mathrm{d}y = \int_{-\infty}^{+\infty} f_X(x) f_Y(z-x) \mathrm{d}x.$$

例 4.7 已知某商品一周的需求量是一个随机变量,其密度函数为

$$f(x) = \begin{cases} \lambda e^{-\lambda x}, & x \geq 0, \\ 0, & x < 0. \end{cases}$$

设各周的需求量是相互独立的,试求两周需求量的密度函数.

解 记两周的需求量为 Z,第一周、第二周的需求量分别为 X,Y,则 X 与 Y 相互独立且同分布,$Z = X+Y$,从而有

$$f_Z(z) = \int_{-\infty}^{+\infty} f(x) f(z-x) \mathrm{d}x = \begin{cases} \int_0^z \lambda e^{-\lambda x} \cdot \lambda e^{-\lambda(z-x)} \mathrm{d}x, & z \geq 0, \\ 0, & z < 0 \end{cases}$$

$$= \begin{cases} \lambda^2 z e^{-\lambda z}, & z \geq 0, \\ 0, & z < 0. \end{cases}$$

例 4.8 设 X 和 Y 是两个相互独立的随机变量,它们都服从 $N(0,1)$ 分布,求 $Z = X+Y$ 的密度函数.

解 由题设可知,X,Y 的密度函数分别为

$$f_X(x) = \frac{1}{\sqrt{2\pi}} e^{-\frac{x^2}{2}} \quad (-\infty < x < +\infty),$$

$$f_Y(y) = \frac{1}{\sqrt{2\pi}} e^{-\frac{y^2}{2}} \quad (-\infty < y < +\infty),$$

则由卷积公式可知

$$f_Z(z) = \int_{-\infty}^{+\infty} f_X(x) f_Y(z-x) \mathrm{d}x = \frac{1}{2\pi} \int_{-\infty}^{+\infty} e^{-\frac{x^2}{2}} e^{-\frac{(z-x)^2}{2}} \mathrm{d}x = \frac{1}{2\pi} e^{-\frac{z^2}{4}} \int_{-\infty}^{+\infty} e^{-(x-\frac{z}{2})^2} \mathrm{d}x.$$

令 $t = x - \frac{z}{2}$,得

$$f_Z(z) = \frac{1}{2\pi} e^{-\frac{z^2}{4}} \int_{-\infty}^{+\infty} e^{-t^2} \mathrm{d}t = \frac{1}{2\pi} e^{-\frac{z^2}{4}} \sqrt{\pi} = \frac{1}{2\sqrt{\pi}} e^{-\frac{z^2}{4}},$$

即 Z 服从 $N(0,\sqrt{2}^2)$ 分布.

一般地,设 X 与 Y 相互独立,且 $X \sim N(\mu_1, \sigma_1^2)$,$Y \sim N(\mu_2, \sigma_2^2)$,则由(4.5)式经过计算可知 $Z = X+Y$ 仍然服从正态分布,且有 $Z \sim N(\mu_1+\mu_2, \sigma_1^2+\sigma_2^2)$. 这个结论还能推广到 n 个独立正态随机变量之和的情况,即若 $X_i \sim N(\mu_i, \sigma_i^2)(i=1,2,\cdots,n)$,且它们相互独立,则它们的和 $Z = X_1 + X_2 + \cdots + X_n$ 仍然服从正态分布,并有 $Z \sim N(\sum_{i=1}^n \mu_i, \sum_{i=1}^n \sigma_i^2)$.

更一般地,可以证明有限个相互独立的正态随机变量的线性组合仍然服从正态分布.

2) $Z = \dfrac{X}{Y}$ 的分布

设二维连续型随机向量 (X,Y) 的概率密度为 $f(x,y)$，则 $Z = \dfrac{X}{Y}$ 的分布函数为

$$F_Z(z) = P\{Z \leqslant z\} = P\left\{\dfrac{X}{Y} \leqslant z\right\} = \iint\limits_{\frac{x}{y} \leqslant z} f(x,y)\mathrm{d}x\mathrm{d}y.$$

令 $u = y, v = \dfrac{x}{y}$，即 $x = uv, y = u$。这一变换的雅可比（Jacobi）行列式为

$$J = \begin{vmatrix} v & u \\ 1 & 0 \end{vmatrix} = -u.$$

于是，有

$$F_Z(z) = \iint\limits_{v \leqslant z} f(uv,u)|J|\mathrm{d}u\mathrm{d}v = \int_{-\infty}^{z} \mathrm{d}v \int_{-\infty}^{+\infty} f(uv,u)|u|\mathrm{d}u.$$

这就是说，随机变量 Z 的密度函数为

$$f_Z(z) = \int_{-\infty}^{+\infty} f(zu,u)|u|\mathrm{d}u. \tag{4.6}$$

特别地，当 X 与 Y 相互独立时，有

$$f_Z(z) = \int_{-\infty}^{+\infty} f_X(zu)f_Y(u)|u|\mathrm{d}u, \tag{4.7}$$

其中 $f_X(x), f_Y(y)$ 分别为 (X,Y) 关于 X, Y 的边缘概率密度。

例 4.9 设 X 与 Y 相互独立，且均服从 $N(0,1)$ 分布，求 $Z = \dfrac{X}{Y}$ 的密度函数 $f_Z(z)$。

解 由 (4.7) 式，有

$$f_Z(z) = \int_{-\infty}^{+\infty} f_X(zu)f_Y(u)|u|\mathrm{d}u = \dfrac{1}{2\pi}\int_{-\infty}^{+\infty} \mathrm{e}^{-\frac{u^2(1+z^2)}{2}}|u|\mathrm{d}u$$

$$= \dfrac{1}{\pi}\int_0^{+\infty} u\mathrm{e}^{-\frac{u^2(1+z^2)}{2}}\mathrm{d}u = \dfrac{1}{\pi(1+z^2)} \quad (-\infty < z < +\infty).$$

例 4.10 设 X, Y 分别表示两只不同型号的灯泡的寿命，X 与 Y 相互独立，且它们的密度函数依次为

$$f(x) = \begin{cases} \mathrm{e}^{-x}, & x > 0, \\ 0, & \text{其他,} \end{cases} \quad g(y) = \begin{cases} 2\mathrm{e}^{-2y}, & y > 0, \\ 0, & \text{其他,} \end{cases}$$

求 $Z = \dfrac{X}{Y}$ 的密度函数。

解 当 $z > 0$ 时，Z 的密度函数为

$$f_Z(z) = \int_0^{+\infty} y\mathrm{e}^{-yz} \cdot 2\mathrm{e}^{-2y}\mathrm{d}y = \int_0^{+\infty} 2y\mathrm{e}^{-(2+z)y}\mathrm{d}y = \dfrac{2}{(2+z)^2};$$

当 $z \leqslant 0$ 时，$f_Z(z) = 0$。于是

$$f_Z(z) = \begin{cases} \dfrac{2}{(2+z)^2}, & z > 0, \\ 0, & z \leqslant 0. \end{cases}$$

3) $M = \max\{X,Y\}$ 及 $N = \min\{X,Y\}$ 的分布

设 X 与 Y 相互独立，且它们分别有分布函数 $F_X(x)$ 与 $F_Y(y)$，求 X, Y 的最大值、最小值：$M = \max\{X,Y\}, N = \min\{X,Y\}$ 的分布函数 $F_M(z), F_N(z)$。

由于 $M = \max\{X,Y\}$ 不大于 z 等价于 X 和 Y 都不大于 z，故 $P\{M \leqslant z\} = P\{X \leqslant z, Y \leqslant z\}$. 又 X 与 Y 相互独立，所以

$$F_M(z) = P\{M \leqslant z\} = P\{X \leqslant z, Y \leqslant z\}$$
$$= P\{X \leqslant z\}P\{Y \leqslant z\} = F_X(z)F_Y(z). \tag{4.8}$$

类似地，可得 $N = \min\{X,Y\}$ 的分布函数为

$$F_N(z) = P\{N \leqslant z\} = 1 - P\{N > z\} = 1 - P\{X > z, Y > z\}$$
$$= 1 - P\{X > z\}P\{Y > z\} = 1 - [1 - F_X(z)][1 - F_Y(z)]. \tag{4.9}$$

以上结果容易推广到 n 个相互独立的随机变量的情况. 设 $X_1, X_2, \cdots, X_n$ 是 n 个相互独立的随机变量，它们的分布函数分别为 $F_{X_i}(x_i)(i = 1, 2, \cdots, n)$，则 $M = \max\{X_1, X_2, \cdots, X_n\}$ 及 $N = \min\{X_1, X_2, \cdots, X_n\}$ 的分布函数分别为

$$F_M(z) = F_{X_1}(z)F_{X_2}(z)\cdots F_{X_n}(z), \tag{4.10}$$
$$F_N(z) = 1 - [1 - F_{X_1}(z)][1 - F_{X_2}(z)]\cdots[1 - F_{X_n}(z)]. \tag{4.11}$$

特别地，当 $X_1, X_2, \cdots, X_n$ 相互独立且有相同分布函数 $F(x)$ 时，有

$$F_M(z) = [F(z)]^n, \tag{4.12}$$
$$F_N(z) = 1 - [1 - F(z)]^n. \tag{4.13}$$

例 4.11 设 X 与 Y 相互独立，且都服从参数为 1 的指数分布，求 $Z = \max\{X,Y\}$ 的密度函数.

解 设 X, Y 的分布函数为 $F(x)$，则

$$F(x) = \begin{cases} 1 - e^{-x}, & x \geqslant 0, \\ 0, & x < 0. \end{cases}$$

由于 Z 的分布函数为

$$F_Z(z) = P\{Z \leqslant z\} = P\{X \leqslant z, Y \leqslant z\} = P\{X \leqslant z\}P\{Y \leqslant z\} = [F(z)]^2,$$

所以 Z 的密度函数为

$$f_Z(z) = F'_Z(z) = 2F(z)F'(z) = \begin{cases} 2e^{-z}(1 - e^{-z}), & z \geqslant 0, \\ 0, & z < 0. \end{cases}$$

下面再举一个由两个随机变量的分布函数，求两个随机变量的函数的密度函数的一般例子.

例 4.12 设 X 与 Y 相互独立，且都服从 $N(0, \sigma^2)$ 分布，求 $Z = \sqrt{X^2 + Y^2}$ 的密度函数.

解 先求分布函数 $F_Z(z) = P\{Z \leqslant z\} = P\{\sqrt{X^2 + Y^2} \leqslant z\}$.

当 $z \leqslant 0$ 时，$F_Z(z) = 0$；当 $z > 0$ 时，

$$F_Z(z) = P\{\sqrt{X^2 + Y^2} \leqslant z\} = \iint\limits_{\sqrt{x^2+y^2} \leqslant z} \frac{1}{2\pi\sigma^2} e^{-\frac{x^2+y^2}{2\sigma^2}} dx dy.$$

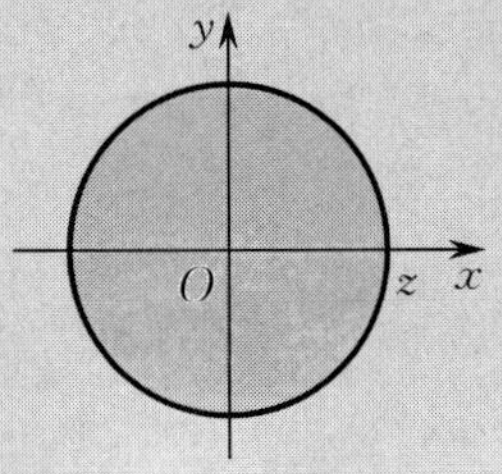

做极坐标变换，令 $x = r\cos\theta, y = r\sin\theta (0 \leqslant r \leqslant z, 0 \leqslant \theta < 2\pi)$（见图 4-1），于是有

$$F_Z(z) = \frac{1}{2\pi\sigma^2} \int_0^{2\pi} d\theta \int_0^z r e^{-\frac{r^2}{2\sigma^2}} dr = 1 - e^{-\frac{z^2}{2\sigma^2}}.$$

故得 Z 的密度函数为

$$f_Z(z) = F'_Z(z) = \begin{cases} \dfrac{z}{\sigma^2} e^{-\frac{z^2}{2\sigma^2}}, & z > 0, \\ 0, & z \leqslant 0. \end{cases}$$

图 4-1

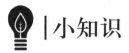 小知识

贝叶斯及其传世之作

托马斯·贝叶斯在 18 世纪上半叶的欧洲学术界，恐怕不能算是一个很知名的人物。在他生前，没有发表过片纸只字的科学论著。那时，学者之间的私人通信，是传播和交流科学成果的一种重要方式。许多这类信件得以保存下来并发表传世，而成为科学史上的重要文献。例如，费马和帕斯卡的通信，伯努利与莱布尼茨的通信等。但对于贝叶斯来说，这方面材料也不多。在他生前，除在 1755 年有一封致约翰·康顿（John Condon）的信（其中讨论了辛普森（Simpson）有关误差理论的工作）外，历史上没有记载他与当时的学术界有何重要的交往。但他曾在 1742 年当选为英国皇家学会会员（相当于科学院院士），因而可以想见，他必定曾以某种方式表现出其学术造诣而为当时的学术界所承认。如今，我们对这位生性孤僻、哲学气味重于数学气味的学术怪杰的了解，是因他的一篇题为"An essay towards solving a problem in the doctrine of chances"（机遇理论中一个问题的解）的遗作。此文发表后很长一个时期在学术界没有引起什么反响，但到了 20 世纪，逐渐受到人们的重视，成为贝叶斯学派的奠基石。

此文是他的两篇遗作之一，首次发表于 1764 年伦敦皇家学会的刊物 *Philosophical Transactions* 上。而生前为何未交付发表，后来的学者虽有些猜测，但均不足定论。据文献记载，在他逝世前四个月，他在一封遗书中将此文及一百英镑托付给一个叫普莱斯的学者，而贝叶斯当时对此人在何处也不了然。所幸的是，后来普莱斯在贝叶斯的文件中发现了这篇文章，他于 1763 年 12 月 23 日在皇家学会上宣读了此文，并在次年得到发表。发表时普莱斯为此文写了一个有实质内容的前言和附录。据普莱斯说，贝叶斯自己也准备了一个前言，这使得人们无法确切区分：哪些思想属于贝叶斯本人，哪些又是普莱斯所附加。

贝叶斯写作此文的动机，在统计史上说法也不一。一种表面上看来显然的说法，是为了解决伯努利和棣莫弗未能解决的二项分布概率 p 的"逆概率"问题。因为当时距这两位学者的工作发表后不久，有人认为他是受了辛普森误差工作的触动，想为这种问题的处理提供一种新的思想。还有人主张，贝叶斯写作此文，是为了给"第一推动力"的存在提供一个数学证明。这些说法现在都无从考证。

上面提到的"逆概率"这个名词，在较早的统计学著作中用得较多，现在已逐渐淡出。顾名思义，它是指"求概率这个问题的逆问题"：已知事件的概率为 p，可由之计算某种观察结果出现的概率如何，这是"正概率"。反过来，给定了观察结果，问由之可以对概率 p 做出如何推断，此即为"逆概率"。推广到极处可以说，正概率是由原因推结果，是概率论；逆概率是结果推原因，是数理统计。

习 题 4

1. 设随机变量 X 的分布律如表 4-7 所示，求 $Y = X^2$ 的分布律.

表 4-7

X	-2	-1	0	1	3
P	$\dfrac{1}{5}$	$\dfrac{1}{6}$	$\dfrac{1}{5}$	$\dfrac{1}{15}$	$\dfrac{11}{30}$

2. 设随机变量 X 服从参数为 2 的指数分布，证明：$Y = 1 - e^{-2X}$ 在区间 $(0,1)$ 上服从均匀分布.

3. 设随机变量 $X \sim N(0,1)$，求：
   (1) $Y = e^X$ 的密度函数；
   (2) $Y = |X|$ 的密度函数.

4. 设随机变量 $X \sim U(0,1)$，试求 $Z = -2\ln X$ 的密度函数.

5. 设二维离散型随机向量 (X, Y) 的联合分布律如表 4-8 所示，求：
   (1) $V = \max\{X, Y\}$ 的分布律；
   (2) $U = \min\{X, Y\}$ 的分布律.

表 4-8

Y	X					
	0	1	2	3	4	5
0	0	0.01	0.03	0.05	0.07	0.09
1	0.01	0.02	0.04	0.05	0.06	0.08
2	0.01	0.03	0.05	0.05	0.05	0.06
3	0.01	0.02	0.04	0.06	0.06	0.05

6. 设 X 与 Y 是两个相互独立的随机变量，其密度函数分别为
$$f_X(x) = \begin{cases} 1, & 0 \leqslant x \leqslant 1, \\ 0, & \text{其他}, \end{cases} \quad f_Y(y) = \begin{cases} e^{-y}, & y > 0, \\ 0, & \text{其他}, \end{cases}$$
求随机变量 $Z = X + Y$ 的密度函数.

7. 设二维随机向量 (X, Y) 的概率密度为
$$f(x, y) = \begin{cases} 12y^2, & 0 \leqslant y \leqslant x \leqslant 1, \\ 0, & \text{其他}, \end{cases}$$
求：
   (1) 随机变量 X 的密度函数 $f_X(x)$；
   (2) 随机变量 Y 的密度函数 $f_Y(y)$；
   (3) 随机变量 $Z = X + Y$ 的密度函数 $f_Z(z)$.

8. 设随机变量 X 与 Y 相互独立，且都服从参数为 $\lambda(\lambda > 0)$ 的泊松分布，证明：$X + Y$ 服从参数为 2λ 的泊松分布.

9. 设 X 和 Y 分别表示两个不同电子器件的寿命（单位：h），X 与 Y 相互独立，且服从同一分布，其密度函数为
$$f(x) = \begin{cases} \dfrac{1\,000}{x^2}, & x > 1\,000, \\ 0, & \text{其他}, \end{cases}$$
求 $Z = \dfrac{X}{Y}$ 的密度函数.

第 5 章 随机变量的数字特征

前面几章讨论了随机变量的分布函数.随机变量的分布函数全面描述了随机变量的统计特性,但是在实际问题中,我们常常关心的只是随机变量在某些方面的特征,并不需要知道它的全貌.这类特征往往通过一个或几个实数来反映,在概率论中称它们为随机变量的**数字特征**.

本章将介绍几个重要的数字特征:数学期望、方差、标准差、协方差、相关系数和矩等.

§5.1 数学期望

1. 数学期望的定义

粗略地说,数学期望就是随机变量的平均值.在给出数学期望的概念之前,先看一个例子.

例 5.1 要评判一个射手的射击水平,需要知道射手平均命中环数.设射手 A 在同样条件下进行射击,命中的环数 X 是一个随机变量,其分布律如表 5-1 所示,求他平均每次击中的环数.

表 5-1

X	10	9	8	7	6	5	0
P	0.1	0.1	0.2	0.3	0.1	0.1	0.1

解 由 X 的分布律可知,若射手 A 共射击 N 次,则根据频率的稳定性,在 N 次射击中,大约有 $0.1 \times N$ 次击中 10 环,$0.1 \times N$ 次击中 9 环,$0.2 \times N$ 次击中 8 环,$0.3 \times N$ 次击中 7 环,$0.1 \times N$ 次击中 6 环,$0.1 \times N$ 次击中 5 环,$0.1 \times N$ 次脱靶.于是,在 N 次射击中,射手 A 击中的环数之和约为

$$10 \times 0.1N + 9 \times 0.1N + 8 \times 0.2N + 7 \times 0.3N + 6 \times 0.1N + 5 \times 0.1N + 0 \times 0.1N,$$

平均每次击中的环数约为

$$\frac{1}{N}(10 \times 0.1N + 9 \times 0.1N + 8 \times 0.2N + 7 \times 0.3N + 6 \times 0.1N + 5 \times 0.1N + 0 \times 0.1N)$$
$$= 10 \times 0.1 + 9 \times 0.1 + 8 \times 0.2 + 7 \times 0.3 + 6 \times 0.1 + 5 \times 0.1 + 0 \times 0.1 = 6.7(环).$$

受这样一个问题的启发,我们设想,一般随机变量的"平均数",应是随机变量所有可能取值与其相应的概率的乘积之和,也就是以概率为权数的加权平均值.这就是所谓"数学期望"的概念.一般地,有以下定义:

定义 5.1 设离散型随机变量 X 的分布律为

$$P\{X = x_k\} = p_k \quad (k = 1, 2, \cdots).$$

若级数 $\sum_{k=1}^{\infty} x_k p_k$ 绝对收敛,则称级数 $\sum_{k=1}^{\infty} x_k p_k$ 的和为**离散型随机变量 X 的数学期望**(mathematical expectation),记作 $E(X)$,即

$$E(X) = \sum_{k=1}^{\infty} x_k p_k. \tag{5.1}$$

注 离散型随机变量 X 的取值 $x_1, x_2, \cdots$ 的排列次序不是本质不变的.为了保证无穷级数 $\sum_{k=1}^{\infty} x_k p_k$ 的和不因改变求和次序而变化,这里要求当级数 $\sum_{k=1}^{\infty} x_k p_k$ 绝对收敛时,$E(X)$ 才有定义.由于常见的随机变量都满足这一要求,因此在以下的讨论中我们不再去验证这一条件.

对于连续型随机变量 X,我们又应该如何合理地定义它的数学期望 $E(X)$ 呢?

设连续型随机变量 X 的密度函数为 $f(x)$,在数轴上取定一个区间 $(a, b]$,再在 $(a, b]$ 上任取 $n-1$ 个分点

$$a = x_0 < x_1 < x_2 < \cdots < x_{n-1} < x_n = b,$$

于是我们得到 n 个小区间 $(x_{k-1}, x_k] (k = 1, 2, \cdots, n)$. 设这 n 个小区间的长度分别为 $\Delta x_1, \Delta x_2, \cdots, \Delta x_n$, 因此

$$P\{X \in (x_{k-1}, x_k]\} = \int_{x_{k-1}}^{x_k} f(x) \mathrm{d}x \approx f(x_k) \Delta x_k \quad (k = 1, 2, \cdots, n).$$

这样,我们把连续型随机变量 X 近似地看成一个离散型随机变量 $\tilde{X}$, 它的分布律为

$$p_k = P\{\tilde{X} = x_k\} \approx f(x_k) \Delta x_k \quad (k = 1, 2, \cdots, n),$$

则由离散型随机变量的数学期望的定义,得到

$$E(\tilde{X}) = \sum_{k=1}^{n} x_k p_k = \sum_{k=1}^{n} x_k f(x_k) \Delta x_k.$$

如果分点 $x_1, x_2, \cdots, x_n$ 很密,且 $a \to -\infty, b \to +\infty$, 那么 $E(\tilde{X})$ 的极限便是

$$\int_{-\infty}^{+\infty} x f(x) \mathrm{d}x.$$

于是,我们有以下定义:

定义 5.2 设连续型随机变量 X 的密度函数为 $f(x)$. 若积分

$$\int_{-\infty}^{+\infty} x f(x) \mathrm{d}x$$

绝对收敛,则称积分 $\int_{-\infty}^{+\infty} x f(x) \mathrm{d}x$ 的值为**连续型随机变量 X 的数学期望**,记作 $E(X)$, 即

$$E(X) = \int_{-\infty}^{+\infty} x f(x) \mathrm{d}x. \tag{5.2}$$

数学期望简称**期望**,又称为**均值**.

例 5.2 假定一条生产流水线一天内发生故障的概率为 0.1, 流水线发生故障时全天停止工作. 若一周五个工作日中无故障,则这条生产线可产生利润 20 万元;若一周内发生一次故障,则仍可产生利润 6 万元;若一周内发生两次或两次以上故障,则要亏损 2 万元,求一周内这条流水线产生利润的数学期望.

解 记一周内这条流水线产生的利润(单位:万元)为 Y, 则 Y 的所有可能取值为 $-2, 6, 20$, 其分布律如表 5-2 所示.

表 5-2

Y	-2	6	20
P	$1 - 1.4 \times (0.9)^4$	$0.5 \times (0.9)^4$	$(0.9)^5$

因此,利润 Y 的数学期望为

$$E(Y) = 20 \times (0.9)^5 + 6 \times 0.5 \times (0.9)^4 - 2 \times [1 - 1.4 \times (0.9)^4] \approx 13.62 (\text{万元}).$$

例 5.3 按规定,某车站每天 $8:00-9:00, 9:00-10:00$ 都有一辆客车到站,但到站的时刻是随机的,且两者到站的时间相互独立,其分布律如表 5-3 所示. 现有一旅客 $8:20$ 到该车站,求他候车时间的数学期望.

表 5-3

到站时刻	$8:10, 9:10$	$8:30, 9:30$	$8:50, 9:50$
概率	$\dfrac{1}{6}$	$\dfrac{3}{6}$	$\dfrac{2}{6}$

解 设旅客的候车时间(单位:min)为 X,易知 X 的分布律如表 5-4 所示.

表 5-4

X	10	30	50	70	90
P	$\frac{3}{6}$	$\frac{2}{6}$	$\frac{1}{36}$	$\frac{3}{36}$	$\frac{2}{36}$

在表 5-4 中,P 的求法如下,例如,

$$P\{X=70\} = P(AB) = P(A)P(B) = \frac{1}{6} \times \frac{3}{6} = \frac{3}{36},$$

其中 A 为事件"第一班车在 8:10 到站",B 为事件"第二班车在 9:30 到站". 于是,候车时间的数学期望为

$$E(X) = 10 \times \frac{3}{6} + 30 \times \frac{2}{6} + 50 \times \frac{1}{36} + 70 \times \frac{3}{36} + 90 \times \frac{2}{36} = 27.22(\text{min}).$$

例 5.4 有五个相互独立工作的电子装置,它们的寿命 $X_k(k=1,2,3,4,5)$ 服从同一指数分布,其密度函数为

$$f(x) = \begin{cases} \frac{1}{\theta} e^{-\frac{x}{\theta}}, & x > 0, \\ 0, & x \leq 0. \end{cases}$$

(1) 若将这五个电子装置串联起来组成整机,求整机寿命 N 的数学期望;
(2) 若将这五个电子装置并联起来组成整机,求整机寿命 M 的数学期望.

解 $X_k(k=1,2,3,4,5)$ 的分布函数为

$$F(x) = \begin{cases} 1 - e^{-\frac{x}{\theta}}, & x > 0, \\ 0, & x \leq 0. \end{cases}$$

(1) 串联的情况. 由于当五个电子装置中有一个损坏时,整机就停止工作,所以这时整机寿命为

$$N = \min\{X_1, X_2, X_3, X_4, X_5\}.$$

又由于 X_1, X_2, X_3, X_4, X_5 是相互独立的,于是 $N = \min\{X_1, X_2, X_3, X_4, X_5\}$ 的分布函数为

$$\begin{aligned}
F_N(x) &= P\{N \leq x\} = 1 - P\{N > x\} \\
&= 1 - P\{X_1 > x, X_2 > x, X_3 > x, X_4 > x, X_5 > x\} \\
&= 1 - P\{X_1 > x\}P\{X_2 > x\}P\{X_3 > x\}P\{X_4 > x\}P\{X_5 > x\} \\
&= 1 - [1 - F_{X_1}(x)][1 - F_{X_2}(x)][1 - F_{X_3}(x)][1 - F_{X_4}(x)][1 - F_{X_5}(x)] \\
&= 1 - [1 - F(x)]^5 = \begin{cases} 1 - e^{-\frac{5x}{\theta}}, & x > 0, \\ 0, & x \leq 0, \end{cases}
\end{aligned}$$

因此 N 的密度函数为

$$f_N(x) = \begin{cases} \frac{5}{\theta} e^{-\frac{5x}{\theta}}, & x > 0, \\ 0, & x \leq 0, \end{cases}$$

则 N 的数学期望为

$$E(N) = \int_{-\infty}^{+\infty} x f_N(x) \mathrm{d}x = \int_0^{+\infty} \frac{5x}{\theta} e^{-\frac{5x}{\theta}} \mathrm{d}x = \frac{\theta}{5}.$$

(2) 并联的情况. 由于当且仅当五个电子装置都损坏时,整机才停止工作,所以这时整机寿命为

$$M = \max\{X_1, X_2, X_3, X_4, X_5\}.$$

又由于 X_1, X_2, X_3, X_4, X_5 相互独立,因此可类似求得 M 的分布函数为

$$F_M(x) = [F(x)]^5 = \begin{cases} (1-\mathrm{e}^{-\frac{x}{\theta}})^5, & x > 0, \\ 0, & x \leqslant 0, \end{cases}$$

因而 M 的密度函数为

$$f_M(x) = \begin{cases} \dfrac{5}{\theta}(1-\mathrm{e}^{-\frac{x}{\theta}})^4 \mathrm{e}^{-\frac{x}{\theta}}, & x > 0, \\ 0, & x \leqslant 0. \end{cases}$$

于是,M 的数学期望为

$$E(M) = \int_{-\infty}^{+\infty} x f_M(x)\mathrm{d}x = \int_0^{+\infty} \frac{5x}{\theta}(1-\mathrm{e}^{-\frac{x}{\theta}})^4 \mathrm{e}^{-\frac{x}{\theta}}\mathrm{d}x = \frac{137}{60}\theta.$$

这说明,这五个电子装置并联连接工作的平均寿命要大于串联连接工作的平均寿命.

2. 随机变量的函数的数学期望

在实际问题与理论研究中,我们经常需要求随机变量的函数的数学期望. 这时,我们可以通过下面的定理来实现.

定理 5.1 设 Y 是随机变量 X 的函数 $Y = g(X)$(g 是连续函数).

(1) 设 X 是离散型随机变量,它的分布律为 $P\{X = x_k\} = p_k (k=1,2,\cdots)$. 若 $\sum\limits_{k=1}^{\infty} g(x_k)p_k$ 绝对收敛,则有

$$E(Y) = E[g(X)] = \sum_{k=1}^{\infty} g(x_k)p_k. \tag{5.3}$$

(2) 设 X 是连续型随机变量,它的密度函数为 $f(x)$. 若 $\int_{-\infty}^{+\infty} g(x)f(x)\mathrm{d}x$ 绝对收敛,则有

$$E(Y) = E[g(X)] = \int_{-\infty}^{+\infty} g(x)f(x)\mathrm{d}x. \tag{5.4}$$

定理 5.1 的重要意义在于,当我们求 $E(Y)$ 时,不必知道 Y 的分布而只需知道 X 的分布就可以了. 当然,我们也可以由已知的 X 的分布,先求出函数 $g(X)$ 的分布,再根据数学期望的定义求出 $E[g(X)]$. 但是求 $Y = g(X)$ 的分布是不容易的,所以一般不采用后一种方法.

值得说明的是,定理 5.1 的证明超出了本书的范围,这里不做证明.

上述定理还可以推广到两个或两个以上随机变量的函数情形.

例如,设 Z 是随机变量 X,Y 的函数 $Z = g(X,Y)$(g 是连续函数),那么 Z 也是一个随机变量. 当 (X,Y) 是二维离散型随机向量,其联合分布律为 $P\{X = x_i, Y = y_j\} = p_{ij} (i,j = 1,2,\cdots)$ 时,若 $\sum\limits_{i}\sum\limits_{j} g(x_i,y_j)p_{ij}$ 绝对收敛,则有

$$E(Z) = E[g(X,Y)] = \sum_i \sum_j g(x_i,y_j)p_{ij}; \tag{5.5}$$

当 (X,Y) 是二维连续型随机向量,其概率密度为 $f(x,y)$ 时,若 $\int_{-\infty}^{+\infty}\int_{-\infty}^{+\infty} g(x,y)f(x,y)\mathrm{d}x\mathrm{d}y$ 绝对收敛,则有

$$E(Z) = E[g(X,Y)] = \int_{-\infty}^{+\infty}\int_{-\infty}^{+\infty} g(x,y)f(x,y)\mathrm{d}x\mathrm{d}y. \tag{5.6}$$

特别地,有

$$E(X) = \int_{-\infty}^{+\infty}\int_{-\infty}^{+\infty} xf(x,y)\mathrm{d}x\mathrm{d}y = \int_{-\infty}^{+\infty} xf_X(x)\mathrm{d}x.$$

$$E(Y) = \int_{-\infty}^{+\infty}\int_{-\infty}^{+\infty} yf(x,y)\mathrm{d}x\mathrm{d}y = \int_{-\infty}^{+\infty} yf_Y(y)\mathrm{d}y.$$

例 5.5 设随机变量 X 的分布律如表 5-5 所示,求 $E(X^2), E(-2X+1)$.

表 5-5

X	-1	0	2	3
P	$\frac{1}{8}$	$\frac{1}{4}$	$\frac{3}{8}$	$\frac{1}{4}$

解 由(5.3)式得

$$E(X^2) = (-1)^2 \times \frac{1}{8} + 0^2 \times \frac{1}{4} + 2^2 \times \frac{3}{8} + 3^2 \times \frac{1}{4} = \frac{31}{8},$$

$$E(-2X+1) = [-2 \times (-1) + 1] \times \frac{1}{8} + (-2 \times 0 + 1) \times \frac{1}{4}$$
$$+ (-2 \times 2 + 1) \times \frac{3}{8} + (-2 \times 3 + 1) \times \frac{1}{4} = -\frac{7}{4}.$$

例 5.6 某车间生产的圆盘的直径 R 在区间 (a,b) 上服从均匀分布,试求圆盘面积的数学期望.

解 记圆盘面积为 S,则 $S = \frac{1}{4}\pi R^2$. 而 R 的密度函数为

$$f(r) = \begin{cases} \dfrac{1}{b-a}, & a < r < b, \\ 0, & \text{其他}, \end{cases}$$

由(5.4)式得

$$E(S) = \int_a^b \frac{1}{4}\pi r^2 \frac{1}{b-a}\mathrm{d}r = \frac{\pi}{12}(b^2 + ab + a^2).$$

例 5.7 设国际市场每年对于我国某种出口商品的需求量(单位:吨)X 在区间 $[2\,000, 4\,000]$ 上服从均匀分布.若售出这种商品 1 吨,则可挣得外汇 3 万元,但若销售不出而囤积于仓库,则每吨需保管费 1 万元.问:应预备多少吨这种商品,才能使得国家的收益最大?

解 设预备这种商品 y 吨 ($2\,000 \leqslant y \leqslant 4\,000$),则收益(单位:万元)为

$$g(X) = \begin{cases} 3y, & X \geqslant y, \\ 3X - (y - X), & X < y. \end{cases}$$

于是

$$E[g(X)] = \int_{-\infty}^{+\infty} g(x)f(x)\mathrm{d}x = \int_{2\,000}^{4\,000} g(x)\frac{1}{4\,000 - 2\,000}\mathrm{d}x$$
$$= \frac{1}{2\,000}\int_{2\,000}^y [3x - (y-x)]\mathrm{d}x + \frac{1}{2\,000}\int_y^{4\,000} 3y\,\mathrm{d}x$$
$$= \frac{1}{1\,000}(-y^2 + 7\,000y - 4\times 10^6).$$

当 $y = 3\,500$ 时,上式达到最大值,因此预备 3 500 吨此种商品能使得国家的收益最大,最大收益为 8 250 万元.

3. 数学期望的性质

下面讨论数学期望的几条重要性质,假定出现的随机变量的数学期望都是存在的. 另外,在概率论中,通常把常数(不妨记作 c)视作分布律为 $P\{X=c\}=1$ 的随机变量 X,并称 X 服从参数为 c 的退化分布.

定理 5.2 设随机变量 X,Y 的数学期望 $E(X),E(Y)$ 都存在,k,l,c 是常数.

(1) $E(c) = c$;

(2) $E(kX + c) = kE(X) + c$;

(3) $E(kX + lY) = kE(X) + lE(Y)$;

(4) 若 X 与 Y 是相互独立的,则有 $E(XY) = E(X)E(Y)$.

证 这里仅就连续型的情况证明性质(4),离散型的情况和其他性质的证明留给读者.

因 X 与 Y 相互独立,此时 $f(x,y) = f_X(x)f_Y(y)$,故

$$E(XY) = \int_{-\infty}^{+\infty}\int_{-\infty}^{+\infty} xyf(x,y)\mathrm{d}x\mathrm{d}y = \int_{-\infty}^{+\infty}\int_{-\infty}^{+\infty} xyf_X(x)f_Y(y)\mathrm{d}x\mathrm{d}y$$
$$= \int_{-\infty}^{+\infty} xf_X(x)\mathrm{d}x \int_{-\infty}^{+\infty} yf_Y(y)\mathrm{d}y = E(X)E(Y).$$

注 当 X 与 Y 相互独立时,才有 $E(XY) = E(X)E(Y)$. 但反之不一定成立.

例 5.8 设一电路中电流(单位:A)I 与电阻(单位:Ω)R 是两个相互独立的随机变量,其密度函数分别为

$$g(i) = \begin{cases} 2i, & 0 \leqslant i \leqslant 1, \\ 0, & \text{其他,} \end{cases} \quad h(r) = \begin{cases} \dfrac{r^2}{9}, & 0 \leqslant r \leqslant 3, \\ 0, & \text{其他,} \end{cases}$$

试求电压(单位:V)$V = IR$ 的均值.

解 $E(V) = E(IR) = E(I)E(R) = \int_{-\infty}^{+\infty} ig(i)\mathrm{d}i \int_{-\infty}^{+\infty} rh(r)\mathrm{d}r$
$= \int_0^1 2i^2 \mathrm{d}i \int_0^3 \dfrac{r^3}{9}\mathrm{d}r = \dfrac{3}{2}(\mathrm{V})$.

例 5.9 设对某一目标进行射击,命中 n 次才能彻底摧毁该目标. 假定各次射击是相互独立的,并且每次射击命中的概率为 p,试求彻底摧毁这一目标平均消耗的炮弹数.

解 设 X 为 n 次击中目标所消耗的炮弹数,$X_k (k=1,2,\cdots,n)$ 表示第 $k-1$ 次击中目标后至第 k 次击中目标之间所消耗的炮弹数,于是 X_k 可取值 $1,2,3,\cdots$,其分布律如表 5-6 所示,其中 $q = 1-p$.

表 5-6

X_k	1	2	3	$\cdots$	m	$\cdots$
$P\{X_k = m\}$	p	pq	pq^2	$\cdots$	pq^{m-1}	$\cdots$

X_1 为第一次击中目标所消耗的炮弹数,则 n 次击中目标所消耗的炮弹数为

$$X = X_1 + X_2 + \cdots + X_n.$$

于是,由性质(3)可得

$$E(X) = E(X_1) + E(X_2) + \cdots + E(X_n) = nE(X_1).$$

又
$$E(X_1) = \sum_{k=1}^{\infty} kpq^{k-1} = \frac{1}{p},$$
故
$$E(X) = \frac{n}{p}.$$

例 5.10 设 X 与 Y 是相互独立的随机变量,其密度函数分别为
$$f_X(x) = \begin{cases} 2x, & 0 \leqslant x \leqslant 1, \\ 0, & \text{其他}, \end{cases} \quad f_Y(y) = \begin{cases} e^{-(y-5)}, & y > 5, \\ 0, & \text{其他}, \end{cases}$$
求 $E(XY)$.

解 方法一 先求 X 与 Y 的数学期望.
$$E(X) = \int_0^1 x \cdot 2x \, \mathrm{d}x = \frac{2}{3},$$
$$E(Y) = \int_5^{+\infty} y e^{-(y-5)} \, \mathrm{d}y \xrightarrow{\text{令}\, z = y-5} 5 \int_0^{+\infty} e^{-z} \, \mathrm{d}z + \int_0^{+\infty} z e^{-z} \, \mathrm{d}z = 5 + 1 = 6.$$
再由 X 与 Y 的独立性,得
$$E(XY) = E(X)E(Y) = \frac{2}{3} \times 6 = 4.$$

方法二 利用随机变量的函数的数学期望公式. 因 X 与 Y 相互独立,故 X 和 Y 的联合概率密度为
$$f(x,y) = f_X(x) f_Y(y) = \begin{cases} 2x e^{-(y-5)}, & 0 \leqslant x \leqslant 1, y > 5, \\ 0, & \text{其他}. \end{cases}$$
于是,由(5.6)式得
$$E(XY) = \int_5^{+\infty} \int_0^1 xy \cdot 2x e^{-(y-5)} \, \mathrm{d}x \mathrm{d}y = \int_0^1 2x^2 \, \mathrm{d}x \int_5^{+\infty} y e^{-(y-5)} \, \mathrm{d}y = \frac{2}{3} \times 6 = 4.$$

§5.2 方差与标准差

1. 方差与标准差的定义

随机变量的数学期望仅仅反映随机变量取值的"平均数",这有很大的局限性. 例如,有 A,B 两名射手,他们每次射击命中的环数分别为 X, Y,已知 X, Y 的分布律分别如表 5-7 和表 5-8 所示.

表 5-7

X	8	9	10
P	0.2	0.6	0.2

表 5-8

Y	8	9	10
P	0.1	0.8	0.1

由于 $E(X) = E(Y) = 9$(环),可见仅从均值的角度分不出谁的射击技术更高,故还需考虑其他的因素. 通常的想法是:在射击的平均环数相等的条件下,进一步衡量谁的射击技术更稳定些,也就是看谁命中的环数比较集中于平均值的附近. 通常人们会采用命中的环数 X 与它的平均值 $E(X)$ 之间的离差 $|X - E(X)|$ 的数学期望 $E[|X - E(X)|]$ 来度量. 若 $E[|X - E(X)|]$ 越小,

表明 X 的值越集中于 $E(X)$ 的附近,即技术稳定;若 $E[|X-E(X)|]$ 越大,表明 X 的值较分散,即技术不稳定. 但由于 $E[|X-E(X)|]$ 带有绝对值符号,运算不便,故通常采用 X 与 $E(X)$ 的离差 $|X-E(X)|$ 的平方平均值 $E\{[X-E(X)]^2\}$ 来度量随机变量 X 取值的分散程度. 在此例中,由于

$$E\{[X-E(X)]^2\} = 0.2 \times (8-9)^2 + 0.6 \times (9-9)^2 + 0.2 \times (10-9)^2 = 0.4,$$
$$E\{[Y-E(Y)]^2\} = 0.1 \times (8-9)^2 + 0.8 \times (9-9)^2 + 0.1 \times (10-9)^2 = 0.2,$$

故 B 的技术更稳定些.

定义 5.3 设 X 是一个随机变量. 若 $E\{[X-E(X)]^2\}$ 存在,则称 $E\{[X-E(X)]^2\}$ 为 X 的**方差**(variance),记作 $D(X)$,即

$$D(X) = E\{[X-E(X)]^2\}, \tag{5.7}$$

并称 $\sqrt{D(X)}$ 为随机变量 X 的**标准差**(standard deviation)或**均方差**(mean square deviation),记作 $\sigma(X)$.

根据定义可知,随机变量 X 的方差反映了随机变量的取值与其数学期望的偏离程度. 若 X 取值比较集中,则 $D(X)$ 较小;反之,若 X 取值比较分散,则 $D(X)$ 较大.

显然,方差是随机变量 X 的函数 $g(X) = [X-E(X)]^2$ 的数学期望. 若离散型随机变量 X 的分布律为 $P\{X = x_k\} = p_k (k = 1, 2, \cdots)$,则

$$D(X) = \sum_{k=1}^{\infty} [x_k - E(X)]^2 p_k; \tag{5.8}$$

若连续型随机变量 X 的密度函数为 $f(x)$,则

$$D(X) = \int_{-\infty}^{+\infty} [x - E(X)]^2 f(x) \mathrm{d}x. \tag{5.9}$$

由此可见,方差 $D(X)$ 是一个常数,它由随机变量的分布唯一确定.

根据数学期望的性质,可得

$$D(X) = E\{[X-E(X)]^2\} = E\{X^2 - 2XE(X) + [E(X)]^2\}$$
$$= E(X^2) - 2E(X)E(X) + [E(X)]^2 = E(X^2) - [E(X)]^2.$$

于是得到计算方差的常用简便公式

$$D(X) = E(X^2) - [E(X)]^2. \tag{5.10}$$

这里要特别注意 $E(X^2)$ 和 $[E(X)]^2$ 的区别.

例 5.11 设有甲、乙两种棉花,从中各抽取等量的样品进行检验,结果如表 5-9 和表 5-10 所示,其中 X, Y 分别表示甲、乙两种棉花的纤维长度(单位:mm),求 $D(X)$ 与 $D(Y)$,并评定它们的质量.

表 5-9

X	28	29	30	31	32
P	0.1	0.15	0.5	0.15	0.1

表 5-10

Y	28	29	30	31	32
P	0.13	0.17	0.4	0.17	0.13

解 由于
$$E(X) = 28 \times 0.1 + 29 \times 0.15 + 30 \times 0.5 + 31 \times 0.15 + 32 \times 0.1 = 30 (\mathrm{mm}),$$
$$E(Y) = 28 \times 0.13 + 29 \times 0.17 + 30 \times 0.4 + 31 \times 0.17 + 32 \times 0.13 = 30 (\mathrm{mm}),$$

故得

$$D(X) = (28-30)^2 \times 0.1 + (29-30)^2 \times 0.15 + (30-30)^2 \times 0.5$$
$$+ (31-30)^2 \times 0.15 + (32-30)^2 \times 0.1$$
$$= 4 \times 0.1 + 1 \times 0.15 + 0 \times 0.5 + 1 \times 0.15 + 4 \times 0.1 = 1.1 (\text{mm}^2),$$
$$D(Y) = (28-30)^2 \times 0.13 + (29-30)^2 \times 0.17 + (30-30)^2 \times 0.4$$
$$+ (31-30)^2 \times 0.17 + (32-30)^2 \times 0.13$$
$$= 4 \times 0.13 + 1 \times 0.17 + 0 \times 0.4 + 1 \times 0.17 + 4 \times 0.13 = 1.38 (\text{mm}^2).$$

因 $D(X) < D(Y)$,甲种棉花纤维长度的方差小些,说明其纤维比较均匀,故甲种棉花质量较好.

例 5.12 设随机变量 X 的密度函数为 $f(x) = \begin{cases} Ax(1-x), & 0 < x < 1, \\ 0, & \text{其他,} \end{cases}$ 求:

(1) 常数 A 的值;

(2) X 的分布函数;

(3) X 的数学期望 $E(X)$ 和方差 $D(X)$.

解 (1) $1 = \int_0^1 Ax(1-x)\mathrm{d}x = \dfrac{1}{6}A$,故 $A = 6$.

(2) $F(x) = \int_{-\infty}^x f(u)\mathrm{d}u = \begin{cases} 0, & x < 0, \\ \int_0^x 6u(1-u)\mathrm{d}u = 3x^2 - 2x^3, & 0 \leqslant x < 1, \\ \int_0^1 6u(1-u)\mathrm{d}u = 1, & x \geqslant 1. \end{cases}$

(3) $E(X) = \int_0^1 x \cdot 6x(1-x)\mathrm{d}x = 0.5, D(X) = \int_0^1 x^2 \cdot 6x(1-x)\mathrm{d}x - 0.25 = 0.05.$

2. 方差的性质

方差有下面几条重要的性质(假定随机变量 X 与 Y 的方差存在):

(1) $D(c) = 0, D(X+c) = D(X)$ (c 为常数).

(2) $D(cX) = c^2 D(X)$ (c 为常数).

(3) $D(X \pm Y) = D(X) + D(Y) \pm 2E\{[X-E(X)][Y-E(Y)]\}$.

(4) 若 X 与 Y 相互独立,则 $D(X \pm Y) = D(X) + D(Y)$.

证 下面仅证性质(4).
$$D(X \pm Y) = E\{[(X \pm Y) - E(X \pm Y)]^2\}$$
$$= E\{\{[X-E(X)] \pm [Y-E(Y)]\}^2\}$$
$$= E\{[X-E(X)]^2\} \pm 2E\{[X-E(X)][Y-E(Y)]\} + E\{[Y-E(Y)]^2\}$$
$$= D(X) + D(Y) \pm 2E\{[X-E(X)][Y-E(Y)]\}.$$

当 X 与 Y 相互独立时,$X-E(X)$ 与 $Y-E(Y)$ 也相互独立,由数学期望的性质,有
$$E\{[X-E(X)][Y-E(Y)]\} = E[X-E(X)]E[Y-E(Y)] = 0.$$

因此,有
$$D(X \pm Y) = D(X) + D(Y).$$

性质(4)可以推广到任意有限多个相互独立的随机变量之和的情况.

例 5.13 设随机变量 X 的数学期望为 $E(X)$,方差 $D(X)=\sigma^2(\sigma>0)$,令 $Y=\dfrac{X-E(X)}{\sigma}$,求 $E(Y),D(Y)$.

解 $E(Y)=E\left[\dfrac{X-E(X)}{\sigma}\right]=\dfrac{1}{\sigma}E[X-E(X)]=\dfrac{1}{\sigma}[E(X)-E(X)]=0,$

$$D(Y)=D\left[\dfrac{X-E(X)}{\sigma}\right]=\dfrac{1}{\sigma^2}D[X-E(X)]=\dfrac{1}{\sigma^2}D(X)=\dfrac{\sigma^2}{\sigma^2}=1.$$

此时,称 Y 为 X 的**标准化随机变量**.

例 5.14 设 $X_1,X_2,\cdots,X_n$ 相互独立,且都服从 (0-1) 分布,分布律为

$$P\{X_i=0\}=1-p,\quad P\{X_i=1\}=p\quad (i=1,2,\cdots,n),$$

证明:$X=X_1+X_2+\cdots+X_n$ 服从参数为 n,p 的二项分布,并求 $E(X)$ 和 $D(X)$.

解 X 的所有可能取值为 $0,1,2,\cdots,n$,由独立性可知,X 以特定的方式(例如前 k 个取 1,后 $n-k$ 个取 0)取 $k(0\leqslant k\leqslant n)$ 的概率为 $p^k(1-p)^{n-k}$,而 X 取 k 的两两互不相容的方式共有 C_n^k 种,故

$$P\{X=k\}=C_n^k p^k(1-p)^{n-k}\quad (k=0,1,2,\cdots,n),$$

即 X 服从参数为 n,p 的二项分布. 由于

$$E(X_i)=0\times(1-p)+1\times p=p,$$
$$D(X_i)=(0-p)^2\times(1-p)+(1-p)^2\times p=p(1-p)\quad (i=1,2,\cdots,n),$$

且 $X_1,X_2,\cdots,X_n$ 相互独立,故有

$$E(X)=E\Big(\sum_{i=1}^n X_i\Big)=\sum_{i=1}^n E(X_i)=np,\quad D(X)=D\Big(\sum_{i=1}^n X_i\Big)=\sum_{i=1}^n D(X_i)=np(1-p).$$

§5.3 几种常见分布的数学期望与方差

1) (0-1) 分布

设随机变量 X 服从 (0-1) 分布,其分布律如表 5-11 所示,其中 $0<p<1$,则由例 5.14 可知

$$E(X)=p,\quad D(X)=p(1-p).$$

表 5-11

X	0	1
P	$1-p$	p

2) 二项分布

设随机变量 X 服从二项分布,其分布律为

$$P\{X=k\}=C_n^k p^k(1-p)^{n-k}\quad (k=0,1,2,\cdots,n;0<p<1),$$

则由例 5.14 可知

$$E(X)=np,\quad D(X)=np(1-p).$$

二项分布的数学期望也可由数学期望的定义求得.

$$E(X) = \sum_{k=0}^{n} k C_n^k p^k (1-p)^{n-k} = \sum_{k=0}^{n} k \frac{n!}{k!(n-k)!} p^k (1-p)^{n-k}$$
$$= np \sum_{k=1}^{n} \frac{(n-1)!}{(k-1)![(n-1)-(k-1)]!} p^{k-1} (1-p)^{[(n-1)-(k-1)]}.$$

令 $k-1=t$,则
$$E(X) = np \sum_{t=0}^{n-1} \frac{(n-1)!}{t![(n-1)-t]!} p^t (1-p)^{[(n-1)-t]} = np[p+(1-p)]^{n-1} = np.$$

3) 泊松分布

设随机变量 X 服从泊松分布,其分布律为
$$P\{X=k\} = \frac{\lambda^k}{k!} e^{-\lambda} \quad (k=0,1,2,\cdots;\lambda>0),$$

则 X 的数学期望为
$$E(X) = \sum_{k=0}^{\infty} k \frac{\lambda^k}{k!} e^{-\lambda} = \lambda e^{-\lambda} \sum_{k=1}^{\infty} \frac{\lambda^{k-1}}{(k-1)!}.$$

令 $k-1=t$,则有
$$E(X) = \lambda e^{-\lambda} \sum_{t=0}^{\infty} \frac{\lambda^t}{t!} = \lambda e^{-\lambda} e^{\lambda} = \lambda.$$

又
$$E(X^2) = E[X(X-1)+X] = E[X(X-1)] + E(X)$$
$$= \sum_{k=0}^{\infty} k(k-1) \frac{\lambda^k}{k!} e^{-\lambda} + \lambda = \lambda^2 e^{-\lambda} \sum_{k=2}^{\infty} \frac{\lambda^{k-2}}{(k-2)!} + \lambda$$
$$= \lambda^2 e^{-\lambda} e^{\lambda} + \lambda = \lambda^2 + \lambda,$$

所以
$$D(X) = E(X^2) - [E(X)]^2 = \lambda^2 + \lambda - \lambda^2 = \lambda.$$

4) 均匀分布

设随机变量 X 在区间 $[a,b]$ 上服从均匀分布,其密度函数为
$$f(x) = \begin{cases} \dfrac{1}{b-a}, & a \leqslant x \leqslant b, \\ 0, & \text{其他}, \end{cases}$$

则 X 的数学期望为
$$E(X) = \int_{-\infty}^{+\infty} x f(x) dx = \int_a^b \frac{x}{b-a} dx = \frac{a+b}{2}.$$

又
$$E(X^2) = \int_a^b \frac{x^2}{b-a} dx = \frac{a^2+ab+b^2}{3},$$

所以
$$D(X) = E(X^2) - [E(X)]^2 = \frac{1}{3}(a^2+ab+b^2) - \frac{1}{4}(a+b)^2 = \frac{(b-a)^2}{12}.$$

5) 指数分布

设随机变量 X 服从指数分布,其密度函数为

$$f(x) = \begin{cases} \lambda e^{-\lambda x}, & x > 0, \\ 0, & \text{其他} \end{cases} \quad (\lambda > 0),$$

则 X 的数学期望为

$$E(X) = \int_{-\infty}^{+\infty} x f(x) \mathrm{d}x = \int_{0}^{+\infty} x \lambda e^{-\lambda x} \mathrm{d}x = \frac{1}{\lambda}.$$

又

$$E(X^2) = \int_{0}^{+\infty} x^2 \lambda e^{-\lambda x} \mathrm{d}x = \frac{2}{\lambda^2},$$

所以

$$D(X) = E(X^2) - [E(X)]^2 = \frac{2}{\lambda^2} - \left(\frac{1}{\lambda}\right)^2 = \frac{1}{\lambda^2}.$$

6）正态分布

设随机变量 $X \sim N(\mu, \sigma^2)$，其密度函数为

$$f(x) = \frac{1}{\sqrt{2\pi}\sigma} e^{-\frac{(x-\mu)^2}{2\sigma^2}} \quad (-\infty < x < +\infty),$$

则 X 的数学期望为

$$E(X) = \int_{-\infty}^{+\infty} x f(x) \mathrm{d}x = \frac{1}{\sqrt{2\pi}\sigma} \int_{-\infty}^{+\infty} x e^{-\frac{(x-\mu)^2}{2\sigma^2}} \mathrm{d}x.$$

令 $\dfrac{x-\mu}{\sigma} = t$，则

$$E(X) = \frac{1}{\sqrt{2\pi}} \int_{-\infty}^{+\infty} (\mu + \sigma t) e^{-\frac{t^2}{2}} \mathrm{d}t.$$

注意到

$$\frac{\mu}{\sqrt{2\pi}} \int_{-\infty}^{+\infty} e^{-\frac{t^2}{2}} \mathrm{d}t = \mu, \quad \frac{1}{\sqrt{2\pi}} \int_{-\infty}^{+\infty} \sigma t e^{-\frac{t^2}{2}} \mathrm{d}t = 0,$$

故有

$$E(X) = \mu.$$

而

$$D(X) = \int_{-\infty}^{+\infty} [x - E(X)]^2 f(x) \mathrm{d}x = \int_{-\infty}^{+\infty} (x-\mu)^2 \frac{1}{\sqrt{2\pi}\sigma} e^{-\frac{(x-\mu)^2}{2\sigma^2}} \mathrm{d}x.$$

令 $\dfrac{x-\mu}{\sigma} = t$，则

$$D(X) = \frac{\sigma^2}{\sqrt{2\pi}} \int_{-\infty}^{+\infty} t^2 e^{-\frac{t^2}{2}} \mathrm{d}t = \frac{\sigma^2}{\sqrt{2\pi}} \left(-t e^{-\frac{t^2}{2}} \Big|_{-\infty}^{+\infty} + \int_{-\infty}^{+\infty} e^{-\frac{t^2}{2}} \mathrm{d}t \right) = \frac{\sigma^2}{\sqrt{2\pi}} (0 + \sqrt{2\pi}) = \sigma^2.$$

由此可知，正态分布的密度函数中的两个参数 μ 和 σ 分别是该随机变量的数学期望和标准差，因而正态分布完全可由它的数学期望和方差所确定. 再者，由第 4 章知道，若 $X_i \sim N(\mu_i, \sigma_i^2)$ （$i = 1, 2, \cdots, n$），且它们相互独立，则它们的线性组合 $c_1 X_1 + c_2 X_2 + \cdots + c_n X_n$（$c_1, c_2, \cdots, c_n$ 是不全为零的常数）仍然服从正态分布. 于是，由数学期望和方差的性质知道，

$$c_1 X_1 + c_2 X_2 + \cdots + c_n X_n \sim N\left(\sum_{i=1}^{n} c_i \mu_i, \sum_{i=1}^{n} c_i^2 \sigma_i^2\right).$$

这是一个重要的结果.

例 5.15 设活塞的直径(单位:cm)$X \sim N(22.40, 0.03^2)$,气缸的直径(单位:cm)$Y \sim N(22.50, 0.04^2)$,X 与 Y 相互独立,任取一只活塞和一只气缸,求活塞能装入气缸的概率.

解 按题意,需求 $P\{X < Y\} = P\{X - Y < 0\}$.

令 $Z = X - Y$,则

$$E(Z) = E(X) - E(Y) = 22.40 - 22.50 = -0.10,$$
$$D(Z) = D(X) + D(Y) = 0.03^2 + 0.04^2 = 0.05^2,$$

即 $Z \sim N(-0.10, 0.05^2)$. 故有

$$P\{X < Y\} = P\{Z < 0\} = P\left\{\frac{Z - (-0.10)}{0.05} < \frac{0 - (-0.10)}{0.05}\right\}$$
$$= \Phi\left(\frac{0.10}{0.05}\right) = \Phi(2) = 0.9772.$$

为了使用方便,我们列出几种常见分布的数学期望和方差,如表 5-12 所示.

表 5-12

分布名称	分布律或密度函数	数学期望	方差	参数范围
(0-1) 分布 $X \sim$ (0-1) 分布	$P\{X=1\}=p, P\{X=0\}=q$	p	pq	$0 < p < 1$, $q = 1-p$
二项分布 $X \sim B(n,p)$	$P\{X=k\} = C_n^k p^k q^{n-k}$ $(k=0,1,2,\cdots,n)$	np	npq	$0 < p < 1$, $q = 1-p$, $n \in \mathbb{N}_+$
泊松分布 $X \sim P(\lambda)$	$P\{X=k\} = \dfrac{\lambda^k}{k!} e^{-\lambda}$ $(k=0,1,2,\cdots)$	λ	λ	$\lambda > 0$
均匀分布 $X \sim U[a,b]$	$f(x) = \begin{cases} \dfrac{1}{b-a}, & a \leqslant x \leqslant b, \\ 0, & \text{其他} \end{cases}$	$\dfrac{a+b}{2}$	$\dfrac{(b-a)^2}{12}$	$b > a$
指数分布 $X \sim E(\lambda)$	$f(x) = \begin{cases} \lambda e^{-\lambda x}, & x > 0, \\ 0, & \text{其他} \end{cases}$	$\dfrac{1}{\lambda}$	$\dfrac{1}{\lambda^2}$	$\lambda > 0$
正态分布 $X \sim N(\mu, \sigma^2)$	$f(x) = \dfrac{1}{\sqrt{2\pi}\sigma} e^{-\frac{(x-\mu)^2}{2\sigma^2}}$ $(x \in \mathbb{R})$	μ	σ^2	μ 任意, $\sigma > 0$

§5.4 协方差与相关系数

对于一个二维随机向量 (X,Y),数学期望 $E(X), E(Y)$ 只反映了 X 和 Y 各自的平均值,方差 $D(X), D(Y)$ 也只反映了 X 和 Y 各自偏离平均值的程度,它们都没有反映 X 与 Y 之间的关系. 考察方差的性质(3)和(4),不难发现,$E\{[X-E(X)][Y-E(Y)]\}$ 这个数在一定程度上反映了随机变量 X 与 Y 之间的关系.

定义 5.4 设 (X,Y) 为二维随机向量,称 $E\{[X-E(X)][Y-E(Y)]\}$ 为随机变量 X, Y 的**协方差**(covariance),记作 $\text{Cov}(X,Y)$,即

$$\mathrm{Cov}(X,Y) = E\{[X-E(X)][Y-E(Y)]\}. \tag{5.11}$$

而 $\dfrac{\mathrm{Cov}(X,Y)}{\sqrt{D(X)}\sqrt{D(Y)}}$ 称为随机变量 X,Y 的**相关系数**(correlation coefficient)或**标准协方差**(standard covariance),记作 ρ_{XY},即

$$\rho_{XY} = \dfrac{\mathrm{Cov}(X,Y)}{\sqrt{D(X)}\sqrt{D(Y)}}. \tag{5.12}$$

特别地,
$$\mathrm{Cov}(X,X) = E\{[X-E(X)][X-E(X)]\} = D(X),$$
$$\mathrm{Cov}(Y,Y) = E\{[Y-E(Y)][Y-E(Y)]\} = D(Y).$$

故方差 $D(X), D(Y)$ 是协方差的特例.

由上述定义及方差的性质,可得
$$D(X \pm Y) = D(X) + D(Y) \pm 2\mathrm{Cov}(X,Y).$$

由协方差的定义及数学期望的性质,可得下列实用计算公式:
$$\mathrm{Cov}(X,Y) = E(XY) - E(X)E(Y). \tag{5.13}$$

若 (X,Y) 为二维离散型随机向量,其联合分布律为
$$P\{X = x_i, Y = y_j\} = p_{ij} \quad (i,j = 1, 2, \cdots),$$
则有
$$\mathrm{Cov}(X,Y) = \sum_i \sum_j [x_i - E(X)][y_i - E(Y)]p_{ij}. \tag{5.14}$$

若 (X,Y) 为二维连续型随机向量,其概率密度为 $f(x,y)$,则有
$$\mathrm{Cov}(X,Y) = \int_{-\infty}^{+\infty} \int_{-\infty}^{+\infty} [x-E(X)][y-E(Y)]f(x,y)\mathrm{d}x\mathrm{d}y. \tag{5.15}$$

例 5.16 设 (X,Y) 的联合分布律如表 5-13 所示,其中 $0 < p < 1$,求 $\mathrm{Cov}(X,Y)$ 和 ρ_{XY}.

表 5-13

Y	X	
	0	1
0	$1-p$	0
1	0	p

解 易知 X 的分布律为
$$P\{X = 1\} = p, \quad P\{X = 0\} = 1-p,$$
故
$$E(X) = p, \quad D(X) = p(1-p).$$
同理,$E(Y) = p, D(Y) = p(1-p)$. 因此
$$\mathrm{Cov}(X,Y) = E(XY) - E(X)E(Y) = p - p^2 = p(1-p),$$
$$\rho_{XY} = \dfrac{\mathrm{Cov}(X,Y)}{\sqrt{D(X)}\sqrt{D(Y)}} = \dfrac{p(1-p)}{\sqrt{p(1-p)}\sqrt{p(1-p)}} = 1.$$

例 5.17 设 (X,Y) 的概率密度为
$$f(x,y) = \begin{cases} x+y, & 0 < x < 1, 0 < y < 1, \\ 0, & \text{其他}, \end{cases}$$

求 $\mathrm{Cov}(X,Y)$.

解 由于

$$f_X(x) = \begin{cases} x+\dfrac{1}{2}, & 0<x<1, \\ 0, & \text{其他,} \end{cases}$$

$$f_Y(y) = \begin{cases} y+\dfrac{1}{2}, & 0<y<1, \\ 0, & \text{其他,} \end{cases}$$

$$E(X) = \int_0^1 x\left(x+\frac{1}{2}\right)\mathrm{d}x = \frac{7}{12},$$

$$E(Y) = \int_0^1 y\left(y+\frac{1}{2}\right)\mathrm{d}y = \frac{7}{12},$$

$$E(XY) = \int_0^1\int_0^1 xy(x+y)\mathrm{d}x\mathrm{d}y = \int_0^1\int_0^1 x^2 y \,\mathrm{d}x\mathrm{d}y + \int_0^1\int_0^1 xy^2 \,\mathrm{d}x\mathrm{d}y = \frac{1}{3},$$

因此

$$\mathrm{Cov}(X,Y) = E(XY) - E(X)E(Y) = \frac{1}{3} - \frac{7}{12}\times\frac{7}{12} = -\frac{1}{144}.$$

协方差具有以下性质:
(1) 若 X 与 Y 相互独立,则 $\mathrm{Cov}(X,Y)=0$.
(2) $\mathrm{Cov}(X,Y) = \mathrm{Cov}(Y,X)$.
(3) $\mathrm{Cov}(aX,bY) = ab\,\mathrm{Cov}(X,Y)$.
(4) $\mathrm{Cov}(X_1+X_2,Y) = \mathrm{Cov}(X_1,Y) + \mathrm{Cov}(X_2,Y)$.

证 仅证性质(4),其余性质的证明留给读者自行完成.

$$\begin{aligned}
\mathrm{Cov}(X_1+X_2,Y) &= E[(X_1+X_2)Y] - E(X_1+X_2)E(Y) \\
&= E(X_1Y) + E(X_2Y) - E(X_1)E(Y) - E(X_2)E(Y) \\
&= [E(X_1Y) - E(X_1)E(Y)] + [E(X_2Y) - E(X_2)E(Y)] \\
&= \mathrm{Cov}(X_1,Y) + \mathrm{Cov}(X_2,Y).
\end{aligned}$$

例 5.18 设随机变量 $X \sim N(\mu,\sigma^2)$, $Y \sim N(\mu,\sigma^2)$,且 X 与 Y 相互独立,试求 $Z_1 = \alpha X + \beta Y$ 与 $Z_2 = \alpha X - \beta Y$ 的相关系数 (α,β 是不为零的常数).

解 因为

$$\begin{aligned}
\mathrm{Cov}(Z_1,Z_2) &= \mathrm{Cov}(\alpha X+\beta Y, \alpha X-\beta Y) \\
&= \mathrm{Cov}(\alpha X, \alpha X-\beta Y) + \mathrm{Cov}(\beta Y, \alpha X-\beta Y) \\
&= \mathrm{Cov}(\alpha X, \alpha X) + \mathrm{Cov}(\alpha X, -\beta Y) + \mathrm{Cov}(\beta Y, \alpha X) + \mathrm{Cov}(\beta Y, -\beta Y) \\
&= \alpha^2 \mathrm{Cov}(X,X) - \alpha\beta\,\mathrm{Cov}(X,Y) + \alpha\beta\,\mathrm{Cov}(Y,X) - \beta^2 \mathrm{Cov}(Y,Y) \\
&= (\alpha^2 - \beta^2)\sigma^2,
\end{aligned}$$

且

$$D(Z_1) = D(Z_2) = (\alpha^2+\beta^2)\sigma^2,$$

故

$$\rho_{Z_1 Z_2} = \frac{\mathrm{Cov}(Z_1,Z_2)}{\sqrt{D(Z_1)}\,\sqrt{D(Z_2)}} = \frac{\alpha^2-\beta^2}{\alpha^2+\beta^2}.$$

下面给出相关系数 ρ_{XY} 的几条重要性质,并说明 ρ_{XY} 的含义.

定理 5.3 设 $D(X) > 0, D(Y) > 0, \rho_{XY}$ 为 (X,Y) 的相关系数,则

(1) 如果 X 与 Y 相互独立,那么 $\rho_{XY} = 0$;

(2) $|\rho_{XY}| \leqslant 1$;

(3) $|\rho_{XY}| = 1$ 的充要条件是存在常数 $a(a \neq 0), b$,使得 $P\{Y = aX + b\} = 1$.

证 (1) 由协方差的性质(1)及相关系数的定义可知,性质(1)成立.

(2) 对于任意实数 t,有

$$\begin{aligned}
D(Y-tX) &= E\{[(Y-tX) - E(Y-tX)]^2\} \\
&= E\{\{[Y-E(Y)] - t[X-E(X)]\}^2\} \\
&= E\{[Y-E(Y)]^2\} - 2tE\{[Y-E(Y)][X-E(X)]\} + t^2 E\{[X-E(X)]^2\} \\
&= t^2 D(X) - 2t\mathrm{Cov}(X,Y) + D(Y) \\
&= D(X)\left[t - \frac{\mathrm{Cov}(X,Y)}{D(X)}\right]^2 + D(Y) - \frac{[\mathrm{Cov}(X,Y)]^2}{D(X)}.
\end{aligned}$$

令 $t = \dfrac{\mathrm{Cov}(X,Y)}{D(X)} = b$,于是上式可写为

$$D(Y - bX) = D(Y) - \frac{[\mathrm{Cov}(X,Y)]^2}{D(X)} = D(Y)\left\{1 - \frac{[\mathrm{Cov}(X,Y)]^2}{D(X)D(Y)}\right\} = D(Y)(1 - \rho_{XY}^2).$$

因为方差不能为负,所以 $1 - \rho_{XY}^2 \geqslant 0$,从而 $|\rho_{XY}| \leqslant 1$.

性质(3)的证明较复杂,这里从略.

当 $\rho_{XY} = 0$ 时,称 X 与 Y **不相关**;否则,称 X 与 Y **相关**. 由性质(1)可知,当 X 与 Y 相互独立时,$\rho_{XY} = 0$,即 X 与 Y 不相关. 反之不一定成立,即当 X 与 Y 不相关时,X 与 Y 不一定相互独立.

例 5.19 设二维随机向量 (X,Y) 的概率密度为

$$f(x,y) = \begin{cases} \dfrac{1}{\pi}, & x^2 + y^2 \leqslant 1, \\ 0, & \text{其他}. \end{cases}$$

(1) 求 (X,Y) 关于 X, Y 的边缘概率密度及 X, Y 的相关系数 ρ_{XY};

(2) 判定 X 与 Y 是否相关、是否相互独立.

解 (1) $f_X(x) = \displaystyle\int_{-\infty}^{+\infty} f(x,y)\mathrm{d}y = \begin{cases} \displaystyle\int_{-\sqrt{1-x^2}}^{\sqrt{1-x^2}} \dfrac{1}{\pi}\mathrm{d}y, & |x| \leqslant 1, \\ 0, & \text{其他} \end{cases}$

$= \begin{cases} \dfrac{2\sqrt{1-x^2}}{\pi}, & |x| \leqslant 1, \\ 0, & \text{其他}, \end{cases}$

$f_Y(y) = \displaystyle\int_{-\infty}^{+\infty} f(x,y)\mathrm{d}x = \begin{cases} \displaystyle\int_{-\sqrt{1-y^2}}^{\sqrt{1-y^2}} \dfrac{1}{\pi}\mathrm{d}y, & |y| \leqslant 1, \\ 0, & \text{其他} \end{cases}$

$= \begin{cases} \dfrac{2\sqrt{1-y^2}}{\pi}, & |y| \leqslant 1, \\ 0, & \text{其他}. \end{cases}$

由对称性可知

$$E(X) = \iint_{x^2+y^2 \leqslant 1} \frac{x}{\pi} \mathrm{d}x\mathrm{d}y = 0, \quad E(Y) = \iint_{x^2+y^2 \leqslant 1} \frac{y}{\pi} \mathrm{d}x\mathrm{d}y = 0,$$

$$E(XY) = \iint_{x^2+y^2 \leqslant 1} \frac{xy}{\pi} \mathrm{d}x\mathrm{d}y = 0,$$

所以 $\mathrm{Cov}(X,Y) = E(XY) - E(X)E(Y) = 0$,从而 $\rho_{XY} = 0$.

(2) 由 $\rho_{XY} = 0$ 可知,X 与 Y 不相关.但 X 与 Y 也不独立,因为

$$f(x,y) = \frac{1}{\pi} \neq f_X(x) f_Y(y).$$

这个例子说明,当两个随机变量不相关时,它们并不一定相互独立,它们之间还可能存在其他的函数关系.

定理 5.3 告诉我们,相关系数 ρ_{XY} 描述了随机变量 X,Y 的线性相关程度,$|\rho_{XY}|$ 越接近 1,则 X 与 Y 之间越接近线性关系.当 $|\rho_{XY}| = 1$ 时,X 与 Y 之间依概率 1 线性相关.不过,下例表明,当 (X,Y) 是二维正态随机向量时,X 与 Y 不相关和 X 与 Y 相互独立是等价的.

例 5.20 设 (X,Y) 服从二维正态分布,它的概率密度为

$$f(x,y) = \frac{1}{2\pi\sigma_1\sigma_2\sqrt{1-\rho^2}}$$
$$\times \exp\left\{-\frac{1}{2(1-\rho^2)}\left[\frac{(x-\mu_1)^2}{\sigma_1^2} - 2\rho\frac{(x-\mu_1)(y-\mu_2)}{\sigma_1\sigma_2} + \frac{(y-\mu_2)^2}{\sigma_2^2}\right]\right\},$$

求 $\mathrm{Cov}(X,Y)$ 和 ρ_{XY}.

解 经计算得 (X,Y) 的边缘概率密度为

$$f_X(x) = \frac{1}{\sqrt{2\pi}\sigma_1} \mathrm{e}^{-\frac{(x-\mu_1)^2}{2\sigma_1^2}} \quad (-\infty < x < +\infty),$$

$$f_Y(y) = \frac{1}{\sqrt{2\pi}\sigma_2} \mathrm{e}^{-\frac{(y-\mu_2)^2}{2\sigma_2^2}} \quad (-\infty < y < +\infty),$$

即 X,Y 都服从一维正态分布.故 $E(X) = \mu_1, E(Y) = \mu_2, D(X) = \sigma_1^2, D(Y) = \sigma_2^2$.而

$$\mathrm{Cov}(X,Y) = \int_{-\infty}^{+\infty}\int_{-\infty}^{+\infty} (x-\mu_1)(y-\mu_2) f(x,y) \mathrm{d}x\mathrm{d}y$$

$$= \frac{1}{2\pi\sigma_1\sigma_2\sqrt{1-\rho^2}} \int_{-\infty}^{+\infty}\int_{-\infty}^{+\infty} (x-\mu_1)(y-\mu_2) \mathrm{e}^{-\frac{(x-\mu_1)^2}{2\sigma_1^2}} \mathrm{e}^{-\frac{1}{2(1-\rho^2)}\left(\frac{y-\mu_2}{\sigma_2} - \rho\frac{x-\mu_1}{\sigma_1}\right)^2} \mathrm{d}x\mathrm{d}y.$$

令 $t = \frac{1}{\sqrt{1-\rho^2}}\left(\frac{y-\mu_2}{\sigma_2} - \rho\frac{x-\mu_1}{\sigma_1}\right), u = \frac{x-\mu_1}{\sigma_1}$,则

$$\mathrm{Cov}(X,Y) = \frac{1}{2\pi} \int_{-\infty}^{+\infty}\int_{-\infty}^{+\infty} (\sigma_1\sigma_2\sqrt{1-\rho^2}\, tu + \rho\sigma_1\sigma_2 u^2) \mathrm{e}^{-\frac{u^2}{2} - \frac{t^2}{2}} \mathrm{d}t\mathrm{d}u$$

$$= \frac{\sigma_1\sigma_2\rho}{2\pi}\left(\int_{-\infty}^{+\infty} u^2 \mathrm{e}^{-\frac{u^2}{2}} \mathrm{d}u\right)\left(\int_{-\infty}^{+\infty} \mathrm{e}^{-\frac{t^2}{2}} \mathrm{d}t\right) + \frac{\sigma_1\sigma_2\sqrt{1-\rho^2}}{2\pi}\left(\int_{-\infty}^{+\infty} u \mathrm{e}^{-\frac{u^2}{2}} \mathrm{d}u\right)\left(\int_{-\infty}^{+\infty} t \mathrm{e}^{-\frac{t^2}{2}} \mathrm{d}t\right)$$

$$= \frac{\rho\sigma_1\sigma_2}{2\pi} \sqrt{2\pi} \sqrt{2\pi} = \rho\sigma_1\sigma_2.$$

于是,得

$$\rho_{XY} = \frac{\mathrm{Cov}(X,Y)}{\sqrt{D(X)}\sqrt{D(Y)}} = \rho.$$

上例说明,二维正态随机向量 (X,Y) 的概率密度中的参数 ρ 就是 X 与 Y 的相关系数,从而二维正态随机向量的分布完全可由 X,Y 的各自的数学期望、方差以及它们的相关系数所确定.

由第 3 章讨论可知,若 (X,Y) 服从二维正态分布,那么 X 与 Y 相互独立的充要条件是 $\rho=0$,即 X 与 Y 不相关.因此,对于二维正态随机向量 (X,Y) 来说,X 与 Y 不相关和 X 与 Y 相互独立是等价的.

§5.5 矩的基本概念

本节仅介绍矩的一些基本概念.

数学期望、方差、协方差是随机变量最常用的数字特征,它们都是特殊的**矩**(moment).矩是更广泛的数字特征.

定义 5.5 设 X 和 Y 是随机变量.

(1) 若
$$E(X^k) \quad (k=1,2,\cdots)$$
存在,则称它为 X 的 k **阶原点矩**,简称 k **阶矩**.

(2) 若
$$E\{[X-E(X)]^k\} \quad (k=1,2,\cdots)$$
存在,则称它为 X 的 k **阶中心矩**.

(3) 若
$$E(X^k Y^l) \quad (k,l=1,2,\cdots)$$
存在,则称它为 X 和 Y 的 $k+l$ **阶混合矩**.

(4) 若
$$E\{[X-E(X)]^k[Y-E(Y)]^l\} \quad (k,l=1,2,\cdots)$$
存在,则称它为 X 和 Y 的 $k+l$ **阶混合中心矩**.

显然,X 的数学期望 $E(X)$ 是 X 的一阶原点矩,方差 $D(X)$ 是 X 的二阶中心矩,协方差 $\mathrm{Cov}(X,Y)$ 是 X 和 Y 的二阶混合中心矩.

若 X 为离散型随机变量,其分布律为 $P\{X=x_i\}=p_i(i=1,2,\cdots)$,则
$$E(X^k)=\sum_{i=1}^{\infty}x_i^k p_i,\quad E\{[X-E(X)]^k\}=\sum_{i=1}^{\infty}[x_i-E(X)]^k p_i.$$

若 X 为连续型随机变量,其密度函数为 $f(x)$,则
$$E(X^k)=\int_{-\infty}^{+\infty}x^k f(x)\mathrm{d}x,\quad E\{[X-E(X)]^k\}=\int_{-\infty}^{+\infty}[x-E(X)]^k f(x)\mathrm{d}x.$$

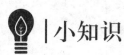
小知识

惠更斯的《机遇的规律》

惠更斯是一个有多方面成就的、在当时声名与牛顿相若的大科学家.人们熟知他的贡献之一

是单摆周期公式 $T=2\pi\sqrt{\dfrac{l}{g}}$. 他在概率论的早期发展史上也占有重要地位,其主要著作《机遇的规律》出版于 1657 年,出版后得到学术界的高度重视,在欧洲作为概率论的标准教本长达半个世纪之久.

该著作的写作方式不大像一本书,而更像一篇论文. 他从关于公平赌博的值的一条公理出发,推出关于"期望"(这是他首先引进的术语)的三条定理. 基于这些定理并利用递推法等工具,惠更斯解决了当时感兴趣的一些机遇博弈问题. 最后,他提出了五个问题,对于其中的三个给出了答案但未加证明.

三条定理加十一个问题,被称为惠更斯的十四个命题. 前三个命题如下所述:

命题 1 若某人在赌博中以等概率 $\dfrac{1}{2}$ 得 a,b 元,则其期望为 $\dfrac{a+b}{2}$ 元.

命题 2 若某人在赌博中以等概率 $\dfrac{1}{3}$ 得 a,b 和 c 元,则其期望为 $\dfrac{a+b+c}{3}$ 元.

命题 3 若某人在赌博中以概率 $p,q(p+q=1)$ 得 a,b 元,则其期望为 $pa+qb$ 元.

看了这些命题,现代的读者或许会感到惶惑:为何一个应取为定义的东西,要当作需要证明的定理?答案在于,这反映了当时对于纯科学的一种公认的处理方法,即应从尽可能少的"第一原理"(即公理)出发,把其他内容推演出来. 惠更斯只从一条公理出发而导出上述命题,其推理颇为别致,此处不细述.

这几个命题是期望概念的一般化. 此前涉及或隐含这一概念只是相当于命题 3 中 $b=0$ 的特例,即注金乘取胜概率,因而本质上没有超出概率这个概念的范围. 惠更斯的命题是将其一般化,是使这个重要概念定型的决定性的一步. 实际上,根据惠更斯的命题不难证明:若某人在赌博中分别以概率 $p_1,p_2,\cdots,p_k(p_1+p_2+\cdots+p_k=1)$ 得 $a_1,a_2,\cdots,a_k$ 元,则其期望为 $p_1a_1+p_2a_2+\cdots+p_ka_k$ 元. 这与现代概率论教科书中关于离散型随机变量的期望的定义完全一致.

余下的十一个命题及最后的五个问题,都是在形形色色的赌博取胜约定下,去计算各方取胜的概率,其中命题 4—9 是关于 2 人和多人的分赌本问题. 对于这些及其他问题,惠更斯都用了现行概率论教科书中初等概率计算方法,通过列出一定的方程求解,大体上与帕斯卡的做法相似. 这种方法后来被伯努利称为"惠更斯分析法". 最后五个问题较难一些,其解法的技巧性也较强. 现举其一为例:A,B 二人约定按 ABBAABBAABB… 掷两颗骰子,即 A 先掷一次,然后从 B 开始轮流各掷两次. 若 A 掷出和 6 点,则 A 胜;若 B 掷出和 7 点,则 B 胜. 求 A,B 获胜的概率.

A 在一次投掷时掷出和为 6 的概率 $p_A=\dfrac{5}{36}$,而 B 在一次投掷时掷出和为 7 的概率 $p_B=\dfrac{6}{36}=\dfrac{1}{6}$. 记 $q_A=1-p_A$,$q_B=1-p_B$,又记 e_i 为在第 $i-1$ 次投掷完时 A,B 都未取胜,在这一条件下 A 最终取胜的概率. 利用全概率公式,并注意到约定的投掷次序,可以列出方程组

$$e_1=p_A+q_Ae_2,\quad e_2=q_Be_3,\quad e_3=q_Be_4,\quad e_4=p_A+q_Ae_1.$$

由此容易得出

$$e_1=\dfrac{p_A(1+q_Aq_B^2)}{(1-q_A^2q_B^2)}=\dfrac{10\ 355}{22\ 631},$$

略小于 $\dfrac{1}{2}$. 故此赌法对 A 不利.

机遇博弈在概率概念的产生及其运算规则的建立中,起了主导的作用. 这一点不应当使人感

到奇怪：虽说机遇无时不在，但要精确到数量上去考虑，在几百年前那种科学水平之下，只有在像掷骰子这类很简单的情况下才有可能．但这门学科建立后，即脱离赌博的范围而找到了多方面的应用．这也是一个有趣的例子，表明一种看来无益的活动（如赌博），可以产生对人类文明极有价值的副产物．

把概率论由局限于对赌博机遇的讨论拓展出去的转折点和标志，应是1713年伯努利划时代著作《推测术》的出版，是在惠更斯的《机遇的规律》出版后56年．截至惠更斯这一著作为止，内容基本上全限于掷骰子等赌博中出现各种情况的概率的计算，而伯努利这本著作不仅对以前的成果做了总结和发挥，更提出了"大数定律"这个无论从理论和应用角度看都有着根本重要性的命题，可以说其影响一直达到今日而不衰．其对数理统计学的发展也有不可估量的影响，许多统计方法和理论都是建立在大数定律的基础上．有的概率史家认为，这本著作的出版，标志着概率概念漫长的形成过程的终结与数学概率论的开端．

假定有一个事件 A．根据某种理论，我们算出其概率为 $P(A) = p$．这理论是否正确呢？一个检验的方法就是通过实际观察，看其结果与此理论的推论——$P(A) = p$ 是否符合．或者，一开始我们根本就不知道 $P(A)$ 等于多少，而希望通过实际观察去估计其值．这些包含了数理统计学中两类重要问题的形式——检验与估计．这个检验或估计概率 p 的问题，是数理统计学中最常见、最基本的两个问题．

要构造具体例子，最方便的做法是使用古典概型．拿一个缶，里面装有大小、质地一样的球 $a+b$ 个，其中白球 a 个，黑球 b 个．这时，随机从缶中抽出一球（假定各球有同等可能被抽出），则"抽出白球"这一事件 A 有概率 $p = \dfrac{a}{a+b}$．如果不知道 a, b 的比值，则 p 也不知道．但我们可以反复从此缶内抽球（每次抽出记下其颜色后再放回缶中）．设抽了 N 次，发现白球出现 X_N 次，则用 $\dfrac{X_N}{N}$ 去估计 p．这个估计含有其程度不确定的误差，但我们直观上会觉得，抽取次数 N 愈大，误差一般会愈小．这一点如伯努利所说："哪怕最愚笨的人，也会经由他的本能，不需他人的教诲而理解的"．但这个命题却无人能给出一个严格的理论证明．

伯努利决心着手解决这个问题，其结果是发现了以他的名字命名的大数定律．这个发现对于概率论和数理统计学有极重大的意义．伯努利把这一研究成果写在他的著作《推测术》的第四部分中，是该著作的精华部分．

习 题 5

1. 公共汽车起始站于每小时的10分，30分，55分发车，某乘客不知发车时间，在每小时内的任一时刻随机到达车站，求该乘客候车时间的数学期望（准确到秒）．
2. 对球的直径做近似测量，设其值均匀分布在区间 $[a,b]$ 上，求球体积的数学期望．
3. 设排球队 A 与 B 比赛．若有一队胜四场，则比赛宣告结束，假设 A, B 在每场比赛中获胜的概率均为 $\dfrac{1}{2}$，试求平均需比赛几场才能分出胜负？
4. 一袋中有 n 张卡片，分别记为 $1, 2, \cdots, n$，从中有放回地抽取 k 张，以 X 表示所得号码之和，求 $E(X), D(X)$．

5. 一盒中有 7 个球，其中 4 个白球，3 个黑球，从中任抽 3 个球，求抽到白球数 X 的数学期望 $E(X)$ 和方差 $D(X)$.

6. 设二维连续型随机向量 (X,Y) 的概率密度为 $f(x,y) = \begin{cases} k, & 0 < x < 1, 0 < y < x, \\ 0, & \text{其他}, \end{cases}$ 求：

   (1) 常数 k 的值；
   (2) $E(XY)$ 及 $D(XY)$.

7. 设二维随机向量 (X,Y) 在区域 A 上服从均匀分布，其中 A 为由 x 轴，y 轴及直线 $x + \dfrac{y}{2} = 1$ 所围成的三角形区域，求 $E(X), E(Y), E(XY)$.

8. 设随机变量 X 的密度函数为
$$f(x) = \begin{cases} 1+x, & -1 \leqslant x < 0, \\ 1-x, & 0 \leqslant x < 1, \\ 0, & \text{其他}, \end{cases}$$
求 $E(X)$ 和 $D(X)$.

9. 对于随机变量 X 和 Y，已知 $D(X) = 2, D(Y) = 3, \text{Cov}(X,Y) = -1$，计算
$$\text{Cov}(3X - 2Y + 1, X + 4Y - 3).$$

10. 设 X 在区间 $[0, 2\pi]$ 上服从均匀分布，$Y = \cos X, Z = \cos(X+a)$，其中 a 为常数，求 ρ_{YZ}.

11. 设二维随机向量 (X,Y) 的联合分布律如表 5-14 所示，验证：X 与 Y 是不相关的，但 X 与 Y 不是相互独立的.

表 5-14

Y	X		
	-1	0	1
-1	$\dfrac{1}{8}$	$\dfrac{1}{8}$	$\dfrac{1}{8}$
0	$\dfrac{1}{8}$	0	$\dfrac{1}{8}$
1	$\dfrac{1}{8}$	$\dfrac{1}{8}$	$\dfrac{1}{8}$

12. 设二维随机向量 (X,Y) 在以 $(0,0), (0,1), (1,0)$ 为顶点的三角形区域上服从均匀分布，求 $\text{Cov}(X,Y)$ 及 ρ_{XY}.

13. 设二维随机向量 (X,Y) 的概率密度为
$$f(x,y) = \begin{cases} \dfrac{1}{2}\sin(x+y), & 0 \leqslant x \leqslant \dfrac{\pi}{2}, 0 \leqslant y \leqslant \dfrac{\pi}{2}, \\ 0, & \text{其他}, \end{cases}$$
求 $\text{Cov}(X,Y)$ 及 ρ_{XY}.

第 6 章
大数定律与中心极限定理

　　概率论的基本任务是研究随机现象的统计规律性.引进随机变量之后,我们集中研究了随机变量取值的统计规律性.人们经过长期实践认识到,虽然个别随机事件在某次试验中可能发生也可能不发生,但是在大量重复试验中却呈现明显的规律性,即随着试验次数的增大,一个随机事件发生的频率在某一固定值附近摆动,这就是所谓的频率具有稳定性.同时,人们通过实践发现大量测量值的算术平均值也具有稳定性,而这些稳定性如何从理论上加以证明,就是本章所要回答的问题.

§6.1 大数定律

1. 切比雪夫不等式

在引入大数定律之前,我们先证一个重要的不等式——**切比雪夫**(Chebyshev)**不等式**.

引理 6.1 设随机变量 X 存在有限方差 $D(X)$,则对于任意 $\varepsilon > 0$,有

$$P\{|X - E(X)| \geq \varepsilon\} \leq \frac{D(X)}{\varepsilon^2}. \tag{6.1}$$

证 如果 X 是连续型随机变量,设 X 的密度函数为 $f(x)$,则有

$$P\{|X - E(X)| \geq \varepsilon\} = \int_{|x-E(X)| \geq \varepsilon} f(x)\mathrm{d}x \leq \int_{|x-E(X)| \geq \varepsilon} \frac{|x - E(X)|^2}{\varepsilon^2} f(x)\mathrm{d}x$$

$$\leq \frac{1}{\varepsilon^2} \int_{-\infty}^{+\infty} [x - E(X)]^2 f(x)\mathrm{d}x = \frac{D(X)}{\varepsilon^2}.$$

请读者自己证明 X 是离散型随机变量的情况.

切比雪夫不等式(6.1)也可表示成

$$P\{|X - E(X)| < \varepsilon\} \geq 1 - \frac{D(X)}{\varepsilon^2}. \tag{6.2}$$

这个不等式给出了在随机变量 X 的分布未知的情况下,事件 $\{|X - E(X)| < \varepsilon\}$ 的概率的下限估计. 例如,在切比雪夫不等式(6.2)中,分别令 $\varepsilon = 3\sqrt{D(X)}, 4\sqrt{D(X)}$,则可得到

$$P\{|X - E(X)| < 3\sqrt{D(X)}\} \geq 0.888\,9,$$
$$P\{|X - E(X)| < 4\sqrt{D(X)}\} \geq 0.937\,5.$$

例 6.1 一颗骰子连续掷四次,点数总和记为 X. 试用切比雪夫不等式估计
$$P\{10 < X < 18\}.$$

解 设 $X_i (i = 1,2,3,4)$ 表示第 i 次掷的点数,则 $X = \sum_{i=1}^{4} X_i$,且

$$E(X_i) = 1 \times \frac{1}{6} + 2 \times \frac{1}{6} + 3 \times \frac{1}{6} + 4 \times \frac{1}{6} + 5 \times \frac{1}{6} + 6 \times \frac{1}{6} = \frac{7}{2},$$

$$E(X_i^2) = 1^2 \times \frac{1}{6} + 2^2 \times \frac{1}{6} + 3^2 \times \frac{1}{6} + 4^2 \times \frac{1}{6} + 5^2 \times \frac{1}{6} + 6^2 \times \frac{1}{6} = \frac{91}{6},$$

从而

$$D(X_i) = E(X_i^2) - [E(X_i)]^2 = \frac{91}{6} - \left(\frac{7}{2}\right)^2 = \frac{35}{12}.$$

又 X_1, X_2, X_3, X_4 独立同分布,故有

$$E(X) = E\left(\sum_{i=1}^{4} X_i\right) = \sum_{i=1}^{4} E(X_i) = 4 \times \frac{7}{2} = 14,$$

$$D(X) = D\left(\sum_{i=1}^{4} X_i\right) = \sum_{i=1}^{4} D(X_i) = 4 \times \frac{35}{12} = \frac{35}{3}.$$

所以

$$P\{10 < X < 18\} = P\{|X-14| < 4\} \geqslant 1 - \frac{\frac{35}{3}}{4^2} \approx 0.2708.$$

例 6.2 设电站供电网有 10 000 盏电灯,夜晚每一盏灯开灯的概率都是 0.7. 假定各盏灯开关时间彼此独立,估计夜晚同时开着的灯数在 6 800 与 7 200 之间的概率.

解 设 X 表示在夜晚同时开着的灯的数目,它服从参数为 $n = 10\,000, p = 0.7$ 的二项分布. 若要准确计算,则应使用伯努利公式,可求得

$$P\{6\,800 < X < 7\,200\} = \sum_{k=6\,801}^{7\,199} C_{10\,000}^k \times (0.7)^k \times (0.3)^{10\,000-k}.$$

如果用切比雪夫不等式估计,则有

$$E(X) = np = 10\,000 \times 0.7 = 7\,000,$$
$$D(X) = npq = 10\,000 \times 0.7 \times 0.3 = 2\,100,$$
$$P\{6\,800 < X < 7\,200\} = P\{|X - 7\,000| < 200\} \geqslant 1 - \frac{2\,100}{200^2} = 0.947\,5.$$

由上例可见,虽然有 10 000 盏灯,但是只要有供应 7 200 盏灯的电力,就能够以相当大的概率保证够用. 事实上,切比雪夫不等式的估计只说明概率大于 0.947 5,后面将具体求出这个概率约为 0.999 99. 切比雪夫不等式在理论上具有重大意义,但估计的精确度不高. 切比雪夫不等式作为一个理论工具,在大数定律的证明中,可以使证明非常简洁.

2. 大数定律

定义 6.1 设 $Y_1, Y_2, \cdots, Y_n, \cdots$ 是一个随机变量序列,a 是一个常数. 若对于任意正数 ε,有

$$\lim_{n \to \infty} P\{|Y_n - a| < \varepsilon\} = 1,$$

则称序列 $Y_1, Y_2, \cdots, Y_n, \cdots$ **依概率收敛于** a,记作 $Y_n \xrightarrow{P} a$.

定理 6.1(切比雪夫大数定律) 设 $X_1, X_2, \cdots$ 是相互独立的随机变量序列,各有数学期望 $E(X_1), E(X_2), \cdots$ 及方差 $D(X_1), D(X_2), \cdots$. 若对于所有的 $i = 1, 2, \cdots$,都有 $D(X_i) < l$,其中 l 是与 i 无关的常数,则对于任意 $\varepsilon > 0$,有

$$\lim_{n \to \infty} P\left\{\left|\frac{1}{n}\sum_{i=1}^n X_i - \frac{1}{n}\sum_{i=1}^n E(X_i)\right| < \varepsilon\right\} = 1. \tag{6.3}$$

证 因为 $X_1, X_2, \cdots$ 相互独立,所以

$$D\left(\frac{1}{n}\sum_{i=1}^n X_i\right) = \frac{1}{n^2}\sum_{i=1}^n D(X_i) < \frac{1}{n^2} \cdot nl = \frac{l}{n}, \quad E\left(\frac{1}{n}\sum_{i=1}^n X_i\right) = \frac{1}{n}\sum_{i=1}^n E(X_i).$$

故由(6.2)式,对于任意 $\varepsilon > 0$,有

$$P\left\{\left|\frac{1}{n}\sum_{i=1}^n X_i - \frac{1}{n}\sum_{i=1}^n E(X_i)\right| < \varepsilon\right\} \geqslant 1 - \frac{l}{n\varepsilon^2}.$$

但是任何事件的概率都不超过 1,即

$$1 - \frac{l}{n\varepsilon^2} \leqslant P\left\{\left|\frac{1}{n}\sum_{i=1}^n X_i - \frac{1}{n}\sum_{i=1}^n E(X_i)\right| < \varepsilon\right\} \leqslant 1,$$

因此

$$\lim_{n \to \infty} P\left\{\left|\frac{1}{n}\sum_{i=1}^n X_i - \frac{1}{n}\sum_{i=1}^n E(X_i)\right| < \varepsilon\right\} = 1.$$

切比雪夫大数定律说明,在定理 5.1 的条件下,当 n 充分大时,n 个独立随机变量的平均数这个随机变量的离散程度是很小的. 这意味着,经过算术平均以后得到的随机变量 $\frac{1}{n}\sum_{i=1}^{n}X_i$ 将比较密集地聚在它的数学期望 $\frac{1}{n}\sum_{i=1}^{n}E(X_i)$ 的附近,它与数学期望之差依概率收敛于 0.

定理 6.2(切比雪夫大数定律的特殊情况) 设随机变量 $X_1,X_2,\cdots,X_n,\cdots$ 相互独立,且具有相同的数学期望和方差: $E(X_k)=\mu,D(X_k)=\sigma^2(k=1,2,\cdots)$. 做前 n 个随机变量的算术平均 $Y_n=\frac{1}{n}\sum_{k=1}^{n}X_k$,则对于任意正数 ε,有

$$\lim_{n\to\infty}P\{|Y_n-\mu|<\varepsilon\}=1. \tag{6.4}$$

定理 6.3(伯努利大数定律) 设 n_A 是 n 次独立重复试验中事件 A 发生的次数,p 是事件 A 在每次试验中发生的概率,则对于任意正数 ε,有

$$\lim_{n\to\infty}P\left\{\left|\frac{n_A}{n}-p\right|<\varepsilon\right\}=1 \tag{6.5}$$

或

$$\lim_{n\to\infty}P\left\{\left|\frac{n_A}{n}-p\right|\geq\varepsilon\right\}=0.$$

证 引入随机变量

$$X_k=\begin{cases}0, & \text{第 } k \text{ 次试验中 } A \text{ 不发生,}\\ 1, & \text{第 } k \text{ 次试验中 } A \text{ 发生}\end{cases}(k=1,2,\cdots),$$

显然

$$n_A=\sum_{k=1}^{n}X_k.$$

由于 X_k 只依赖于第 k 次试验,而各次试验是相互独立的,于是 $X_1,X_2,\cdots$ 是相互独立的. 又由于 X_k 服从(0-1)分布,故有

$$E(X_k)=p,\quad D(X_k)=p(1-p)\quad(k=1,2,\cdots).$$

于是,由定理 6.2,有

$$\lim_{n\to\infty}P\left\{\left|\frac{1}{n}\sum_{k=1}^{n}X_k-p\right|<\varepsilon\right\}=1,\quad 即\quad \lim_{n\to\infty}P\left\{\left|\frac{n_A}{n}-p\right|<\varepsilon\right\}=1.$$

伯努利大数定律告诉我们,事件 A 发生的频率 $\frac{n_A}{n}$ 依概率收敛于事件 A 发生的概率 p. 因此,本定律从理论上证明了大量重复独立试验中,事件 A 发生的频率具有稳定性. 正因为这种稳定性,概率的概念才有实际意义. 伯努利大数定律还提供了通过试验来确定事件的概率的方法, 既然频率 $\frac{n_A}{n}$ 与概率 p 有较大偏差的可能性很小,那么我们就可以通过做试验确定某事件发生的频率,并把它作为相应概率的估计. 因此, 在实际应用中,如果试验的次数很大时,就可以用事件发生的频率代替事件发生的概率.

定理 6.2 中要求随机变量 $X_k(k=1,2,\cdots)$ 的方差存在,但在随机变量服从同一分布的场合,并不需要这一要求,我们有以下定理:

定理 6.4(辛钦(Khinchin)大数定律) 设随机变量 $X_1,X_2,\cdots,X_n,\cdots$ 相互独立,服从同一

分布,且具有数学期望 $E(X_k) = \mu (k = 1, 2, \cdots)$,则对于任意正数 ε,有

$$\lim_{n\to\infty} P\left\{\left|\frac{1}{n}\sum_{k=1}^{n} X_k - \mu\right| < \varepsilon\right\} = 1. \tag{6.6}$$

显然,伯努利大数定律是辛钦大数定律的特殊情况,辛钦大数定律在实际中应用很广泛.

这一定律使得算术平均值的法则有了理论根据. 例如,若要测定某一物理量 a,则可以在不变的条件下重复测量 n 次,分别得测量值 $x_1, x_2, \cdots, x_n$,求得测量值的算术平均值 $\frac{1}{n}\sum_{i=1}^{n} x_i$,根据上述定理,当 n 足够大时,取 $\frac{1}{n}\sum_{i=1}^{n} x_i$ 作为 a 的近似值,可以认为所发生的误差是很小的. 所以在实际中,往往用某物体的某一指标值的一系列测量值的算术平均值来作为该指标值的近似值.

§6.2 中心极限定理

在客观实际中,许多随机变量是由大量相互独立的偶然因素的综合影响所形成的,虽然每一个因素在总的影响中所起的作用很小,但综合起来,却对总和有显著影响. 这种随机变量往往近似地服从正态分布,这种现象就是中心极限定理的客观背景. 我们把概率论中有关论证"独立随机变量的和的极限分布是正态分布"的一系列定理称为**中心极限定理**(central limit theorem),下面介绍几个常用的中心极限定理.

定理 6.5(独立同分布的中心极限定理) 设随机变量 $X_1, X_2, \cdots, X_n, \cdots$ 相互独立,服从同一分布,且具有数学期望和方差 $E(X_k) = \mu, D(X_k) = \sigma^2 \neq 0 (k = 1, 2, \cdots)$,则随机变量

$$Y_n = \frac{\sum_{k=1}^{n} X_k - E(\sum_{k=1}^{n} X_k)}{\sqrt{D(\sum_{k=1}^{n} X_k)}} = \frac{\sum_{k=1}^{n} X_k - n\mu}{\sqrt{n}\sigma}$$

的分布函数 $F_n(x)$ 对于任意 x 满足

$$\lim_{n\to\infty} F_n(x) = \lim_{n\to\infty} P\left\{\frac{\sum_{k=1}^{n} X_k - n\mu}{\sqrt{n}\sigma} \leqslant x\right\} = \int_{-\infty}^{x} \frac{1}{\sqrt{2\pi}} e^{-\frac{t^2}{2}} dt. \tag{6.7}$$

从定理 6.5 的结论可知,当 n 充分大时,近似地有

$$Y_n = \frac{\sum_{k=1}^{n} X_k - n\mu}{\sqrt{n\sigma^2}} \sim N(0,1).$$

或者说,当 n 充分大时,近似地有

$$\sum_{k=1}^{n} X_k \sim N(n\mu, n\sigma^2). \tag{6.8}$$

如果用 $X_1, X_2, \cdots, X_n$ 表示相互独立的各随机因素,假定它们都服从相同的分布(不论服从什么分布),且都有有限的数学期望与方差(每个因素的影响有一定限度),那么(6.8)式说明,总和

$\sum\limits_{k=1}^{n} X_k$ 这个随机变量,当 n 充分大时,便近似地服从正态分布.

例 6.3 现有一加法器同时收到 20 个噪声电压 $V_k (k=1,2,\cdots,20)$,设它们是相互独立的随机变量,且都在区间 $(0,10)$ 上服从均匀分布.记 $V = \sum\limits_{k=1}^{20} V_k$,求 $P\{V > 105\}$ 的近似值.

解 易知,
$$E(V_k) = 5, \quad D(V_k) = \frac{100}{12} \quad (k=1,2,\cdots,20).$$

由中心极限定理可知,随机变量
$$Z = \frac{\sum\limits_{k=1}^{20} V_k - 20 \times 5}{\sqrt{\frac{100}{12} \times 20}} = \frac{V - 20 \times 5}{\sqrt{\frac{100}{12} \times 20}} \stackrel{\text{近似地}}{\sim} N(0,1).$$

于是,有
$$P\{V > 105\} = P\left\{\frac{V - 20 \times 5}{\sqrt{\frac{100}{12} \times 20}} > \frac{105 - 20 \times 5}{\sqrt{\frac{100}{12} \times 20}}\right\} \approx P\left\{\frac{V - 100}{\sqrt{\frac{100}{12} \times 20}} > 0.39\right\}$$
$$\approx 1 - \Phi(0.39) = 0.3483,$$

即有
$$P\{V > 105\} \approx 0.3483.$$

例 6.4 对敌人的防御地进行 100 次轰炸,每次轰炸命中目标的炸弹数是一个随机变量,这些随机变量相互独立,且服从同一分布,已知其数学期望是 2,方差是 1.69.求在 100 次轰炸中有 180 颗到 220 颗炸弹命中目标的概率.

解 设第 i 次轰炸命中目标的炸弹数为 $X_i (i=1,2,\cdots,100)$,则 100 次轰炸中命中目标的总炸弹数为 $X = \sum\limits_{i=1}^{100} X_i$.应用定理 6.5 可知,$X$ 近似地服从正态分布,数学期望为 200,方差为 169,标准差为 13,所以
$$P\{180 \leqslant X \leqslant 220\} = P\{|X - 200| \leqslant 20\} = P\left\{\left|\frac{X - 200}{13}\right| \leqslant \frac{20}{13}\right\}$$
$$\approx 2\Phi(1.54) - 1 = 0.8764.$$

定理 6.6 (李雅普诺夫(Lyapunov)定理) 设随机变量 $X_1, X_2, \cdots$ 相互独立,它们具有数学期望和方差
$$E(X_k) = \mu_k, \quad D(X_k) = \sigma_k^2 \neq 0 \quad (k=1,2,\cdots).$$

记 $B_n^2 = \sum\limits_{k=1}^{n} \sigma_k^2$,若存在正数 δ,使得当 $n \to \infty$ 时,有
$$\frac{1}{B_n^{2+\delta}} \sum\limits_{k=1}^{n} E(|X_k - \mu_k|^{2+\delta}) \to 0,$$

则随机变量

的分布函数 $F_n(x)$ 对于任意 x 都满足

$$\lim_{n\to\infty} F_n(x) = \lim_{n\to\infty} P\left\{\frac{\sum_{k=1}^{n} X_k - \sum_{k=1}^{n} \mu_k}{B_n} \leqslant x\right\} = \int_{-\infty}^{x} \frac{1}{\sqrt{2\pi}} e^{-\frac{t^2}{2}} dt. \tag{6.9}$$

这个定理说明,当 n 很大时,随机变量

$$Z_n = \frac{\sum_{k=1}^{n} X_k - \sum_{k=1}^{n} \mu_k}{B_n}$$

近似地服从正态分布 $N(0,1)$. 因此,当 n 很大时,

$$\sum_{k=1}^{n} X_k = B_n Z_n + \sum_{k=1}^{n} \mu_k$$

近似地服从正态分布 $N(\sum_{k=1}^{n} \mu_k, B_n^2)$. 这表明,无论随机变量 $X_k(k=1,2,\cdots)$ 具有怎样的分布,只要满足定理 6.6 的条件,则当 n 很大时,它们的和 $\sum_{k=1}^{n} X_k$ 就近似地服从正态分布.

在许多实际问题中,所考虑的随机变量往往可以表示为多个相互独立的随机变量之和,因而它们常常近似服从正态分布. 这就是正态随机变量在概率论与数理统计中占有重要地位的主要原因.

在数理统计中我们将看到,中心极限定理是大样本统计推断的理论基础.

下面介绍另一个中心极限定理.

定理 6.7 设随机变量 X 服从参数为 $n, p(0 < p < 1)$ 的二项分布,则

(1) 局部极限定理(拉普拉斯定理):当 $n \to \infty$ 时,有

$$P\{X = k\} \approx \frac{1}{\sqrt{2\pi npq}} e^{-\frac{(k-np)^2}{2npq}} = \frac{1}{\sqrt{npq}} \varphi\left(\frac{k-np}{\sqrt{npq}}\right) \quad (k=0,1,2,\cdots,n), \tag{6.10}$$

其中 $p+q=1, \varphi(x) = \frac{1}{\sqrt{2\pi}} e^{-\frac{x^2}{2}}$.

(2) 积分极限定理(棣莫弗-拉普拉斯定理):对于任意的 x,恒有

$$\lim_{n\to\infty} P\left\{\frac{X-np}{\sqrt{np(1-p)}} \leqslant x\right\} = \int_{-\infty}^{x} \frac{1}{\sqrt{2\pi}} e^{-\frac{t^2}{2}} dt. \tag{6.11}$$

这个定理表明,二项分布以正态分布为极限. 当 n 充分大时,我们可以利用上两式来计算二项分布的概率.

例 6.5 有一批建筑房屋用的木柱,其中 80% 的长度不小于 3 m. 现从这批木柱中随机地取出 100 根,问:其中至少有 30 根短于 3 m 的概率是多少?

解 设 100 根中有 X 根短于 3 m,则 $X \sim B(100, 0.2)$,从而

$$P\{X \geqslant 30\} = 1 - P\{X < 30\} \approx 1 - \Phi\left(\frac{30 - 100 \times 0.2}{\sqrt{100 \times 0.2 \times 0.8}}\right)$$

$$= 1 - \Phi(2.5) = 1 - 0.9938 = 0.0062.$$

例 6.6 应用定理 6.7 计算 §6.1 中例 6.2 的概率.

解 $np=7\,000$, $\sqrt{npq}\approx 45.83$, 因此

$$P\{6\,800 < X < 7\,200\} = P\{|X-7\,000|<200\} \approx P\left\{\left|\frac{X-7\,000}{45.83}\right|<4.4\right\}$$
$$= 2\Phi(4.4)-1 = 0.999\,99.$$

例 6.7 已知某产品为废品的概率为 $p=0.005$, 求 10 000 件该产品中废品数不大于 70 的概率.

解 易知, 10 000 件该产品中的废品数 X 服从二项分布, $n=10\,000$, $p=0.005$, $np=50$, $\sqrt{npq}\approx 7.053$. 于是,

$$P\{X\leqslant 70\} \approx \Phi\left(\frac{70-50}{7.053}\right) \approx \Phi(2.84) = 0.997\,7.$$

正态分布和泊松分布虽然都是二项分布的极限分布, 但后者以 $n\to\infty$, 同时 $p\to 0$, $np\to\lambda$ 为条件, 而前者则要求 $n\to\infty$ 这一条件. 一般说来, 对于 n 很大, p(或 q) 很小的二项分布 ($np\leqslant 5$), 用正态分布来近似计算不如用泊松分布计算精确.

例 6.8 设每颗炮弹命中飞机的概率为 0.01, 求 500 发炮弹中命中 5 发的概率.

解 易知, 500 发炮弹中命中飞机的炮弹数 X 服从二项分布, $n=500$, $p=0.01$, $np=5$, $\sqrt{npq}\approx 2.2$. 下面用三种方法计算, 并加以比较.

(1) 用二项分布公式计算:
$$P\{X=5\} = C_{500}^{5}\times(0.01)^5\times(0.99)^{495} \approx 0.176\,35.$$

(2) 用泊松公式计算, 已知 $np=\lambda=5$, $k=5$, 直接查表可得
$$P_5(5) \approx 0.175\,468.$$

(3) 用局部极限定理计算:
$$P\{X=5\} \approx \frac{1}{\sqrt{npq}}\varphi\left(\frac{5-np}{\sqrt{npq}}\right) \approx 0.179\,3.$$

可见, 后者不如前者精确.

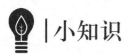

小知识

伯努利的《推测术》和大数定律

1654 年, 伯努利出生于瑞士巴塞尔的一个商人家庭. 在其家族成员中, 不同程度地对数学各方面做出过贡献的至少有十二人, 有五人在概率论方面, 其中杰出的除了他本人外, 还有其弟弟约翰(Johann)与侄儿尼古拉斯(Nicolas).

伯努利的父亲为其规划的人生道路是神职人员, 但他的爱好却是数学. 他对于数学的贡献除概率论外, 还包括微积分、微分方程和变分法等. 后者包括著名的悬链线问题. 他和牛顿、莱布尼茨是同时代人, 并与后者有密切的通信联系, 因而非常了解当时新兴的微积分学的进展, 学者们认为他在这方面的贡献, 是牛顿、莱布尼茨之下的第一人. 此外, 他对于物理学和力学也做出过

贡献.

他与惠更斯长期保持通信联系,仔细阅读过惠更斯的《机遇的规律》,由此启发了他对于概率论的兴趣.

虽然我们现在还无法得知伯努利开始写作《推测术》的具体时间,但从他与莱布尼茨等人的通信中,可估计写《推测术》这一著作的时间很可能是始于1690年.然而,直到1705年他去世时,此书尚未整理定稿.由于家族内部的问题,整理和出版遗稿的工作,迟迟未能实现.先是其遗孀因对其弟约翰的不信任,不愿把整理和出版的事委托给他,后来又拒绝了欧洲一位富有学者捐资出版的建议.最后,在莱布尼茨的敦促下,才决定由其侄儿尼古拉斯来负责这件事情.

《推测术》一书共239页,分四个部分.第一部分对于惠更斯的《机遇的规律》一书做了详细的注解,总量比惠更斯的原书长四倍;第二部分是关于排列组合的系统的论述;第三部分是利用前面的知识,讨论了一些使用骰子等赌博问题,并分析了之前学者们所提出的经典问题;第四部分是关于概率论在社会、道德和经济等领域中的应用,其中包括了该书的精华、奠定了概率史上不朽地位的以其名字命名的伯努利大数定律.大数定律的名称不是出自该书,首见于泊松1837年的一篇著作中.若《推测术》中缺了这一部分,则很可能会像某些早期概率论著作那样湮没无闻,或至多作为一本一般著作被人评价.

现在我们来介绍伯努利《推测术》中最重要的部分——包含了如今被称为伯努利大数定律的第四部分.回到前面的缶中抽球模型:缶中有大小、质地一样的球$a+b$个,其中白球a个,黑球b个,事件"抽出白球"的概率为p,则有$p=\dfrac{a}{a+b}$.假设有放回地从缶中抽球N次,记X_N为抽到白球的次数,以$\dfrac{X_N}{N}$去估计p.这种估计法现今仍是数理统计学中最基本的方法之一.此处的条件是,每次抽取时都要保证缶中$a+b$个球的每一个有同等机会被抽出,但这一点在实践中并不见得容易保证.

伯努利企图证明的是:用$\dfrac{X_N}{N}$估计p可以达到事实上的确定性——他称为道德确定性.其确切含义是:任意给定两个数$\varepsilon>0$和$\eta>0$,总可以取足够大的抽样次数N,使得事件$\left\{\left|\dfrac{X_N}{N}-p\right|>\varepsilon\right\}$的概率不超过$\eta$.这意思就很显然:$\left|\dfrac{X_N}{N}-p\right|>\varepsilon$表明估计误差未达到指定的接近程度$\varepsilon$,但这种情况发生的可能性可以"随心所欲地小"(代价是加大N).为忠实于伯努利的表达形式,应指出两点:一是伯努利把ε限定于$(a+b)^{-1}$,虽然其证明对于一般也有效.他做这一模型限定与所用缶模型的特殊性有关:必要时把缶中的白、黑球分别改为ra和rb个,p不变,$(a+b)^{-1}$改为$(ra+rb)^{-1}$,则只需取r足够大,便可使得$(ra+rb)^{-1}$任意小,其次,伯努利欲证明的是:对于任意给定的$c>0$,只要抽取次数足够大,就可使得

$$P\left\{\left|\dfrac{X_N}{N}-p\right|\leqslant\varepsilon\right\}>cP\left\{\left|\dfrac{X_N}{N}-p\right|>\varepsilon\right\}. \tag{6.12}$$

这与前面所说是一回事.因为由上式得

$$P\left\{\left|\dfrac{X_N}{N}-p\right|>\varepsilon\right\}<\dfrac{1}{1+c}, \tag{6.13}$$

取c充分大,可使(6.13)式右边小于η.

另外要指出的是:伯努利使用的这个缶模型使得被估计的p值只能取有理数,因而有损于结果的普遍性,但其证明对于任意的p成立,故这一细节并不重要.

伯努利对于事实上确定性数学的理解,即(6.12)式,有一个很值得赞赏的地方,即他在概率论的发展刚刚起步的阶段,就给出了问题的一个适当的提法.因为,既然我们欲证明的是当 N 充分大时, $\dfrac{X_N}{N}$ 和 p 可以任意接近,则一个看来更直截了当的提法是

$$\lim_{n\to\infty}\frac{X_N}{N}=p, \tag{6.14}$$

而这不可能实现.因为原则上不能排除事件"每次抽到白球"发生的可能性,这时 $\dfrac{X_N}{N}$ 总为 1,不能收敛到 $p<1$. 或者退一步,要求(6.14)式成立的概率为 1,这一结论是对的,但直到 1909 年才由博雷尔(Borel)给予证明,证明的难度比伯努利的提法大得多.设想一下,如果当时伯努利就采用该提法,他也许在有生之年不能完成这一工作.由于博雷尔的结论比伯努利的结论强,现今人们又把他们的结论分别称之为强大数定律和弱大数定律.

习 题 6

1. 设 X 是掷一颗骰子所出现的点数. 若给定 $\varepsilon=1,2$,计算 $P\{|X-E(X)|\geqslant\varepsilon\}$,并验证切比雪夫不等式成立.
2. 假设一条生产线生产的产品合格率是 80%. 要使得一批产品的合格率在 76% 与 84% 之间的概率不小于 0.9,问:这批产品至少要生产多少件?
3. 某车间有同型号机床 200 部,每部机床开动的概率为 0.7,假定各机床开动与否互不影响,开动时每部机床消耗电能 15 个单位,问:至少供应多少单位电能才可以 95% 的概率保证不致因供电不足而影响生产?
4. 一个螺丝钉重量(单位:g)是一个随机变量,其数学期望为 50,标准差为 5. 求一盒(100 个)同型号螺丝钉的重量超过 5.1 kg 的概率.
5. 有 10 台机器独立工作,每台停机的概率为 0.2,求 3 台机器同时停机的概率.
6. 在某家保险公司里有 10 000 人参加保险,每人每年付 12 元保险费,在一年内一个人死亡的概率为 0.006,死亡者的家属可从保险公司领得 1 000 元赔金,求:
   (1) 保险公司没有利润的概率;
   (2) 保险公司一年的利润不少于 60 000 元的概率.

第 7 章 数理统计的基本概念

　　前面我们介绍了事件及概率的概念,研究了随机变量的概率分布和数字特征.然而,在解决实际问题时,人们一般不能事先知道事件的概率,也不能掌握随机变量的概率分布和数字特征,但是可以对随机现象进行观察或试验,并取得所需要的数据资料.数理统计的理论和方法,就是通过获取、处理和分析统计数据,进而对数据进行分析与推断,以去寻找隐藏在数据中的统计规律性.

　　数理统计的内容很丰富,本书只介绍参数估计、假设检验、方差分析及回归分析的部分内容.

　　本章中首先讨论总体、随机样本及统计量等基本概念,然后着重介绍几个常用的统计量及抽样分布.

§7.1 简单随机样本

1. 数理统计学的概念

我们研究一个问题时,首先要通过适当的试验或观察收集必要的数据,然后对所收集的数据进行整理、加工和分析,进一步对所研究的问题做出尽可能精确的结论.由于不能对全部研究对象进行试验或观察,我们只能取一部分去试验,究竟选哪部分则是随机的,这就产生了随机性误差.正是由于这种随机性误差的存在,要求我们在分析数据并做出结论的过程中要使可能产生的错误越小越好,发生错误的概率越小越好.这就需要使用概率论的知识.所以,数理统计是在运用数学和概率论解决实际问题的过程中逐渐形成的一门独立的学科,它关心的是尽可能地排除随机性干扰,以对所提出的问题做出合理的尽可能准确的结论.一般来说,数理统计以概率论为主要工具,研究如何有效地收集(通过试验或观察)带有随机性误差的数据(抽样理论和试验设计),并在设定的模型(统计模型)下,对这种数据进行分析(称为统计分析),以对所研究的问题做出推断(称为统计推断).

数理统计在工农业生产、医药卫生、气象预报、地质探矿和社会经济等领域中的应用日益广泛.

2. 总体和样本

总体、样本和统计量是数理统计的基本概念,同时也是数理统计的研究对象.本节将从总体、样本和统计量的直观概念引出其数学定义.

直观上,总体是全体研究对象的集合,样本是一部分研究对象的集合.数学上,视随机变量为总体,把与总体同分布的一组随机变量称为样本.

在数理统计中,我们将研究对象的某项数量指标值的全体称为**总体**(population),总体中的每个元素称为**个体**(individual).例如,我们想了解某厂生产的一批显像管的平均寿命,则这样的一批显像管寿命值的全体就组成一个总体,其中每一个显像管的寿命就是一个个体.要将一个总体的性质了解得十分清楚,初看起来,最理想的办法是对每个个体逐个进行观察,但实际上这样做往往是不现实的.例如,要研究显像管的寿命,由于寿命试验是破坏性的,一旦我们获得试验的所有结果,这批显像管也全烧毁了.我们只能从整批显像管中抽取一部分显像管做寿命试验,并记录其结果,然后根据这部分数据来推断整批显像管的寿命情况.由于显像管的寿命在随机抽样中是随机变量,为了便于数学上处理,我们将总体定义为随机变量.随机变量的分布称为总体分布.

一般地,我们都是从总体中抽取一部分个体进行观察,然后根据所得的数据来推断总体的性质.被抽出的部分个体,叫作总体的一个样本.

所谓从总体抽取一个个体,就是对总体 X 进行一次观察(或进行一次试验),并记录其结果.我们在相同的条件下对总体 X 进行 n 次重复的、独立的观察,将 n 次观察结果按试验的次序记为 $X_1, X_2, \cdots, X_n$.由于 $X_1, X_2, \cdots, X_n$ 是对随机变量 X 观察的结果,且各次观察是在相同的条件下独立进行的,于是我们引出以下关于样本的定义:

定义 7.1 设总体 X 是具有分布函数 $F(x)$ 的随机变量. 若 $X_1, X_2, \cdots, X_n$ 是与 X 具有同一分布函数 $F(x)$ 且相互独立的随机变量,则称 $X_1, X_2, \cdots, X_n$ 为从总体 X 中得到的容量为 n 的**简单随机样本**(simple random sample),简称**样本**.

当 n 次观察一经完成,我们就得到一组实数 $x_1, x_2, \cdots, x_n$,它们依次是随机变量 $X_1, X_2, \cdots, X_n$ 的观察值,称为**样本值**.

对于有限总体,采用放回抽样就能得到简单样本,当总体中个体的总数 N 比要得到的样本的容量 n 大得多时$\left(\text{一般地,当} \dfrac{N}{n} \geqslant 10 \text{ 时}\right)$,在实际中可将不放回抽样近似地当作放回抽样来处理.

若 $X_1, X_2, \cdots, X_n$ 为总体 X 的一个样本,X 的分布函数为 $F(x)$,则 $X_1, X_2, \cdots, X_n$ 的联合分布函数为

$$F^*(x_1, x_2, \cdots, x_n) = \prod_{i=1}^{n} F(x_i).$$

又若 X 具有密度函数 $f(x)$,则 $X_1, X_2, \cdots, X_n$ 的联合概率密度为

$$f^*(x_1, x_2, \cdots, x_n) = \prod_{i=1}^{n} f(x_i).$$

在实际中,我们所搜集的资料,如果未经组织和整理,通常是没有什么价值的.为了把这些有差异的资料组织成有用的形式,我们应该编制**频数表**(即**频数分布表**).下面举例说明如何编制频数分布表.

例 7.1 某工厂的劳资部门为了研究该厂工人的收入情况,首先收集了工人的工资资料,表 7-1 记录了该厂 30 名工人未经整理的工资数值.

表 7-1

工人序号	工资/元	工人序号	工资/元	工人序号	工资/元
1	530	11	595	21	480
2	420	12	435	22	525
3	550	13	490	23	535
4	455	14	485	24	605
5	545	15	515	25	525
6	455	16	530	26	475
7	550	17	425	27	530
8	535	18	530	28	640
9	495	19	505	29	555
10	470	20	525	30	505

下面我们以例 7.1 为例,介绍频数分布表的制作方法.表 7-1 是 30 名工人月工资的原始资料,这些数据可以记为 $x_1, x_2, \cdots, x_{30}$. 对于这些观测数据,我们按以下步骤操作:

第一步,确定最大值 $x_{\max}$ 和最小值 $x_{\min}$. 根据表 7-1,有

$$x_{\max} = 640, \quad x_{\min} = 420.$$

第二步,分组,即确定每一组收入的界限和组数.在实际工作中,第一组下限一般取一个小于 $x_{\min}$ 的数,例如取 399.5(分点通常取比数据精度高一位的数值,以免数据落在分点上),最后一组上限取一个大于 $x_{\max}$ 的数,例如取 649.5,然后从 399.5 到 649.5 分成相等的若干段,例如分成 5 段,每一段就对应一个收入组.表 7-1 资料的频数分布表如表 7-2 所示.

表 7-2

组限	频数 k_i	频率 f_i
399.5 ~ 449.5	3	$\frac{3}{30}$
449.5 ~ 499.5	8	$\frac{8}{30}$
499.5 ~ 549.5	13	$\frac{13}{30}$
549.5 ~ 599.5	4	$\frac{4}{30}$
599.5 ~ 649.5	2	$\frac{2}{30}$

为了研究频数分布,我们可用图示法表示.

直方图 直方图是垂直条形图,条与条之间无间隔,用横轴上的点表示组限,纵轴上的单位数表示频数.与一个组对应的频数,用以组距为底的矩形(长条)的高度表示,表 7-2 资料的直方图如图 7-1 所示.

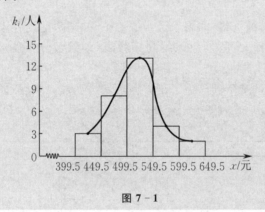

图 7-1

按上述方法,我们对抽取的数据加以整理,编制频数分布表,作直方图,画出频率分布曲线,这样就可以直观地看到数据分布的情况:在什么范围,较大较小的各有多少,在哪些地方分布得比较集中,以及分布图形是否对称等.所以,样本的频率分布是总体概率分布的近似.

样本是总体的反映,但是样本所含的信息不能直接用于解决我们所要研究的问题,而需要把样本所含的信息进行数学上的加工,使其浓缩起来,从而解决我们的问题.针对不同的问题构造样本的适当函数,利用这些样本的函数进行统计推断.

3. 统计量

统计量作为由统计数据计算得来的量,是**样本的函数**.例如,n 袋食盐的平均重量,上海 n 个夏季暴雨的总次数等,都是统计量.统计研究最根本的任务,就是由样本推断总体,由统计量推断总体参数,即通过对样本的研究解决整个总体的问题.下面给出统计量的数学定义.

定义 7.2 设 $X_1, X_2, \cdots, X_n$ 是来自总体 X 的一个样本,$g(X_1, X_2, \cdots, X_n)$ 是 $X_1, X_2, \cdots, X_n$ 的函数.若 g 中不含任何未知参数,则称 $g(X_1, X_2, \cdots, X_n)$ 是一个**统计量**(statistic).

设 $x_1, x_2, \cdots, x_n$ 是相应于样本 $X_1, X_2, \cdots, X_n$ 的样本值,则称 $g(x_1, x_2, \cdots, x_n)$ 是统计量 $g(X_1, X_2, \cdots, X_n)$ 的**观察值**.

下面我们定义一些常用的统计量.设 $X_1, X_2, \cdots, X_n$ 是来自总体 X 的一个样本,$x_1, x_2, \cdots, x_n$ 是这一样本的样本值.定义:

样本均值
$$\overline{X} = \frac{1}{n}\sum_{i=1}^{n} X_i;$$

样本方差
$$S^2 = \frac{1}{n-1}\sum_{i=1}^{n}(X_i - \overline{X})^2 = \frac{1}{n-1}\left(\sum_{i=1}^{n} X_i^2 - n\overline{X}^2\right);$$

样本标准差
$$S = \sqrt{S^2} = \sqrt{\frac{1}{n-1}\sum_{i=1}^{n}(X_i - \overline{X})^2};$$

样本 k 阶（原点）矩
$$A_k = \frac{1}{n}\sum_{i=1}^{n} X_i^k \quad (k=1,2,\cdots);$$

样本 k 阶中心矩
$$B_k = \frac{1}{n}\sum_{i=1}^{n}(X_i - \overline{X})^k \quad (k=2,3,\cdots).$$

它们的观察值分别为
$$\overline{x} = \frac{1}{n}\sum_{i=1}^{n} x_i,$$
$$s^2 = \frac{1}{n-1}\sum_{i=1}^{n}(x_i - \overline{x})^2 = \frac{1}{n-1}\left(\sum_{i=1}^{n} x_i^2 - n\overline{x}^2\right),$$
$$s = \sqrt{\frac{1}{n-1}\sum_{i=1}^{n}(x_i - \overline{x})^2},$$
$$a_k = \frac{1}{n}\sum_{i=1}^{n} x_i^k \quad (k=1,2,\cdots),$$
$$b_k = \frac{1}{n}\sum_{i=1}^{n}(x_i - \overline{x})^k \quad (k=2,3,\cdots).$$

这些观察值仍分别称为样本均值、样本方差、样本标准差、样本 k 阶（原点）矩、样本 k 阶中心矩.

§7.2 抽样分布

前面已经知道，统计量也是一个随机变量，因而它必定服从一个分布. 我们称统计量的分布为**抽样分布**. 当总体的分布函数已知时，抽样分布是确定的，然而实际中得到总体的分布函数并非那么容易，因此求统计量的精确分布一般是一个比较复杂的问题. 本节主要介绍来自正态总体的三个最常用的抽样分布.

1. χ^2 分布

设 $X_1, X_2, \cdots, X_n$ 是来自正态总体 $N(0,1)$ 的样本，则称统计量
$$\chi^2 = X_1^2 + X_2^2 + \cdots + X_n^2$$

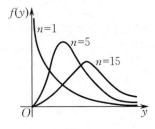

图 7-2

所服从的分布为自由度为 n 的 χ^2 **分布**(χ^2-distribution),记作 $\chi^2 \sim \chi^2(n)$.

自由度为 n 的 $\chi^2(n)$ 分布的密度函数为

$$f(y) = \begin{cases} \dfrac{1}{2^{\frac{n}{2}} \Gamma\left(\dfrac{n}{2}\right)} y^{\frac{n}{2}-1} e^{-\frac{y}{2}}, & y > 0, \\ 0, & \text{其他}. \end{cases}$$

密度函数 $f(y)$ 的图形如图 7-2 所示.

χ^2 分布具有以下性质:

(1) 如果 $\chi_1^2 \sim \chi^2(n_1), \chi_2^2 \sim \chi^2(n_2)$,且它们相互独立,那么有

$$\chi_1^2 + \chi_2^2 \sim \chi^2(n_1 + n_2).$$

这一性质称为 χ^2 **分布的可加性**.

(2) 如果 $\chi^2 \sim \chi^2(n)$,则有

$$E(\chi^2) = n, \quad D(\chi^2) = 2n.$$

证 只证性质(2). 因为 $X_i \sim N(0,1)(i=1,2,\cdots,n)$,故

$$E(X_i^2) = D(X_i) = 1, \quad E(X_i^4) = \frac{1}{\sqrt{2\pi}} \int_{-\infty}^{+\infty} x^4 e^{-\frac{x^2}{2}} dx = 3,$$

$$D(X_i^2) = E(X_i^4) - [E(X_i^2)]^2 = 3 - 1 = 2.$$

于是

$$E(\chi^2) = E\left(\sum_{i=1}^n X_i^2\right) = \sum_{i=1}^n E(X_i^2) = n,$$

$$D(\chi^2) = D\left(\sum_{i=1}^n X_i^2\right) = \sum_{i=1}^n D(X_i^2) = 2n.$$

设 $\chi^2 \sim \chi^2(n)$,对于给定的正数 $\alpha(0 < \alpha < 1)$,称满足条件

$$P\{\chi^2 > \chi_\alpha^2(n)\} = \int_{\chi_\alpha^2(n)}^{+\infty} f(y) dy = \alpha$$

的点 $\chi_\alpha^2(n)$ 为 $\chi^2(n)$ 分布的**上 α 分位点**,如图 7-3 所示. 对于不同的 α, n, χ^2 分布的上 α 分位点的值已制成表格,可以直接查用(见附表5). 例如,对于 $\alpha = 0.05, n = 16$,查附表5得 $\chi_{0.05}^2(16) = 26.296$. 但该表只详列到 $n = 45$ 为止. 当 $n > 45$ 时,近似地有

$$\chi_\alpha^2(n) \approx \frac{1}{2}(z_\alpha + \sqrt{2n-1})^2,$$

其中 z_α 是标准正态分布的上 α 分位点. 例如,

$$\chi_{0.05}^2(50) \approx \frac{1}{2}(1.645 + \sqrt{99})^2 \approx 67.221.$$

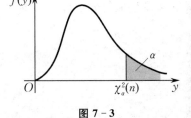

图 7-3

2. t 分布

设 $X \sim N(0,1), Y \sim \chi^2(n)$,且 X 与 Y 相互独立,则称随机变量

$$t = \frac{X}{\sqrt{Y/n}}$$

服从自由度为 n 的 t **分布**(t-distribution),记作 $t \sim t(n)$.

自由度为 n 的 t 分布的密度函数为

$$h(t) = \frac{\Gamma[(n+1)/2]}{\sqrt{n\pi}\,\Gamma(n/2)} \left(1 + \frac{t^2}{n}\right)^{-\frac{n+1}{2}} \quad (-\infty < t < +\infty).$$

图 7-4 中分别画出了当 $n = 1, 10, \infty$ 时 $h(t)$ 的图形. 不难看出, $h(t)$ 的图形关于 $t = 0$ 对称, 当 n 充分大时其图形类似于标准正态变量密度函数的图形. 但对于较小的 n, t 分布与 $N(0,1)$ 分布相差很大(见附表 4).

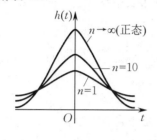

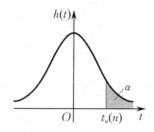

图 7-4　　　　　图 7-5

设 $t \sim t(n)$, 对于给定的 $\alpha(0 < \alpha < 1)$, 称满足条件

$$P\{t > t_\alpha(n)\} = \int_{t_\alpha(n)}^{+\infty} h(t)\,\mathrm{d}t = \alpha$$

的点 $t_\alpha(n)$ 为 $t(n)$ 分布的上 α 分位点(见图 7-5).

由 t 分布的上 α 分位点的定义及 $h(t)$ 图形的对称性可知

$$t_{1-\alpha}(n) = -t_\alpha(n).$$

t 分布的上 α 分位点可从附表 4 查得. 当 $n > 45$ 时, 就用正态分布近似, 即

$$t_\alpha(n) \approx z_\alpha.$$

3. F 分布

设 $U \sim \chi^2(n_1)$, $V \sim \chi^2(n_2)$, 且 U 与 V 相互独立, 则称随机变量

$$F = \frac{U/n_1}{V/n_2}$$

服从自由度为 (n_1, n_2) 的 F **分布**(F-distribution), 记作 $F \sim F(n_1, n_2)$.

自由度为 (n_1, n_2) 的 F 分布的密度函数为

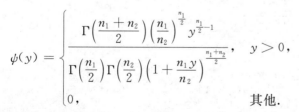

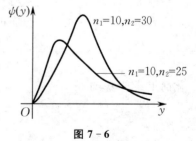

图 7-6

密度函数 $\psi(y)$ 的图形如图 7-6 所示.

F 分布经常被用来对两个样本方差进行比较. 它是方差分析的一个基本分布, 也被用于回归分析中的显著性检验.

设 $F \sim F(n_1, n_2)$, 对于给定的 $\alpha(0 < \alpha < 1)$, 称满足条件

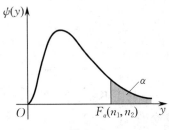

图 7-7

$$P\{F > F_\alpha(n_1,n_2)\} = \int_{F_\alpha(n_1,n_2)}^{+\infty} \psi(y)\mathrm{d}y = \alpha$$

的点 $F_\alpha(n_1,n_2)$ 为 $F(n_1,n_2)$ 分布的上 α 分位点(见图 7-7). F 分布的上 α 分位点有表格可查(见附表 6).

F 分布的上 α 分位点有如下的性质:

$$F_{1-\alpha}(n_1,n_2) = \frac{1}{F_\alpha(n_2,n_1)}.$$

这个性质常用来求 F 分布表中没有包括的数值. 例如, 由附表 6 查得 $F_{0.05}(9,12) = 2.80$, 则可利用上述性质求得

$$F_{0.95}(12,9) = \frac{1}{F_{0.05}(9,12)} = \frac{1}{2.80} \approx 0.36.$$

4. 正态总体的样本均值与样本方差的分布

设正态总体的均值为 μ, 方差为 σ^2, $X_1, X_2, \cdots, X_n$ 是来自正态总体 X 的一个样本, 则有

$$E(\overline{X}) = \mu, \quad D(\overline{X}) = \frac{\sigma^2}{n}, \quad \overline{X} \sim N\left(\mu, \frac{\sigma^2}{n}\right).$$

对于正态总体 $N(\mu,\sigma^2)$ 的样本方差 S^2, 我们有以下的性质:

定理 7.1 设 $X_1, X_2, \cdots, X_n$ 是正态总体 $N(\mu,\sigma^2)$ 的样本, $\overline{X}, S^2$ 分别是样本均值和样本方差, 则有

(1) $\dfrac{(n-1)S^2}{\sigma^2} \sim \chi^2(n-1)$;

(2) $\overline{X}$ 与 S^2 相互独立.

证明从略.

定理 7.2 设 $X_1, X_2, \cdots, X_n$ 是正态总体 $N(\mu,\sigma^2)$ 的样本, $\overline{X}, S^2$ 分别是样本均值和样本方差, 则有

$$\frac{\overline{X}-\mu}{S/\sqrt{n}} \sim t(n-1).$$

证 因为

$$\frac{\overline{X}-\mu}{\sigma/\sqrt{n}} \sim N(0,1), \quad \frac{(n-1)S^2}{\sigma^2} \sim \chi^2(n-1),$$

且两者相互独立, 所以由 t 分布的定义可知

$$\frac{\overline{X}-\mu}{\sigma/\sqrt{n}} \bigg/ \sqrt{\frac{(n-1)S^2}{\sigma^2(n-1)}} \sim t(n-1).$$

化简上式左边, 即得

$$\frac{\overline{X}-\mu}{S/\sqrt{n}} \sim t(n-1).$$

定理 7.3 设 $X_1, X_2, \cdots, X_{n_1}$ 与 $Y_1, Y_2, \cdots, Y_{n_2}$ 分别是来自正态总体 $N(\mu_1,\sigma_1^2)$, $N(\mu_2,\sigma_2^2)$ 的样本, 且这两个样本相互独立, $\overline{X} = \dfrac{1}{n_1}\sum_{i=1}^{n_1} X_i$, $\overline{Y} = \dfrac{1}{n_2}\sum_{i=1}^{n_2} Y_i$ 分别是这两个样本的样本均值, $S_1^2 = \dfrac{1}{n_1-1}\sum_{i=1}^{n_1}(X_i-\overline{X})^2$, $S_2^2 = \dfrac{1}{n_2-1}\sum_{i=1}^{n_2}(Y_i-\overline{Y})^2$ 分别是这两个样本的样本方差, 则有

(1) $\dfrac{S_1^2/S_2^2}{\sigma_1^2/\sigma_2^2} \sim F(n_1-1, n_2-1)$;

(2) 当 $\sigma_1^2 = \sigma_2^2 = \sigma^2$ 时，

$$\frac{(\overline{X}-\overline{Y})-(\mu_1-\mu_2)}{S_W\sqrt{\dfrac{1}{n_1}+\dfrac{1}{n_2}}} \sim t(n_1+n_2-2),$$

其中

$$S_W^2 = \frac{(n_1-1)S_1^2 + (n_2-1)S_2^2}{n_1+n_2-2}.$$

证明从略.

本节所介绍的三个分布以及三个定理，在下面各章中都起着重要的作用. 应注意，它们都是在总体为正态总体这一基本假定下得到的.

例 7.2 设总体 X 服从正态分布 $N(62,10^2)$，为了使得样本均值 $\overline{X}$ 大于 60 的概率不小于 0.95，问：样本容量 n 至少应取多大？

解 设需要样本容量为 n，则

$$\frac{\overline{X}-\mu}{\sigma/\sqrt{n}} = \frac{\overline{X}-\mu}{\sigma}\cdot\sqrt{n} \sim N(0,1),$$

$$P\{\overline{X}>60\} = P\left\{\frac{\overline{X}-62}{10}\sqrt{n} > \frac{60-62}{10}\sqrt{n}\right\} \geqslant 0.95.$$

通过查标准正态分布表以及 $N(0,1)$ 分布的对称性可知，其上 0.95 分位点为 -1.645. 故要使得上式成立，只需 $\dfrac{60-62}{10}\sqrt{n} \leqslant -1.645$，即 $0.2\sqrt{n} \geqslant 1.645$，得 $n \geqslant 67.65$. 故样本容量至少应取 68.

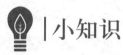

小知识

莎士比亚的新诗：一曲统计学的赞歌

这个强有力的旋律，将胜过大理石或者是君主的金箔纪念碑.

莎士比亚(Shakespeare)

1985 年 11 月，研究莎士比亚的学者泰勒(G. Taylor)从 1775 年以来就保存在保德联(Bodelian)图书馆的收藏中发现了写在纸片上的九节新诗. 新诗只有 429 个字，没有记载谁是诗的作者. 这首诗会是莎士比亚的作品吗？两个统计学者瑟思梯德(Thisted)和埃福伦(Efron)利用统计方法研究了这个问题，得到结论：这首诗用词的风格（规范）与莎士比亚的风格非常一致. 这个研究纯粹基于统计学基础，其过程可描述如下：

已知莎士比亚所有著作的用词总数为 884 647 个，其中 31 534 个是不同的. 这些词出现的频数如表 7-3 所示.

表 7-3

单词使用的频数	不同的单词数
1	14 376
2	4 343
3	2 292
4	1 463
5	1 043
6	837
7	638
⋮	⋮
>100	846
总数	31 534

表 7-3 中所包含的信息可用来回答下列类型的问题.如果要求莎士比亚写一个含有一定数量单词的新作品,他会使用多少新单词(以前作品中未使用过的)?在他以前所有的作品中,有多少单词他仅使用过一次,两次,三次……?这些数字可以用费希尔等提出的划时代的法则来预测.在完全不同的领域内,费希尔利用他的方法估计了未被发现的蝴蝶总数!利用费希尔的理论,如果莎士比亚用与他已有的所有作品中出现的单词数 884 647 完全一样数目的单词来写他的新的剧本和诗,则估计他将使用约 35 000 个新词.这种情形下,莎士比亚的总词汇估计至少有 66 000 个单词(在莎士比亚时代,英语语言的总词汇约有 100 000 个,目前约有 500 000 个).

现在回到新发现的诗上,其含有的 429 个单词中有 258 个是不同的,新诗的观测值和预测值(基于莎士比亚的风格)的分布由表 7-4(最后两栏)给出.从表 7-4 可以看到,在所期望的差的范围内,两个分布非常一致,这表示了新发现的诗的作者可能就是莎士比亚.

表 7-4 中也给出了与莎士比亚同时代的其他几位诗人约翰逊(Johnson)、马洛(Mar lowe)、邓恩(J. Donne)长度几乎相同的作品中所使用的单词的分布频数.这些作者作品中单词的分布频数与新发现诗中单词的观测频数,以及与莎士比亚用词风格的期望观测频数之间看起来多少有些不同.

表 7-4

莎士比亚作品中单词使用的次数	不同单词使用的频数				基于莎士比亚作品的期望值
	约翰逊(哀歌)	马洛(四首诗)	邓恩(狂喜)	新发现的诗	
0	8	10	17	9	6.97
1	2	7	5	7	4.21
2	1	8	6	5	3.33
3~4	6	16	5	8	5.36
5~9	9	22	12	11	10.24
10~19	9	20	17	10	13.96
20~29	12	13	14	21	10.77

续表

莎士比亚作品中单词使用的次数	不同单词使用的频数				基于莎士比亚作品的期望值
	约翰逊（哀歌）	马洛（四首诗）	邓恩（狂喜）	新发现的诗	
30～39	12	9	6	16	8.87
40～59	13	14	12	18	13.77
60～79	10	9	3	8	9.99
80～99	13	13	10	5	7.48
不同单词数	243	272	252	258	258
单词总数	411	495	487	429	…

另一个与其类似的故事是——有争议的作者权：《联邦主义者论文集》的作者是谁？

这是与上一故事密切相关的验明作者问题，或者是对于作者不明的作品所列出的可能的作者群中去识别一个作者．

同样的技术可用来回答本质上相同的问题：在两个可能的作者中，谁是有作者权的争议作品的真正作者．让我们来考察一下《联邦主义者论文集》的情形．这个论文集是1787—1788年由哈密顿（Hamilton）、杰伊（Jay）和麦迪逊（Madison）为了劝说纽约市民批准宪法所著的．按那个时代所时兴的，这个论文集共含七十七篇论文，全部署名为笔名"民众（Publicus）"．这个论文集的大多数文章的真正作者已经判明了，但有十二篇文章仍存在争议，到底是哈密顿的，还是麦迪逊的．两个统计学者，莫斯特勒（Mosteller）和华莱士（Wallace）利用统计方法解决了这个问题，得出的结论是：十二篇有争议的文章最可能的作者是麦迪逊．解决这个问题所使用的度量化方法是从有争议的作者的作品中研究每一个作者自己的风格，按其作品的风格最接近于有争议的作品来确定其作者．

习 题 7

1. 设 $X_1, X_2, \cdots, X_n$ 是来自具有 $\chi^2(n)$ 分布的总体 X 的样本，求样本均值 $\overline{X}$ 的数学期望和方差．
2. 从正态总体 $N(4.2, 5^2)$ 中抽取容量为 n 的样本，若要求其样本均值位于区间 $(2.2, 6.2)$ 内的概率不小于 0.95，问：样本容量 n 至少取多大？
3. 求正态总体 $N(20, \sqrt{3}^2)$ 的容量分别为 10, 15 的两独立样本的样本均值差的绝对值大于 0.3 的概率．
4. 设从正态总体 $N(60, 15^2)$ 中抽取一个容量为 100 的样本，求样本均值与总体均值之差的绝对值大于 3 的概率．
5. 设某厂生产的灯泡的使用寿命（单位：h）$X \sim N(1\,000, \sigma^2)$，随机抽取一容量为 9 的样本，并测得其样本均值及样本方差．但是由于工作上的失误，事后失去了此试验的结果，只记得样本方差为 $s^2 = 100^2$，试求 $P\{\overline{X} > 1\,062\}$．
6. 从一正态总体中抽取容量为 10 的一个样本，假定有 2% 的样本均值与总体均值之差的绝对值在 4 以上，求该正态总体的标准差．

第 8 章
参 数 估 计

在数理统计中,总体 X 的分布一般来说是未知的,因而 X 的数字特征往往也是未知值,这些未知值通常称为参数.为了强调参数的未知性,常常称为未知参数.应当说明,数理统计的参数概念与概率论中的参数是有区别的.例如,当总体 $X \sim N(\mu,\sigma^2)$ 时,只有在 μ,σ^2 是未知的情况下, μ,σ^2 才都是参数.如果 μ 已知,而 σ^2 未知,那么 μ 便不是参数,因为 μ 是一个已知值.但是 X 的二阶原点矩 $E(X^2)$ 却是参数,因为它是一个未知值.

假设总体 $X \sim N(\mu,\sigma^2)$, μ,σ^2 是未知参数, $X_1,X_2,\cdots,X_n$ 是来自 X 的样本,样本值是 $x_1,x_2,\cdots,x_n$,我们要由样本值来确定参数 μ 和 σ^2 的估计值,这就是**参数估计问题**.参数估计分为**点估计**(point estimation) 和**区间估计**(interval estimation).

§8.1 点 估 计

1. 点估计问题概述

设总体 X 的分布函数 $F(x;\theta)$ 形式已知,但其中含有一个或者多个未知参数 θ(这里 θ 可以是向量),一般来说,要精确确定这些参数是困难的,因而我们只能通过样本数据对它们做出某种估计.

具体来说,设总体 X 的分布函数为 $F(x;\theta)$,θ 是未知参数,$X_1,X_2,\cdots,X_n$ 是来自总体 X 的一个样本,相应的样本值为 $x_1,x_2,\cdots,x_n$,构造一个统计量 $\hat{\theta}(X_1,X_2,\cdots,X_n)$,用它的观察值 $\hat{\theta}(x_1,x_2,\cdots,x_n)$ 作为 θ 的估计值,这种问题称为点估计问题. 习惯上称随机变量 $\hat{\theta}(X_1,X_2,\cdots,X_n)$ 为 θ 的**估计量**,称 $\hat{\theta}(x_1,x_2,\cdots,x_n)$ 为 $\hat{\theta}$ 的**估计值**.

构造估计量 $\hat{\theta}(X_1,X_2,\cdots,X_n)$ 的方法很多,下面仅介绍矩估计法和极大似然估计法.

2. 矩估计法

矩估计法的基本思想是:用样本矩作为总体矩的估计,若不够良好,再做适当调整. 矩估计法的基本步骤如下(设总体 $X \sim F(x;\theta_1,\theta_2,\cdots,\theta_l)$,其中 $\theta_1,\theta_2,\cdots,\theta_l$ 均未知):

(1) 若总体 X 的 $k(1 \leqslant k \leqslant l)$ 阶矩均存在,则
$$E(X^k) = \mu_k(\theta_1,\theta_2,\cdots,\theta_l) \quad (1 \leqslant k \leqslant l).$$

(2) 令
$$\begin{cases} \mu_1(\theta_1,\theta_2,\cdots,\theta_l) = A_1, \\ \mu_2(\theta_1,\theta_2,\cdots,\theta_l) = A_2, \\ \cdots\cdots \\ \mu_l(\theta_1,\theta_2,\cdots,\theta_l) = A_l, \end{cases}$$

其中 $A_k(1 \leqslant k \leqslant l)$ 为样本 k 阶矩.

(3) 求出上述方程组的解 $\hat{\theta}_1,\hat{\theta}_2,\cdots,\hat{\theta}_l$,我们称 $\hat{\theta}_k = \hat{\theta}_k(X_1,X_2,\cdots,X_n)$ 为参数 $\theta_k(1 \leqslant k \leqslant l)$ 的矩估计量,$\hat{\theta}_k = \hat{\theta}_k(x_1,x_2,\cdots,x_n)$ 为参数 θ_k 的矩估计值.

例 8.1 设总体 X 服从二项分布 $B(n,p)$,其中参数 n 已知,$X_1,X_2,\cdots,X_n$ 为来自 X 的样本,求参数 p 的矩估计量.

解 因为 $E(X) = np$,$E(X) = A_1 = \overline{X}$,因此 $np = \overline{X}$. 于是 p 的矩估计量为
$$\hat{p} = \frac{\overline{X}}{n}.$$

例 8.2 设总体 X 的二阶矩存在且未知,$X_1,X_2,\cdots,X_n$ 为来自总体 X 的一个样本,求 $\mu = E(X)$,$\sigma^2 = D(X)$ 的矩估计量.

解 由于 $E(X) = \mu$,$E(X^2) = D(X) + [E(X)]^2 = \sigma^2 + \mu^2$,令
$$\mu_1 = E(X) = A_1 = \frac{1}{n}\sum_{i=1}^{n} X_i, \quad \mu_2 = E(X^2) = A_2 = \frac{1}{n}\sum_{i=1}^{n} X_i^2,$$

则 μ, σ^2 的矩估计量分别为

$$\hat{\mu} = \overline{X}, \quad \hat{\sigma}^2 = A_2 - \hat{\mu}^2 = \frac{n-1}{n} S^2 = \frac{1}{n} \sum_{i=1}^{n} (X_i - \overline{X})^2.$$

特别地,如果 X 为正态总体,我们可以对其数学期望和方差得到类似的估计.

例 8.3 设总体 X 的密度函数为

$$f(x;\theta) = \begin{cases} \dfrac{2}{\theta^2}(\theta - x), & 0 < x < \theta, \\ 0, & \text{其他}, \end{cases}$$

$X_1, X_2, \cdots, X_n$ 为来自总体 X 的一个样本,试求参数 θ 的矩估计量.

解 由于

$$E(X) = \frac{2}{\theta^2} \int_0^{\theta} x(\theta - x) \mathrm{d}x = \frac{2}{\theta^2} \left(\theta \frac{x^2}{2} - \frac{x^3}{3} \right) \Big|_0^{\theta} = \frac{\theta}{3},$$

令 $E(X) = A_1 = \overline{X}$,因此 $\dfrac{\theta}{3} = \overline{X}$,于是 θ 的矩估计量为

$$\hat{\theta} = 3\overline{X}.$$

矩估计法的优点是计算简单,且做矩估计时无须知道总体的概率分布,只要知道总体矩即可. 但矩估计量存在结果不唯一的缺点. 例如,当总体 X 服从参数为 λ 的泊松分布时,分别用一阶矩和二阶矩进行估计,得到 $\overline{X}$ 和 B_2 都是参数 λ 的矩估计. 原则上,矩估计既可以使用样本的低阶矩去估计总体的低阶矩,也可以使用样本的高阶矩去估计总体的高阶矩. 本书进行矩估计时采用就低不就高的原则.

3. 极大似然估计法

极大似然估计法只能在已知总体分布的前提下进行,为了对它的思想有所了解,我们先看一个例子.

例 8.4 设有甲、乙两个袋子,袋中各装有 4 个同样大小的球,已知甲袋装有 3 个黑球和 1 个白球,乙袋装有 3 个白球和 1 个黑球. 现在任取一袋,有放回地从袋中取 2 个球,结果取出的两球均为黑球,问:此两球最可能取自甲袋还是乙袋?

解 设 p 为抽取到黑球的概率,X 表示抽取的两球中黑球的个数,则 X 服从二项分布

$$P\{X = k\} = C_2^k p^k (1-p)^{2-k} \quad (k = 0, 1, 2).$$

而从甲袋中取一球是黑球的概率为 $p = \dfrac{3}{4}$,从乙袋中取一球是黑球的概率为 $p = \dfrac{1}{4}$. 问题是:$p = \dfrac{1}{4}$ 还是 $p = \dfrac{3}{4}$?现对未知参数 p 进行估计. 由于不同的 p 对应的事件 $\{X = 2\}$ 的概率分别为

$$P\{X = 2\} = \begin{cases} p_1 = \left(\dfrac{1}{4} \right)^2 = \dfrac{1}{16}, & p = \dfrac{1}{4}, \\ p_2 = \left(\dfrac{3}{4} \right)^2 = \dfrac{9}{16}, & p = \dfrac{3}{4}. \end{cases}$$

显然,$p_1 < p_2$,故应该是参数 $p = \dfrac{3}{4}$,故此两球最可能取自甲袋.

在上例中,p 是分布的参数,它只能取两个值 $\dfrac{1}{4}$ 和 $\dfrac{3}{4}$,需要通过抽样来决定分布中的参数是

$\frac{1}{4}$ 还是 $\frac{3}{4}$. 在给定样本值后去计算该样本值出现的概率,这一概率依赖于 p 的值,在相对比较之下,哪个概率大, p 就最像哪个.

极大似然估计的基本思想就是根据上述想法引申出来的. 如果随机抽样得到的样本值为 $x_1, x_2, \cdots, x_n$, 则我们选取未知参数 θ 的值时,应当选取使得出现该样本值的可能性最大的那个,我们把这样的参数 θ 记作 $\hat{\theta}$, 并称 $\hat{\theta}$ 为未知参数 θ 的**极大似然估计**.

下面对总体 X 是离散型和连续型两种情况加以讨论.

1) 离散型总体

设总体 X 为离散型, $P\{X = x\} = p(x; \theta)$, 其中 θ 为待估计的未知参数. 假定 $x_1, x_2, \cdots, x_n$ 为样本 $X_1, X_2, \cdots, X_n$ 的一组样本值, 则

$$P\{X_1 = x_1, X_2 = x_2, \cdots, X_n = x_n\} = P\{X_1 = x_1\}P\{X_2 = x_2\}\cdots P\{X_n = x_n\}$$
$$= p(x_1; \theta)p(x_2; \theta)\cdots p(x_n; \theta) = \prod_{i=1}^{n} p(x_i; \theta).$$

将 $\prod_{i=1}^{n} p(x_i; \theta)$ 看作参数 θ 的函数, 记作 $L(\theta)$, 即

$$L(\theta) = \prod_{i=1}^{n} p(x_i; \theta). \tag{8.1}$$

显然,这一概率依赖于未知参数 θ, 对于不同的 θ, $L(\theta)$ 不一定一样. $L(\theta)$ 越大, 表明出现样本值 $x_1, x_2, \cdots, x_n$ 的可能性越大, 即要求对应的概率 $L(\theta)$ 的值达到最大, 因此选取这样的 $\hat{\theta}$ 作为未知参数 θ 的估计, 使得

$$L(\hat{\theta}) = \max\{L(\theta)\}.$$

2) 连续型总体

设总体 X 为连续型, 已知其密度函数为 $f(x; \theta)$, 其中 θ 为待估计的未知参数, 则样本 $X_1, X_2, \cdots, X_n$ 的联合概率密度为

$$f(x_1; \theta)f(x_2; \theta)\cdots f(x_n; \theta) = \prod_{i=1}^{n} f(x_i; \theta).$$

类似于离散型总体, 将它也看作参数 θ 的函数, 记作 $L(\theta)$, 即

$$L(\theta) = \prod_{i=1}^{n} f(x_i; \theta). \tag{8.2}$$

综合上述两种情况,我们给出以下定义:

定义 8.1 设总体 X 的分布形式已知, 但含有未知参数 θ (θ 可以是向量), $X_1, X_2, \cdots, X_n$ 为来自总体 X 的样本, $x_1, x_2, \cdots, x_n$ 为其样本值, 称由 (8.1) 式或 (8.2) 式定义的 $L(\theta)$ 为样本的**似然函数**.

由此可见, 不管是离散型总体, 还是连续型总体, 只要知道它的分布律或密度函数, 我们总可以得到一个关于参数 θ 的似然函数 $L(\theta)$.

如果随机抽样得到的样本值为 $x_1, x_2, \cdots, x_n$, 则我们应当这样来选取未知参数 θ 的值, 使得出现该样本值的可能性最大, 即使得似然函数 $L(\theta)$ 取得最大值, 从而求参数 θ 的极大似然估计的问题, 就转化为求似然函数 $L(\theta)$ 的极值点的问题. 一般来说, 这个问题可以通过求解下面的方程来解决:

$$\frac{\mathrm{d}L(\theta)}{\mathrm{d}\theta} = 0. \tag{8.3}$$

然而，$L(\theta)$ 是 n 个函数的连乘积，故求其导数比较复杂．由于 $\ln L(\theta)$ 是 $L(\theta)$ 的单调递增函数，所以 $L(\theta)$ 与 $\ln L(\theta)$ 在 θ 的同一点处取得极大值，于是求解方程(8.3)可转化为求解

$$\frac{\mathrm{d}\ln L(\theta)}{\mathrm{d}\theta}=0. \tag{8.4}$$

$\ln L(\theta)$ 称为**对数似然函数**，方程(8.4)称为**对数似然方程**，求解此方程就可得到参数 θ 的估计值．

若总体 X 的分布中含有 k 个未知参数 $\theta_1, \theta_2, \cdots, \theta_k$，则极大似然估计法也适用．此时，所得的似然函数是关于 $\theta_1, \theta_2, \cdots, \theta_k$ 的多元函数 $L(\theta_1, \theta_2, \cdots, \theta_k)$，解下列方程组，就可得到 $\theta_1, \theta_2, \cdots, \theta_k$ 的估计值：

$$\begin{cases} \dfrac{\partial \ln L(\theta_1,\theta_2,\cdots,\theta_k)}{\partial \theta_1}=0, \\ \dfrac{\partial \ln L(\theta_1,\theta_2,\cdots,\theta_k)}{\partial \theta_2}=0, \\ \cdots\cdots \\ \dfrac{\partial \ln L(\theta_1,\theta_2,\cdots,\theta_k)}{\partial \theta_k}=0. \end{cases} \tag{8.5}$$

例 8.5 在服从泊松分布的总体 X 中抽取样本 $X_1, X_2, \cdots, X_n$，其样本值为 $x_1, x_2, \cdots, x_n$，试对泊松分布的未知参数 λ 做极大似然估计．

解 因泊松总体是离散型的，其分布律为

$$P\{X=x\}=\frac{\lambda^x}{x!}\mathrm{e}^{-\lambda} \quad (x=0,1,2,\cdots),$$

故似然函数为

$$L(\lambda)=\prod_{i=1}^n \frac{\lambda^{x_i}}{x_i!}\mathrm{e}^{-\lambda}=\mathrm{e}^{-\lambda n}\cdot \lambda^{\sum_{i=1}^n x_i}\cdot \prod_{i=1}^n \frac{1}{x_i!},$$

$$\ln L(\lambda)=-n\lambda+\sum_{i=1}^n x_i\ln\lambda - \ln\prod_{i=1}^n (x_i!),$$

$$\frac{\mathrm{d}\ln L(\lambda)}{\mathrm{d}\lambda}=-n+\frac{1}{\lambda}\sum_{i=1}^n x_i.$$

令 $\dfrac{\mathrm{d}\ln L(\lambda)}{\mathrm{d}\lambda}=0$，得

$$-n+\frac{1}{\lambda}\sum_{i=1}^n x_i=0,$$

所以 $\hat{\lambda}_L=\dfrac{1}{n}\sum_{i=1}^n x_i=\bar{x}$，即 λ 的极大似然估计量为 $\hat{\lambda}_L=\overline{X}$（为了和 λ 的矩估计区别起见，我们将 λ 的极大似然估计记为 $\hat{\lambda}_L$）．

例 8.6 设 $X_1, X_2, \cdots, X_n$ 是取自指数分布总体的一个样本，其密度函数为

$$f(x;\theta,\mu)=\begin{cases} \dfrac{1}{\theta}\mathrm{e}^{-\frac{x-\mu}{\theta}}, & x>\mu, \\ 0, & \text{其他}, \end{cases}$$

其中 $\mu, \theta>0$ 是未知参数，$x_1, x_2, \cdots, x_n$ 是一组样本值，求：

(1) μ, θ 的矩估计；

(2) μ, θ 的极大似然估计．

解 (1) 由题意，总体的一阶矩和二阶矩分别为

$$E(X) = \int_{-\infty}^{+\infty} xf(x)\mathrm{d}x = \int_{\mu}^{+\infty} \frac{x}{\theta}\mathrm{e}^{-\frac{x-\mu}{\theta}}\mathrm{d}x = -x\mathrm{e}^{-\frac{x-\mu}{\theta}}\Big|_{\mu}^{+\infty} + \int_{\mu}^{+\infty} \mathrm{e}^{-\frac{x-\mu}{\theta}}\mathrm{d}x$$
$$= \mu - \theta\mathrm{e}^{-\frac{x-\mu}{\theta}}\Big|_{\mu}^{+\infty} = \mu + \theta,$$
$$E(X^2) = \int_{-\infty}^{+\infty} x^2 f(x)\mathrm{d}x = \int_{\mu}^{+\infty} \frac{x^2}{\theta}\mathrm{e}^{-\frac{x-\mu}{\theta}}\mathrm{d}x = -x^2\mathrm{e}^{-\frac{x-\mu}{\theta}}\Big|_{\mu}^{+\infty} + 2\int_{\mu}^{+\infty} x\mathrm{e}^{-\frac{x-\mu}{\theta}}\mathrm{d}x$$
$$= \mu^2 + 2\theta(\mu + \theta) = (\mu + \theta)^2 + \theta^2.$$

令
$$\begin{cases} E(X) = \mu + \theta = \overline{X}, \\ E(X^2) = (\mu + \theta)^2 + \theta^2 = A_2, \end{cases}$$

解得 μ, θ 的矩估计量分别为
$$\hat{\mu} = \overline{X} - \sqrt{\frac{1}{n}\sum_{i=1}^{n}(X_i - \overline{X})^2}, \quad \hat{\theta} = \sqrt{\frac{1}{n}\sum_{i=1}^{n}(X_i - \overline{X})^2},$$

于是 μ, θ 的矩估计值分别为
$$\hat{\mu} = \overline{x} - \sqrt{\frac{1}{n}\sum_{i=1}^{n}(x_i - \overline{x})^2}, \quad \hat{\theta} = \sqrt{\frac{1}{n}\sum_{i=1}^{n}(x_i - \overline{x})^2},$$

这里 $\overline{x} = \frac{1}{n}\sum_{i=1}^{n}x_i$.

(2) 似然函数为
$$L(\mu, \theta) = \frac{1}{\theta^n}\exp\left\{-\frac{1}{\theta}\left(\sum_{i=1}^{n}x_i - n\mu\right)\right\} \quad (\mu < \min\{x_1, x_2, \cdots, x_n\}),$$
$$\ln L = -n\ln\theta - \frac{1}{\theta}\left(\sum_{i=1}^{n}x_i - n\mu\right) \quad (\mu < \min\{x_1, x_2, \cdots, x_n\}).$$

因 $\frac{\partial \ln L}{\partial \mu} = \frac{n}{\theta} > 0$, 故 $\ln L$ 是 μ 的单调递增函数, 故 $\hat{\mu}_L = \min\{x_1, x_2, \cdots, x_n\}$. 又由 $\frac{\partial \ln L}{\partial \theta} = 0$, 得 $\hat{\theta}_L = \overline{x} - \min\{x_1, x_2, \cdots, x_n\}$, 所以 μ, θ 的极大似然估计量分别为
$$\hat{\mu}_L = \min\{X_1, X_2, \cdots, X_n\}, \quad \hat{\theta}_L = \overline{X} - \min\{X_1, X_2, \cdots, X_n\}.$$

例 8.7 设一批产品含有次品, 今从中随机抽出 100 件, 发现其中有 8 件次品, 试求次品率 θ 的极大似然估计值.

解 用极大似然估计法时必须明确总体的分布, 现在题目没有说明这一点, 故应先来确定总体的分布. 设
$$X_i = \begin{cases} 1, & \text{第 } i \text{ 次取得次品}, \\ 0, & \text{第 } i \text{ 次取得正品} \end{cases} \quad (i = 1, 2, \cdots, 100),$$

则 X_i 服从两点分布, 分布律如表 8-1 所示.

表 8-1

X_i	1	0
P	θ	$1-\theta$

设 $x_1, x_2, \cdots, x_{100}$ 为样本值, 则
$$p(x_i; \theta) = P\{X_i = x_i\} = \theta^{x_i}(1-\theta)^{1-x_i} \quad (x_i = 0, 1),$$

故似然函数为

$$L(\theta) = \prod_{i=1}^{100} \theta^{x_i}(1-\theta)^{1-x_i} = \theta^{\sum_{i=1}^{100} x_i}(1-\theta)^{100-\sum_{i=1}^{100} x_i}.$$

由题可知 $\sum_{i=1}^{100} x_i = 8$,所以

$$L(\theta) = \theta^8(1-\theta)^{92}.$$

上式两边取对数,得

$$\ln L(\theta) = 8\ln\theta + 92\ln(1-\theta),$$

对数似然方程为

$$\frac{d\ln L(\theta)}{d\theta} = \frac{8}{\theta} - \frac{92}{1-\theta} = 0,$$

解得 $\theta = \frac{8}{100} = 0.08$. 所以 $\hat{\theta}_L = 0.08$.

矩估计法和极大似然估计法是两种不同的估计方法. 对于同一未知参数,有时候它们的估计相同,有时候估计不同. 一般情况下,在已知总体的分布类型时,最好使用极大似然估计法. 当然,前提条件是通过解方程(组)或其他方法容易得到极大似然估计.

§8.2 估计量的评选标准

对于同一个未知参数,可以有不同的点估计,矩估计法和极大似然估计法仅仅是提供两种常用的估计而已. 在众多的估计中,我们总是希望挑选"最优"的估计. 这就涉及一个评选标准问题.

若用 $\hat{\theta}$ 来估计未知参数 θ,那么 $\hat{\theta} - \theta$ 便反映了估计的误差. 由于 $\hat{\theta} = \hat{\theta}(X_1, X_2, \cdots, X_n)$ 是一个随机变量,它随着样本值的不同而可能取不同的值,因此要求 $\hat{\theta} - \theta = 0$ 没有实际意义. 若要求 $E(\hat{\theta} - \theta) = 0$,则可以反映出该估计的无偏效果. 下面首先给出无偏性的概念.

1. 无偏性

定义 8.2 若估计量 $\hat{\theta} = \hat{\theta}(X_1, X_2, \cdots, X_n)$ 的数学期望等于未知参数 θ,即

$$E(\hat{\theta}) = \theta, \tag{8.6}$$

则称 $\hat{\theta}$ 为 θ 的**无偏估计量**(non-deviation estimator).

估计量 $\hat{\theta}$ 的值不一定就是 θ 的真值,因为它是一个随机变量. 若 $\hat{\theta}$ 是 θ 的无偏估计量,则尽管 $\hat{\theta}$ 的值随样本值的不同而不同,但平均来说,它会等于 θ 的真值.

例 8.8 设 $X_1, X_2, \cdots, X_n$ 为来自总体 X 的一个样本,$E(X) = \mu$,证明:样本均值 $\overline{X} = \frac{1}{n}\sum_{i=1}^{n} X_i$ 是 μ 的无偏估计量.

证 因为 $E(X) = \mu$,所以 $E(X_i) = \mu (i = 1, 2, \cdots, n)$,于是

$$E(\overline{X}) = E\left(\frac{1}{n}\sum_{i=1}^{n} X_i\right) = \frac{1}{n}\sum_{i=1}^{n} E(X_i) = \mu.$$

因此,$\overline{X}$ 是 μ 的无偏估计量.

例 8.9 设 $X_1, X_2, \cdots, X_n$ 为来自总体 X 的一个样本,$E(X) = \mu, D(X) = \sigma^2$,问:样本方差 S^2 及二阶样本中心矩 $B_2 = \dfrac{1}{n}\sum\limits_{i=1}^{n}(X_i - \overline{X})^2$ 是否为总体方差 σ^2 的无偏估计量?

解 $E(S^2) = E\left[\dfrac{1}{n-1}\left(\sum\limits_{i=1}^{n}X_i^2 - n\overline{X}^2\right)\right] = \dfrac{1}{n-1}\sum\limits_{i=1}^{n}E(X_i^2) - \dfrac{n}{n-1}E(\overline{X}^2).$

由上例可知 $E(\overline{X}) = \mu$,又

$$D(\overline{X}) = D\left(\dfrac{1}{n}\sum_{i=1}^{n}X_i\right) = \dfrac{1}{n^2}\sum_{i=1}^{n}D(X_i) = \dfrac{1}{n^2}(n\sigma^2) = \dfrac{\sigma^2}{n},$$

所以

$$E(X_i^2) = D(X_i) + [E(X_i)]^2 = \sigma^2 + \mu^2, \quad E(\overline{X}^2) = D(\overline{X}) + [E(\overline{X})]^2 = \dfrac{\sigma^2}{n} + \mu^2.$$

故

$$E(S^2) = \dfrac{1}{n-1}n(\sigma^2 + \mu^2) - \dfrac{n}{n-1}\left(\dfrac{\sigma^2}{n} + \mu^2\right) = \sigma^2,$$

于是 S^2 是 σ^2 的一个无偏估计量,这也是我们称 S^2 为样本方差的理由. 由于

$$B_2 = \dfrac{n-1}{n}S^2,$$

那么

$$E(B_2) = \dfrac{n-1}{n}E(S^2) = \dfrac{n-1}{n}\sigma^2,$$

所以 B_2 不是 σ^2 的一个无偏估计量.

注 一般来说,无偏估计量的函数并不是未知参数相应函数的无偏估计量. 例如,当 $X \sim N(\mu, \sigma^2)$ 时,$\overline{X}$ 是 μ 的无偏估计量,但 $\overline{X}^2$ 不是 μ^2 的无偏估计量,事实上,

$$E(\overline{X}^2) = D(\overline{X}) + [E(\overline{X})]^2 = \dfrac{\sigma^2}{n} + \mu^2 \neq \mu^2.$$

2. 有效性

对于未知参数 θ,如果有两个无偏估计量 $\hat{\theta}_1$ 与 $\hat{\theta}_2$,即 $E(\hat{\theta}_1) = E(\hat{\theta}_2) = \theta$,那么在 $\hat{\theta}_1, \hat{\theta}_2$ 中谁更好呢?此时我们自然希望对于 θ 的平均偏差 $E[(\hat{\theta} - \theta)^2]$ 越小越好,即一个好的估计量应该有尽可能小的方差,这就是**有效性**.

定义 8.3 设 $\hat{\theta}_1$ 和 $\hat{\theta}_2$ 都是未知参数 θ 的无偏估计量. 若对于任意的参数 θ,有

$$D(\hat{\theta}_1) \leqslant D(\hat{\theta}_2), \tag{8.7}$$

且至少对于某一个 θ 上式中的不等号成立,则称 $\hat{\theta}_1$ 比 $\hat{\theta}_2$ **有效**.

如果 $\hat{\theta}_1$ 比 $\hat{\theta}_2$ 有效,则虽然 $\hat{\theta}_1$ 还不是 θ 的真值,但 $\hat{\theta}_1$ 在 θ 附近取值的密集程度较 $\hat{\theta}_2$ 高,即用 $\hat{\theta}_1$ 估计 θ 的精度要更高些.

例如,对于正态总体 $N(\mu, \sigma^2)$,$\overline{X} = \dfrac{1}{n}\sum\limits_{i=1}^{n}X_i$,$X_i$ 和 $\overline{X}$ 都是 $E(X) = \mu$ 的无偏估计量,但

$$D(\overline{X}) = \dfrac{\sigma^2}{n} \leqslant D(X_i) = \sigma^2,$$

故 $\overline{X}$ 较个别观测值 X_i 有效. 实际当中也是如此. 例如,要估计某个班学生的平均成绩,可用两种方法进行估计,一种是在该班任意抽一个同学,就以该同学的成绩作为全班的平均成绩;另一种

方法是在该班抽取 n 位同学,以这 n 个同学的平均成绩作为全班的平均成绩,显然第二种方法比第一种方法好.

3. 一致性

无偏性、有效性都是在样本容量 n 一定的条件下进行讨论的,然而 $\hat{\theta}(X_1,X_2,\cdots,X_n)$ 不仅与样本值有关,而且与样本容量 n 有关,不妨记作 $\hat{\theta}_n$. 很自然地,我们认为当 n 越大时,$\hat{\theta}_n$ 对于 θ 的估计应该越精确.

定义 8.4 如果 $\hat{\theta}_n$ 依概率收敛于 θ,即 $\forall \varepsilon > 0$,有
$$\lim_{n\to\infty} P\{|\hat{\theta}_n - \theta| < \varepsilon\} = 1, \tag{8.8}$$
那么称 $\hat{\theta}_n$ 是 θ 的**一致估计量**(consistent estimator).

由辛钦大数定律可以证明:样本均值 $\overline{X}$ 是总体均值 μ 的一致估计量,样本方差 S^2 及二阶样本中心矩 B_2 都是总体方差 σ^2 的一致估计量.

§8.3 区间估计

1. 区间估计与置信区间

所谓区间估计,就是依据样本估计出未知参数在某一范围内,在数轴上往往表现为一个区间. 具体来说,估计某个未知参数 θ,要求 θ 的区间估计就是要设法根据样本,构造两个统计量 $\hat{\theta}_1(X_1,X_2,\cdots,X_n)$ 及 $\hat{\theta}_2(X_1,X_2,\cdots,X_n)$,在抽样获得样本值 $x_1,x_2,\cdots,x_n$ 后,便用一个具体的区间 $[\hat{\theta}_1(X_1,X_2,\cdots,X_n),\hat{\theta}_2(X_1,X_2,\cdots,X_n)]$ 来估计未知参数 θ 的取值范围.

置信区间是区间估计中应用最广泛的一种类型. 本节将主要利用求置信区间的方式对未知参数进行区间估计.

定义 8.5 设 $\hat{\theta}_1 = \hat{\theta}_1(X_1,X_2,\cdots,X_n)$ 及 $\hat{\theta}_2 = \hat{\theta}_2(X_1,X_2,\cdots,X_n)$ 是两个统计量. 如果对于给定的概率 $1-\alpha(0<\alpha<1)$,有
$$P\{\hat{\theta}_1 < \theta < \hat{\theta}_2\} = 1-\alpha, \tag{8.9}$$
则称随机区间 $(\hat{\theta}_1,\hat{\theta}_2)$ 为参数 θ 的**置信区间**(confidence interval),其中 $\hat{\theta}_1$ 称为**置信下限**,$\hat{\theta}_2$ 称为**置信上限**,$1-\alpha$ 称为**置信概率**或**置信度**(confidence level).

定义 8.5 中的随机区间 $(\hat{\theta}_1,\hat{\theta}_2)$ 的大小依赖于随机抽取的样本值,它可能包含 θ,也可能不包含 θ. (8.9) 式的意义是指:区间 $(\hat{\theta}_1,\hat{\theta}_2)$ 以 $1-\alpha$ 的概率包含 θ. 例如,若取 $\alpha = 0.05$,则置信概率为 $1-\alpha = 0.95$,这时置信区间 $(\hat{\theta}_1,\hat{\theta}_2)$ 的意义是指:在 100 次重复抽样中所得到的 100 个置信区间中,大约有 95 个区间包含参数真值 θ,有 5 个区间不包含真值 θ,即随机区间 $(\hat{\theta}_1,\hat{\theta}_2)$ 包含参数 θ 真值的频率近似为 0.95.

例 8.10 设总体 $X \sim N(\mu,\sigma^2)$,其中 μ 未知,σ^2 已知,样本 $X_1,X_2,\cdots,X_n$ 来自总体 X,求 μ 的置信概率为 $1-\alpha$ 的置信区间.

解 因为 $X_1,X_2,\cdots,X_n$ 为来自总体 X 的样本,而 $X \sim N(\mu,\sigma^2)$,所以
$$Z = \frac{\overline{X}-\mu}{\sigma/\sqrt{n}} \sim N(0,1).$$

对于给定的 α,查附表 2 可得 $N(0,1)$ 分布的上分位点 $z_{\frac{\alpha}{2}}$,使得 $P\left\{\left|\dfrac{\overline{X}-\mu}{\sigma/\sqrt{n}}\right|<z_{\frac{\alpha}{2}}\right\}=1-\alpha$,
即
$$P\left\{\overline{X}-z_{\frac{\alpha}{2}}\dfrac{\sigma}{\sqrt{n}}<\mu<\overline{X}+z_{\frac{\alpha}{2}}\dfrac{\sigma}{\sqrt{n}}\right\}=1-\alpha.$$

所以,μ 的置信概率为 $1-\alpha$ 的置信区间为
$$\left(\overline{X}-z_{\frac{\alpha}{2}}\dfrac{\sigma}{\sqrt{n}},\overline{X}+z_{\frac{\alpha}{2}}\dfrac{\sigma}{\sqrt{n}}\right). \tag{8.10}$$

由(8.10)式可知,置信区间的长度为 $2z_{\frac{\alpha}{2}}\dfrac{\sigma}{\sqrt{n}}$. 若 n 越大,则置信区间就越短;若置信概率 $1-\alpha$ 越大,α 就越小,$z_{\frac{\alpha}{2}}$ 就越大,从而置信区间就越长.

2. 正态总体参数的区间估计

由于在大多数情况下,我们所遇到的总体是服从正态分布的(有的是近似服从正态分布),故我们现在来重点讨论正态总体参数的区间估计问题.

在下面的讨论中,总假定总体 $X\sim N(\mu,\sigma^2)$,$X_1,X_2,\cdots,X_n$ 为来自总体 X 的样本.

1) 求 μ 的置信区间

分两种情况进行讨论.

(1) 方差 σ^2 已知时,数学期望 μ 的区间估计. 此时就是例 8.10 的情形,结论是:μ 的置信概率为 $1-\alpha$ 的置信区间为
$$\left(\overline{X}-z_{\frac{\alpha}{2}}\dfrac{\sigma}{\sqrt{n}},\overline{X}+z_{\frac{\alpha}{2}}\dfrac{\sigma}{\sqrt{n}}\right).$$

(2) 方差 σ^2 未知时,数学期望 μ 的区间估计. 当 σ^2 未知时,不能使用(8.10)式作为置信区间,因为(8.10)式中区间的端点与 σ 有关. 考虑到 $S^2=\dfrac{1}{n-1}\sum\limits_{i=1}^{n}(X_i-\overline{X})^2$ 是 σ^2 的无偏估计量,可将 $\dfrac{\overline{X}-\mu}{\sigma/\sqrt{n}}$ 中的 σ 换成 S,得
$$t=\dfrac{\overline{X}-\mu}{S/\sqrt{n}}\sim t(n-1).$$

对于给定的 α,查附表 4 可得 t 分布的上分位点 $t_{\frac{\alpha}{2}}(n-1)$,使得
$$P\left\{\left|\dfrac{\overline{X}-\mu}{S/\sqrt{n}}\right|<t_{\frac{\alpha}{2}}(n-1)\right\}=1-\alpha,$$
即
$$P\left\{\overline{X}-\dfrac{S}{\sqrt{n}}t_{\frac{\alpha}{2}}(n-1)<\mu<\overline{X}+\dfrac{S}{\sqrt{n}}t_{\frac{\alpha}{2}}(n-1)\right\}=1-\alpha.$$

所以,μ 的置信概率为 $1-\alpha$ 的置信区间为
$$\left(\overline{X}-\dfrac{S}{\sqrt{n}}t_{\frac{\alpha}{2}}(n-1),\overline{X}+\dfrac{S}{\sqrt{n}}t_{\frac{\alpha}{2}}(n-1)\right). \tag{8.11}$$

由于 $\dfrac{S}{\sqrt{n}}=\dfrac{S_0}{\sqrt{n-1}}$,其中 $S_0=\sqrt{\dfrac{1}{n}\sum\limits_{i=1}^{n}(X_i-\overline{X})^2}$,所以 μ 的置信区间也可写成

$$\left(\overline{X} - \frac{S_0}{\sqrt{n-1}} t_{\frac{\alpha}{2}}(n-1), \overline{X} + \frac{S_0}{\sqrt{n-1}} t_{\frac{\alpha}{2}}(n-1)\right). \tag{8.12}$$

例 8.11 某车间生产滚珠,已知其直径 $X \sim N(\mu, \sigma^2)$,现从某一天生产的产品中随机地抽出 6 个,测得直径(单位:mm)如下:

14.6, 15.1, 14.9, 14.8, 15.2, 15.1,

试求滚珠直径 X 的均值 μ 的置信概率为 95% 的置信区间.

解 取 $\alpha = 0.05$,查附表 4 得 $t_{0.025}(5) = 2.5706$. 又

$$\overline{x} = \frac{1}{n} \sum_{i=1}^{n} x_i = \frac{1}{6}(14.6 + 15.1 + 14.9 + 14.8 + 15.2 + 15.1) = 14.95,$$

$$s_0 = \sqrt{\frac{1}{n} \sum_{i=1}^{n} (x_i - \overline{x})^2} \approx 0.2062,$$

所以

$$t_{\frac{\alpha}{2}}(n-1) \frac{s_0}{\sqrt{n-1}} = 2.5706 \times \frac{0.2062}{\sqrt{6-1}} \approx 0.24,$$

故由(8.12)式可知,μ 的置信概率为 95% 的置信区间为

$(14.95 - 0.24, 14.95 + 0.24)$, 即 $(14.71, 15.19)$.

2) 求 σ^2 的置信区间

我们只考虑 μ 未知的情形. 此时由于样本方差 $S^2 = \frac{1}{n-1} \sum_{i=1}^{n} (X_i - \overline{X})^2$ 是 σ^2 的无偏估计量,我们考虑 $\frac{(n-1)S^2}{\sigma^2}$. 因为

$$\frac{(n-1)S^2}{\sigma^2} \sim \chi^2(n-1),$$

所以对于给定的 α,查附表 5 可得 χ^2 分布的分位点 $\chi^2_{1-\frac{\alpha}{2}}(n-1)$ 及 $\chi^2_{\frac{\alpha}{2}}(n-1)$,且有

$$P\left\{\chi^2_{1-\frac{\alpha}{2}}(n-1) < \frac{(n-1)S^2}{\sigma^2} < \chi^2_{\frac{\alpha}{2}}(n-1)\right\} = 1 - \alpha,$$

即

$$P\left\{\frac{(n-1)S^2}{\chi^2_{\frac{\alpha}{2}}(n-1)} < \sigma^2 < \frac{(n-1)S^2}{\chi^2_{1-\frac{\alpha}{2}}(n-1)}\right\} = 1 - \alpha.$$

所以,σ^2 的置信概率为 $1-\alpha$ 的置信区间为

$$\left(\frac{(n-1)S^2}{\chi^2_{\frac{\alpha}{2}}(n-1)}, \frac{(n-1)S^2}{\chi^2_{1-\frac{\alpha}{2}}(n-1)}\right) \tag{8.13}$$

或

$$\left(\frac{nS_0^2}{\chi^2_{\frac{\alpha}{2}}(n-1)}, \frac{nS_0^2}{\chi^2_{1-\frac{\alpha}{2}}(n-1)}\right),$$

其中 $S_0^2 = \frac{1}{n} \sum_{i=1}^{n} (X_i - \overline{X})^2$.

例 8.12 某种钢丝的折断力(单位:N)X 服从正态分布,今从一批钢丝中任取 10 根,试验其折断力,得数据如下:

572, 570, 578, 568, 596, 576, 584, 572, 580, 566,

试求方差 σ^2 的置信概率为 0.9 的置信区间.

解 由题意,得
$$\overline{x} = \frac{1}{n}\sum_{i=1}^{n} x_i = \frac{1}{10}(572 + 570 + \cdots + 566) = 576.2,$$
$$s^2 = \frac{1}{n-1}\sum_{i=1}^{n}(x_i - \overline{x})^2 \approx 79.51,$$

又 $\alpha = 0.10, n - 1 = 9$,查附表 5 得
$$\chi^2_{\frac{\alpha}{2}}(n-1) = \chi^2_{0.05}(9) = 16.919, \quad \chi^2_{1-\frac{\alpha}{2}}(n-1) = \chi^2_{0.95}(9) = 3.325,$$

故由(8.13)式,可得
$$\frac{(n-1)s^2}{\chi^2_{\frac{\alpha}{2}}(n-1)} = \frac{9 \times 79.51}{16.919} \approx 42.30, \quad \frac{(n-1)s^2}{\chi^2_{1-\frac{\alpha}{2}}(n-1)} = \frac{9 \times 79.51}{3.325} \approx 215.22.$$

所以,σ^2 的置信概率为 0.9 的置信区间为 (42.30, 215.22).

以上仅介绍了求正态总体的数学期望和方差这两个参数的置信区间的方法.

在有些问题中,我们并不知道总体 X 服从什么分布,要对 $E(X) = \mu$ 做区间估计,在这种情况下,只要总体 X 的方差 σ^2 已知,并且样本容量 n 很大,由中心极限定理可知,$\dfrac{\overline{X} - \mu}{\sigma/\sqrt{n}}(n \to \infty)$ 近似地服从标准正态分布 $N(0,1)$. 因此,μ 的置信概率为 $1 - \alpha$ 的近似置信区间为

$$\left(\overline{X} - z_{\frac{\alpha}{2}} \frac{\sigma}{\sqrt{n}}, \overline{X} + z_{\frac{\alpha}{2}} \frac{\sigma}{\sqrt{n}}\right).$$

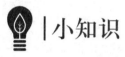

小知识

数理统计学的奠基人——费希尔

20 世纪上半叶,数理统计学发展成为一门成熟的学科,这在很大程度上要归功于英国统计学家费希尔的工作. 他的贡献对于这门学科的建立起了决定性的作用.

费希尔 1890 年 2 月 17 日生于伦敦,1909 年入剑桥大学学习数学和物理,1913 年毕业,在此之后,他曾投资办工厂,到加拿大某农场管理杂务,还当过中学教员,1919 年参加了罗萨姆斯泰德试验站(Rothamsted experimental station) 的工作,致力于数理统计在农业科学和遗传学中的应用和研究. 1933 年他离开了罗萨姆斯泰德,去任伦敦大学优生学高尔顿讲座教授,1943—1957 年任剑桥大学遗传学巴尔福尔讲座教授. 他还于 1956 年起任剑桥大学冈维尔与凯斯学院院长. 1959 年退休,后去澳大利亚,在那里度过了他最后的三年.

费希尔在罗萨姆斯泰德试验站工作期间,曾对长达六十六年之久的田间施肥、管理试验和气候条件等资料加以整理、归纳、提取信息,为他日后的理论研究打下了坚实的基础.

20 世纪 20—50 年代间,费希尔对于当时被广泛使用的统计方法,进行了一系列理论研究,给出了许多现代统计学中的重要的基本概念,从而使得数理统计成为一门有坚实理论基础并获得广泛应用的数学学科,他本人也成为当时统计学界的中心人物. 他是一些有重要理论和应用价值的统计分支和方法的开创者. 他对于数理统计学的贡献,内容涉及估计理论、假设检验、试验设计

和方差分析等重要领域.

在对于统计量及抽样分布理论的研究方面,1915 年,费希尔发现了正态总体相关系数的分布.1918 年,费希尔利用 n 维几何方法,即多重积分方法,给出了由英国科学家戈塞(Gosset)于 1908 年发现的 t 分布的一个完美严密的推导和证明,使研究小样本函数的精确理论分布中一系列重要结论有了新的开端,并为数理统计的另一分支——多元分析奠定了理论基础.F 分布,是费希尔在 20 世纪 20 年代提出的,中心和非中心的 F 分布在方差分析理论中有重要应用.费希尔在 1925 年对于估计量的研究中引进了一致性、有效性和充分性的概念作为参数的估计量应具备的性质,另外还对估计的精度与样本所含信息之间的关系,进行了深入研究,引进了信息量的概念.除了上述几个侧面的工作以外,20 世纪 20 年代费希尔系统地发展了正态总体下种种统计量的抽样分布,这标志着相关、回归分析和多元分析等分支的初步建立.

在对参数估计的研究中,费希尔在 1912 年提出了一种重要而普遍的点估计法——极大似然估计法,后来在 1921 年和 1925 年的工作中又加以发展,从而建立了以极大似然估计为中心的点估计理论,在推断总体参数中应用这个方法,不需要有关事前概率的信息,这是数理统计史上的一大突破.这种方法直到目前为止仍是构造估计量的最重要的一种方法.

在数理统计学的一个重要分支——假设检验的发展中费希尔也起过重要的作用.他引进了显著性检验等一些重要概念,这些概念成为假设检验理论发展的基础.

方差分析是分析试验数据的一种重要的数理统计学方法,其要旨是对样本值的总变差平方和进行适当的分解,以判明实验中各因素影响的有无及其大小,这是由费希尔于 1923 年首创的.

多元统计分析是数理统计学中有重要应用价值的分支.1928 年以前,费希尔已经在狭义的多元分析(多元正态总体的统计分析)方面做过许多工作.

费希尔在统计学上一项有较大影响的工作是他在 20 世纪 30 年代初期引进的一种构造区间估计的方法——信任推断法.其基本观点是:设要做 θ 的区间估计,在抽样得到样本 $X_1, X_2, \cdots, X_n$ 以前,对于 θ 一无所知,样本 $X_1, X_2, \cdots, X_n$ 透露了 θ 的一些信息,据此可以对 θ 取各种值给予各种不同的"信任程度",而这可用于对 θ 做区间估计.这种方法不是基于传统的概率思想,但对某些困难的统计问题,特别是著名的贝伦斯-费希尔问题,提供了简单可行的解法.

在费希尔众多的成就中,最使人们称颂的工作是他在 20 世纪 20 年代期间创立的试验设计(研究如何制订试验方案,以提高试验效率,缩小随机误差的影响,并使试验结果能有效地进行统计分析的理论与方法).费希尔与他人合作,奠定了这个分支的基础.费希尔在罗萨姆斯泰德试验站工作时曾指出:在田间试验中,由于环境条件难于严格控制,试验数据必然受到偶然因素的影响,所以一开始就得承认存在误差.这一思想是与传统的"精密科学试验"相对立的,在精密科学试验中,不是从承认误差不可避免出发,而是致力于严格控制试验条件,以探求科学规律.田间试验的目的之一是寻求高产品种,而试验时的土地条件,如土质、排水等都不能严格控制.因此,"在严格控制的这样或那样条件下,品种 A 比品种 B 多收获若干斤"这类结论,实际意义就不大.在现场进行的工业试验,医学上的药物疗效试验等,也有类似情形.这表明,费希尔首创的试验设计原则,是针对工农业以及技术科学试验而设,而不是着眼于纯理论性的科学试验.试验设计的基本思想,是减少偶然性因素的影响,使试验数据有一个合适的数学模型,以便使用方差分析的方法对数据进行分析.他利用随机化的手段,成功地把概率模型引进试验领域,并建立了分析这种模型的方差分析法,强调了统计方法在试验设计中的重要性.按照他的方法,使科学试验从某一个侧面"科学化"了,因而可以节省人力、物力,提高工作效率.费希尔于 1923 年与梅克齐(Makezie)合作发表了第一个试验设计的实例,1926 年提出了试验设计的基本思想,1935 年出版了他的名著《试验设计法》,其中提出了试验设计应遵守三个原则:随机化、局部控制和重复.费希尔最早提出的设计是随机区组设计和拉丁方设计,两者都体现了上述原则.

费希尔不仅是一位著名的统计学家,还是一位闻名于世的优生学家和遗传学家. 他是统计遗传学的创始人之一,他研究了突变、连锁、自然淘汰、近亲婚姻、移居和隔离等因素对于总体遗传特性的影响,以及估计基因频率等数理统计问题. 他的《生物学、农业和医学研究的统计表》是一份很有价值的统计数表.

费希尔还是一位很好的师长,培养了一大批优秀学生,形成了一个实力雄厚的学派,其中既有专长纯数学的学者,又有专长应用数学的人才. 费希尔一生发表的学术论文有三百多篇,其中二百九十四篇代表作收集在《费希尔论文集》中.

由于费希尔的成就,他曾多次获得英国和许多国家的荣誉,1952年还被授予爵士称号.

习 题 8

1. 设总体 $X \sim U(a,b)(a<b)$,其中 a,b 为未知参数,$X_1,X_2,\cdots,X_n$ 为来自总体 X 的一个样本,求 a,b 的矩估计.

2. 设总体 X 的密度函数为 $f(x;\theta)$,$X_1,X_2,\cdots,X_n$ 为其样本,求 θ 的极大似然估计:

   (1) $f(x;\theta) = \begin{cases} \theta e^{-\theta x}, & x \geq 0, \\ 0, & x < 0; \end{cases}$ (2) $f(x;\theta) = \begin{cases} \theta x^{\theta-1}, & 0 < x < 1, \\ 0, & \text{其他}. \end{cases}$

3. 假设总体 X 的密度函数为

$$f(x;\theta) = \begin{cases} \dfrac{2x}{\theta^2} \exp\left\{-\dfrac{x^2}{\theta^2}\right\}, & x > 0, \\ 0, & x \leq 0, \end{cases}$$

其中 $\theta > 0$ 是未知参数,试求参数 θ 的极大似然估计.

4. 设 $x_1,x_2,\cdots,x_n$ 为来自正态总体 $N(\mu,\sigma^2)$ 的样本值,试求总体未知参数 μ,σ^2 的极大似然估计.

5. 设总体 X 服从区间 $[0,\theta]$ 上的均匀分布,$X_1,X_2,\cdots,X_n$ 是来自总体 X 的一个样本,求 θ 的矩估计和极大似然估计.

6. 假设 $\hat{\theta}$ 是 θ 的无偏估计量,且有 $D(\hat{\theta}) > 0$,试证:$\hat{\theta}^2 = (\hat{\theta})^2$ 不是 θ^2 的无偏估计量.

7. 设总体 X 的密度函数为

$$f(x;\theta) = \begin{cases} \dfrac{1}{\theta}, & 0 \leq x \leq \theta, \\ 0, & \text{其他}, \end{cases}$$

其中 $\theta > 0$ 是未知参数,$X_1,X_2,\cdots,X_n$ 是来自总体 X 的一个样本.

(1) 求 θ 的矩估计量 $\hat{\theta}_1$;

(2) 验证:$\hat{\theta}_1,\hat{\theta}_2 = \dfrac{n+1}{n} M$ 都是 θ 的无偏估计量(其中 $M = \max\{X_1,X_2,\cdots,X_n\}$);

(3) 比较 $\hat{\theta}_1,\hat{\theta}_2$ 两个无偏估计量的有效性.

8. 某车间生产的螺钉,其直径(单位:mm)$X \sim N(\mu,\sigma^2)$,由过去的经验知道 $\sigma^2 = 0.06$. 今随机抽取6枚,测得其直径长度如下:

$$14.7, \quad 15.0, \quad 14.8, \quad 14.9, \quad 15.1, \quad 15.2,$$

试求 μ 的置信概率为 0.95 的置信区间.

9. 设总体 $X \sim N(\mu,\sigma^2)$,σ^2 已知,问:需抽取容量 n 为多大的样本,才能使得 μ 的置信概率为 $1-\alpha$,且置信区间的长度不大于 L?

第 9 章 假 设 检 验

  假设检验是统计推断的一个重要部分. 在日常生活和科学研究中, 经常会对某一事情提出疑问, 解决问题的过程往往是先做一个和疑问相关的假设, 然后根据这个假设去寻找和疑问相关的证据, 如果得到的证据和假设矛盾, 就否定这个假设. 类似地, 在数理统计中, 对于总体的分布类型或者分布参数做某种假设, 根据抽取的样本值, 运用数理统计的分析方法, 检验这种假设是否正确, 从而决定接受假设或拒绝假设, 这就是假设检验问题. 根据所做假设是关于总体分布中的参数的值, 还是关于总体分布的类型, 假设检验问题可分为参数假设检验和非参数假设检验.

§9.1 假设检验的基本概念

当总体的分布函数未知,或只知其形式而不知道它的参数的情况时,我们常需要判断总体是否具有我们所感兴趣的某些特性.于是,我们首先提出某些关于总体分布或关于总体参数的假设,然后根据样本对所提出的假设做出判断:是接受还是拒绝.下面我们先通过一个例子来说明假设检验的一般提法.

例 9.1 某工厂用包装机包装奶粉,额定标准为每袋净重 $0.5\,\mathrm{kg}$. 设包装机称得奶粉重量(单位:kg)X 服从正态分布 $N(\mu,\sigma^2)$,根据长期的经验可知其标准差 $\sigma = 0.015$. 为了检验某台包装机的工作是否正常,随机抽取包装的奶粉 9 袋,称得净重为

0.499, 0.515, 0.508, 0.512, 0.498, 0.515, 0.516, 0.513, 0.524,

问:该包装机的工作是否正常?

由于长期实践表明标准差比较稳定,于是我们假设 $X \sim N(\mu,0.015^2)$. 如果奶粉重量 X 的均值 μ 等于 0.5,那么我们就说包装机的工作是正常的.于是,提出假设:
$$H_0:\mu = \mu_0 = 0.5;\quad H_1:\mu \neq \mu_0 = 0.5.$$
这样的假设就是统计假设.

1. 统计假设

关于总体 X 的分布(或随机事件的概率)的各种论断称为**统计假设**,简称**假设**,用 H 表示.例如:

(1) 对于检验某个总体 X 的分布,可以提出假设:
$$H_0:X\text{ 服从正态分布};\quad H_1:X\text{ 不服从正态分布}$$
或
$$H_0:X\text{ 服从泊松分布};\quad H_1:X\text{ 不服从泊松分布}.$$

(2) 对于总体 X 的分布的参数,若检验数学期望 μ,则可以提出假设:
$$H_0:\mu = \mu_0;\quad H_1:\mu \neq \mu_0$$
或
$$H_0:\mu \leqslant \mu_0;\quad H_1:\mu > \mu_0.$$
若检验标准差 σ,则可以提出假设:
$$H_0:\sigma = \sigma_0;\quad H_1:\sigma \neq \sigma_0$$
或
$$H_0:\sigma \geqslant \sigma_0;\quad H_1:\sigma < \sigma_0.$$
这里 μ_0,σ_0 是已知数,而 $\mu = E(X),\sigma^2 = D(X)$ 是未知参数.

上面对于总体 X 的每个论断,我们都提出了两个互相对立的(统计)假设:H_0 和 H_1. 显然, H_0 与 H_1 只有一个成立,即或 H_0 真 H_1 假,或 H_0 假 H_1 真,其中假设 H_0 称为**原假设**(null hypothesis)(又称为**零假设**、**基本假设**),而 H_1 称为 H_0 的**备择假设**(alternative hypothesis)(又称为**对立假设**).

在处理实际问题时,通常把希望得到的陈述视为备择假设,而把这一陈述的否定作为原假

设. 例如, 在例 9.1 中, $H_0: \mu = \mu_0 = 0.5$ 为原假设, 它的备择假设是 $H_1: \mu \neq \mu_0 = 0.5$.

统计假设提出之后, 我们关心的是它的真伪. 所谓对假设 H_0 的检验, 就是根据来自总体的样本, 按照一定的规则对 H_0 做出判断: 是接受, 还是拒绝, 这个用来对假设做出判断的规则称为**检验准则**, 简称**检验**. 如何对统计假设进行检验呢? 我们结合例 9.1 来说明假设检验的基本思想和做法.

2. 假设检验的基本思想

在例 9.1 中所提假设是

$$H_0: \mu = \mu_0 = 0.5 \quad (备择假设 \ H_1: \mu \neq \mu_0).$$

由于要检验的假设涉及总体均值 μ, 故首先想到是否可借助样本均值这一统计量来进行判断. 从抽样的结果来看, 样本均值 $\bar{x} \approx 0.511\,1$, 与 $\mu = 0.5$ 之间有差异. 对于 $\bar{x}$ 与 μ_0 之间的差异可以有两种不同的解释:

(1) 统计假设 H_0 是正确的, 即 $\mu = \mu_0 = 0.5$, 只是由于抽样的随机性造成了 $\bar{x}$ 与 μ_0 之间的差异;

(2) 统计假设 H_0 是不正确的, 即 $\mu \neq \mu_0 = 0.5$, 由于系统误差, 也就是包装机工作不正常, 造成了 $\bar{x}$ 与 μ_0 之间的差异.

这两种解释到底哪一种比较合理呢? 为了回答这个问题, 我们适当选择一个小正数 α ($\alpha = 0.1, 0.05$ 等), 称之为**显著性水平**(significance level). 在假设 H_0 成立的条件下, 确定统计量 $\bar{X} - \mu_0$ 的临界值 λ_α, 使得事件 $\{|\bar{X} - \mu_0| > \lambda_\alpha\}$ 为小概率事件, 即

$$P\{|\bar{X} - \mu_0| > \lambda_\alpha\} = \alpha. \tag{9.1}$$

例如, 取定显著性水平 $\alpha = 0.05$. 现在来确定临界值 $\lambda_{0.05}$.

因为 $X \sim N(\mu, \sigma^2)$, 所以当 $H_0: \mu = \mu_0 = 0.5$ 为真时, 有 $X \sim N(\mu_0, \sigma^2)$, 于是

$$\bar{X} = \frac{1}{n} \sum_{i=1}^{n} X_i \sim N\left(\mu_0, \frac{\sigma^2}{n}\right), \quad Z = \frac{\bar{X} - \mu_0}{\sqrt{\sigma^2/n}} = \frac{\bar{X} - \mu_0}{\sigma/\sqrt{n}} \sim N(0,1).$$

又

$$P\{|Z| > z_{\frac{\alpha}{2}}\} = \alpha,$$

由 (9.1) 式, 有

$$P\left\{|Z| > \frac{\lambda_\alpha}{\sigma/\sqrt{n}}\right\} = \alpha,$$

因此

$$\frac{\lambda_\alpha}{\sigma/\sqrt{n}} = z_{\frac{\alpha}{2}}, \quad \lambda_\alpha = z_{\frac{\alpha}{2}} \frac{\sigma}{\sqrt{n}},$$

即

$$\lambda_{0.05} = z_{0.025} \times \frac{0.015}{\sqrt{9}} = 1.96 \times \frac{0.015}{3} = 0.009\,8.$$

故有

$$P\{|\bar{X} - \mu_0| > 0.009\,8\} = 0.05.$$

因为 $\alpha = 0.05$ 很小, 根据实际推断原理, 即 "小概率事件在一次试验中几乎是不可能发生的" 原理, 我们认为当 H_0 为真时, 事件 $\{|\bar{X} - \mu_0| > 0.009\,8\}$ 是小概率事件, 实际上是不可能发生的. 现在抽样的结果是

$$|\bar{x}-\mu_0|=|0.5111-0.5|=0.0111>0.0098.$$

也就是说,小概率事件$\{|\bar{X}-\mu_0|>0.0098\}$居然在一次抽样中发生了,这说明抽样得到的结果与假设H_0不相符,因而不能不使人怀疑假设H_0的正确性.因此,在显著性水平$\alpha=0.05$下,我们拒绝H_0,接受H_1,即认为这一天包装机的工作是不正常的.

通过上例的分析,我们知道假设检验的基本思想是小概率事件原理,检验的基本步骤如下:

(1) 根据实际问题的要求,提出原假设H_0及备择假设H_1;
(2) 选取适当的显著性水平α(通常取$\alpha=0.10,0.05$等)以及样本容量n;
(3) 构造检验用的统计量U,当H_0为真时,U的分布要已知,找出临界值λ_α,使得$P\{|U|>\lambda_\alpha\}=\alpha$,我们称$|U|>\lambda_\alpha$所确定的区域为$H_0$的**拒绝域**(rejection region),记作W;
(4) 取样,根据样本值,计算统计量U的观察值u_0;
(5) 做出判断,将U的观察值u_0与临界值λ_α比较,若u_0落入拒绝域W内,则拒绝H_0接受H_1,否则就说H_0相容(接受H_0).

3. 两类错误

由于我们是根据样本做出接受H_0或拒绝H_0的决定,而样本具有随机性,因此在进行判断时,我们可能会犯两个方面的错误.一类错误是,当H_0为真时,而样本的观察值u_0落入拒绝域W内,按给定的检验法则,我们拒绝了H_0.这种错误称为**第一类错误**,其发生的概率称为**犯第一类错误的概率**或**弃真概率**,通常记作α,即

$$P\{拒绝\ H_0\ |\ H_0\ 为真\}=\alpha.$$

另一类错误是,当H_0不真时,而样本的观察值u_0落入拒绝域W外,按给定的检验法则,我们却接受了H_0.这种错误称为**第二类错误**,其发生的概率称为**犯第二类错误的概率**或**取伪概率**,通常记作β,即

$$P\{接受\ H_0\ |\ H_0\ 不真\}=\beta.$$

显然,这里的α就是检验的显著性水平.总体与样本各种情况的搭配如表9-1所示.

表9-1

H_0	判断结论		犯错误的概率
真	接受	正确	0
	拒绝	犯第一类错误	α
不真	接受	犯第二类错误	β
	拒绝	正确	0

对于给定的一对H_0和H_1,总可以找到许多拒绝域W.我们当然希望寻找到这样的拒绝域W,使得犯两类错误的概率α与β都很小.但是在样本容量n固定时,要使得α与β都很小是不可能的.一般情形下,减小犯其中一类错误的概率,会增加犯另一类错误的概率,它们之间的关系犹如区间估计问题中置信水平与置信区间的长度的关系那样.通常的做法是控制犯第一类错误的概率不超过某个事先指定的显著性水平$\alpha(0<\alpha<1)$,而使得犯第二类错误的概率也尽可能地小.具体实行这个原则会有许多困难,因而有时把这个原则简化成:只要求犯第一类错误的概率等于α,称这类假设检验问题为**显著性检验问题**,相应的检验为**显著性检验**.在一般情况下,显著性检验法则是较容易实现的,我们将在以下各节中详细讨论.

在实际问题中,要确定一个检验问题的原假设,一方面要根据问题要求检验的是什么,另一

方面要使得原假设尽量简单.这是因为在下面将讲到的检验法中,必须要了解某统计量在原假设成立时的精确分布或近似分布.

在下面各节中,我们先介绍正态总体下参数的几种显著性检验,再介绍总体分布函数的假设检验.

§9.2 单个正态总体的假设检验

1. 单个正态总体数学期望的假设检验

1) σ^2 已知,关于 μ 的假设检验(Z 检验法)

设总体 $X \sim N(\mu, \sigma^2)$,方差 σ^2 已知,检验假设:
$$H_0: \mu = \mu_0; \quad H_1: \mu \neq \mu_0 \quad (\mu_0 \text{ 为已知常数}).$$

因为
$$\overline{X} \sim N\left(\mu, \frac{\sigma}{\sqrt{n}}\right), \quad \frac{\overline{X} - \mu}{\sigma/\sqrt{n}} \sim N(0, 1),$$

所以我们选取
$$Z = \frac{\overline{X} - \mu_0}{\sigma/\sqrt{n}} \tag{9.2}$$

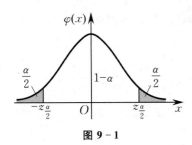

图 9-1

作为此假设检验的统计量.显然,当假设 H_0 为真($\mu = \mu_0$ 正确)时,$Z \sim N(0,1)$,故对于给定的显著性水平 α,可求得 $z_{\frac{\alpha}{2}}$,使得 $P\{|Z| > z_{\frac{\alpha}{2}}\} = \alpha$(见图 9-1),即
$$P\{Z < -z_{\frac{\alpha}{2}}\} + P\{Z > z_{\frac{\alpha}{2}}\} = \alpha,$$
从而有
$$P\{Z > z_{\frac{\alpha}{2}}\} = \frac{\alpha}{2}, \quad P\{Z \leqslant z_{\frac{\alpha}{2}}\} = 1 - \frac{\alpha}{2}.$$

利用概率 $1 - \frac{\alpha}{2}$,反查标准正态分布表(见附表 2),可得双侧 α 分位点(即临界值)$z_{\frac{\alpha}{2}}$.

另一方面,利用样本值 $x_1, x_2, \cdots, x_n$,计算统计量 Z 的观察值,得
$$z_0 = \frac{\overline{x} - \mu_0}{\sigma/\sqrt{n}}. \tag{9.3}$$

(1) 若 $|z_0| > z_{\frac{\alpha}{2}}$,则在显著性水平 α 下,拒绝原假设 H_0(接受备择假设 H_1),所以 $|Z| > z_{\frac{\alpha}{2}}$ 便是 H_0 的拒绝域;

(2) 若 $|z_0| \leqslant z_{\frac{\alpha}{2}}$,则在显著性水平 α 下,接受原假设 H_0,认为 H_0 正确.

这里我们是利用 H_0 为真时服从 $N(0,1)$ 分布的统计量 Z 来确定拒绝域的,这种检验法称为 Z **检验法**(或 U 检验法).例 9.1 中所用的方法就是 Z 检验法.为了熟悉这类假设检验的具体做法,现在我们再举一例.

例 9.2 根据长期经验和资料的分析,某砖厂生产的砖的抗断强度(单位:kg/cm^2)X 服从正态分布,方差 $\sigma^2 = 1.21$.从该厂产品中随机抽取 6 块,测得抗断强度如下:

$$32.56,\ 29.66,\ 31.64,\ 30.00,\ 31.87,\ 31.03,$$

检验这批砖的平均抗断强度为 $32.50\ \text{kg/cm}^2$ 是否成立(取显著性水平 $\alpha=0.05$,并假设砖的抗断强度的方差不会有什么变化).

解 (1) 提出假设:
$$H_0:\mu=\mu_0=32.50;\quad H_1:\mu\neq\mu_0.$$

(2) 选取统计量
$$Z=\frac{\overline{X}-\mu_0}{\sigma/\sqrt{n}},$$

若 H_0 为真,则 $Z\sim N(0,1)$.

(3) 对于给定的显著性水平 $\alpha=0.05$,求 $z_{\frac{\alpha}{2}}$,使得
$$P\{|Z|>z_{\frac{\alpha}{2}}\}=\alpha.$$

这里 $z_{\frac{\alpha}{2}}=z_{0.025}=1.96$.

(4) 计算统计量 Z 的观察值,有
$$|z_0|=\left|\frac{\overline{x}-\mu_0}{\sigma/\sqrt{n}}\right|=\left|\frac{31.13-32.50}{1.1/\sqrt{6}}\right|\approx 3.05.$$

(5) 判断:由于 $|z_0|=3.05>z_{0.025}=1.96$,所以在显著性水平 $\alpha=0.05$ 下否定 H_0,即不能认为这批产品的平均抗断强度是 $32.50\ \text{kg/cm}^2$.

把上面的检验过程加以概括,得到了关于方差已知的正态总体数学期望 μ 的检验步骤:

(1) 提出待检验的假设: $H_0:\mu=\mu_0; H_1:\mu\neq\mu_0$.

(2) 构造统计量 Z,并计算其观察值 z_0:
$$Z=\frac{\overline{X}-\mu_0}{\sigma/\sqrt{n}},\quad z_0=\frac{\overline{x}-\mu_0}{\sigma/\sqrt{n}}.$$

(3) 对于给定的显著性水平 α,根据
$$P\{|Z|>z_{\frac{\alpha}{2}}\}=\alpha,\quad P\{Z>z_{\frac{\alpha}{2}}\}=\frac{\alpha}{2},\quad P\{Z\leqslant z_{\frac{\alpha}{2}}\}=1-\frac{\alpha}{2},$$

查标准正态分布表(见附表2),得双侧 α 分位点 $z_{\frac{\alpha}{2}}$.

(4) 做出判断:根据 H_0 的拒绝域,若 $|z_0|>z_{\frac{\alpha}{2}}$,则拒绝 H_0,接受 H_1;若 $|z_0|\leqslant z_{\frac{\alpha}{2}}$,则接受 H_0.

2) σ^2 未知,关于 μ 的假设检验(t 检验法)

设总体 $X\sim N(\mu,\sigma^2)$,方差 σ^2 未知,检验假设:
$$H_0:\mu=\mu_0;\quad H_1:\mu\neq\mu_0\quad (\mu_0\ \text{为已知常数}).$$

因 σ^2 未知, $\dfrac{\overline{X}-\mu_0}{\sigma/\sqrt{n}}$ 便不是统计量,这时我们自然想到用 σ^2 的无偏估计量——样本方差 S^2 代替 σ^2.

由于
$$\frac{\overline{X}-\mu}{S/\sqrt{n}}\sim t(n-1),$$

故选取样本的函数
$$t=\frac{\overline{X}-\mu_0}{S/\sqrt{n}} \tag{9.4}$$

作为此假设检验的统计量.当 H_0 为真($\mu=\mu_0$ 正确)时, $t\sim t(n-1)$,对于给定的显著性水平 α,有

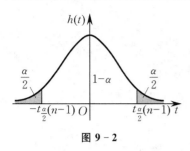

图 9-2

$$P\{|t|>t_{\frac{\alpha}{2}}(n-1)\}=\alpha,\quad P\{t>t_{\frac{\alpha}{2}}(n-1)\}=\frac{\alpha}{2},$$

如图 9-2 所示,直接查 t 分布表(见附表 4),得 t 分布的上分位点 $t_{\frac{\alpha}{2}}(n-1)$.

另一方面,利用样本值,计算统计量 t 的观察值

$$t_0 = \frac{\overline{x}-\mu_0}{s/\sqrt{n}},$$

因而原假设 H_0 的拒绝域为

$$|t|>t_{\frac{\alpha}{2}}(n-1). \tag{9.5}$$

所以,若 $|t_0|>t_{\frac{\alpha}{2}}(n-1)$,则拒绝 H_0,接受 H_1;若 $|t_0|\leqslant t_{\frac{\alpha}{2}}(n-1)$,则接受 H_0.

上述利用统计量 t 得出的检验法称为 t **检验法**. 在实际中,正态总体的方差常为未知,所以我们常用 t 检验法来检验关于正态总体数学期望的问题.

例 9.3 用某仪器间接测量某物体温度,重复 5 次,所得的数据(单位:℃)为 1 250, 1 265,1 245,1 260,1 275,而用别的精确办法测得温度为 1 277 ℃(可看作温度的真值),试问:此仪器间接测量有无系统偏差?这里假设测量值 X 服从 $N(\mu,\sigma^2)$ 分布,取显著性水平 $\alpha=0.05$.

解 问题是要检验假设:

$$H_0:\mu=\mu_0=1\ 277;\quad H_1:\mu\neq\mu_0.$$

由于 σ^2 未知(仪器的精度不知道),我们选取统计量

$$t=\frac{\overline{X}-\mu_0}{S/\sqrt{n}}.$$

当 H_0 为真时,$t\sim t(n-1)$,t 的观察值为

$$|t_0|=\left|\frac{\overline{x}-\mu_0}{s/\sqrt{n}}\right|=\left|\frac{1\ 259-1\ 277}{\sqrt{570/(4\times 5)}}\right|\approx\left|\frac{-18}{5.339}\right|>3.$$

对于给定的显著性水平 $\alpha=0.05$,由

$$P\{|t|>t_{\frac{\alpha}{2}}(n-1)\}=\alpha,\quad P\{t>t_{\frac{\alpha}{2}}(n-1)\}=\frac{\alpha}{2},$$

得

$$P\{t>t_{0.025}(4)\}=0.025,$$

查 t 分布表得双侧 α 分位点

$$t_{\frac{\alpha}{2}}(n-1)=t_{0.025}(4)=2.776\ 4.$$

因为 $|t_0|>3>t_{0.025}(4)=2.776\ 4$,故应拒绝 H_0,即认为该仪器间接测量有系统偏差.

3) 双边检验与单边检验

在上面讨论的假设检验中,H_0 为 $\mu=\mu_0$,而备择假设 $H_1:\mu\neq\mu_0$ 意思是 μ 可能大于 μ_0,也可能小于 μ_0,称为**双边备择假设**,并称形如 $H_0:\mu=\mu_0$,$H_1:\mu\neq\mu_0$ 的假设检验为**双边检验**. 但有时我们只关心总体均值是否增大,例如试验新工艺以提高材料的强度,这时所考虑的总体均值应该越大越好,如果我们能判断在新工艺下总体均值比以往正常生产的总体均值大,则可考虑采用新工艺. 此时,我们需要检验假设:

$$H_0:\mu=\mu_0;\quad H_1:\mu>\mu_0\quad (\mu_0\ \text{为已知常数}). \tag{9.6}$$

在这里我们做了不言而喻的假定,即新工艺不可能比旧的更差.

形如(9.6)式的假设检验,称为**右边检验**.类似地,有时我们需要检验假设:

$$H_0:\mu=\mu_0;\quad H_1:\mu<\mu_0\quad(\mu_0\text{ 为已知常数}).\tag{9.7}$$

形如(9.7)式的假设检验,称为**左边检验**.右边检验与左边检验统称为**单边检验**.

下面来讨论单边检验的拒绝域.

我们首先考虑当方差已知时,数学期望的单边检验.

设总体 $X\sim N(\mu,\sigma^2)$,σ^2 为已知,$x_1,x_2,\cdots,x_n$ 是来自 X 的样本值.给定显著性水平 α,我们先求右边检验假设:

$$H_0:\mu=\mu_0;\quad H_1:\mu>\mu_0$$

的拒绝域.

选取检验统计量 $Z=\dfrac{\overline{X}-\mu_0}{\sigma/\sqrt{n}}$,当 H_0 为真时,Z 不应太大.而当 H_1 为真时,由于 $\overline{X}$ 是 μ 的无偏估计量,当 μ 偏大时,$\overline{X}$ 也偏大,从而 Z 往往偏大,因此拒绝域的形式为

$$Z=\frac{\overline{X}-\mu_0}{\sigma/\sqrt{n}}>k\quad(k\text{ 待定}).$$

又因为当 H_0 为真时,$\dfrac{\overline{X}-\mu_0}{\sigma/\sqrt{n}}\sim N(0,1)$,由

$$P\{\text{拒绝 }H_0\mid H_0\text{ 为真}\}=P\left\{\frac{\overline{X}-\mu_0}{\sigma/\sqrt{n}}>k\right\}=\alpha,$$

得 $k=z_\alpha$,故拒绝域为

$$Z=\frac{\overline{X}-\mu_0}{\sigma/\sqrt{n}}>z_\alpha.\tag{9.8}$$

类似地,左边检验假设:

$$H_0:\mu=\mu_0;\quad H_1:\mu<\mu_0$$

的拒绝域为

$$Z=\frac{\overline{X}-\mu_0}{\sigma/\sqrt{n}}<-z_\alpha.\tag{9.9}$$

例 9.4 从甲地发送一个信号到乙地,设发送的信号值为 μ.由于信号传送时有噪声叠加到信号上,这个噪声是随机的,它服从正态分布 $N(0,2^2)$,从而乙地接到的信号值是一个服从正态分布 $N(\mu,2^2)$ 的随机变量.设甲地发送某信号 5 次,乙地收到的信号值为

$$8.4,\quad 10.5,\quad 9.1,\quad 9.6,\quad 9.9.$$

根据以往经验,信号值为 8,于是乙方猜测甲地发送的信号值为 8,问:能否接受这种猜测(取显著性水平 $\alpha=0.05$)?

解 按题意,需检验假设:

$$H_0:\mu=8;\quad H_1:\mu>8.$$

这是右边检验问题,其拒绝域如(9.8)式所示,即

$$Z=\frac{\overline{X}-\mu_0}{\sigma/\sqrt{n}}>z_{0.05}=1.645.$$

而现在

$$z_0=\frac{9.5-8}{2/\sqrt{5}}\approx 1.677>1.645,$$

所以拒绝 H_0,即认为发出的信号值 $\mu>8$.

2. 单个正态总体方差的假设检验（χ^2 检验法）

1）双边检验

设总体 $X \sim N(\mu, \sigma^2)$，μ 未知，检验假设：
$$H_0: \sigma^2 = \sigma_0^2; \quad H_1: \sigma^2 \neq \sigma_0^2,$$

其中 σ_0^2 为已知常数.

由于样本方差 S^2 是 σ^2 的无偏估计量，因此当 H_0 为真时，比值 $\dfrac{S^2}{\sigma_0^2}$ 一般来说应在 1 附近摆动，而不应过分大于 1 或过分小于 1. 由第 7 章可知，当 H_0 为真时，

$$\chi^2 = \frac{(n-1)S^2}{\sigma_0^2} \sim \chi^2(n-1), \tag{9.10}$$

所以对于给定的显著性水平 α，有（见图 9-3）

$$P\{\chi^2_{1-\frac{\alpha}{2}}(n-1) \leqslant \chi^2 \leqslant \chi^2_{\frac{\alpha}{2}}(n-1)\} = 1 - \alpha. \tag{9.11}$$

又对于给定的 α，查 χ^2 分布表（见附表 5）可求得 χ^2 分布的分位点 $\chi^2_{1-\frac{\alpha}{2}}(n-1)$ 与 $\chi^2_{\frac{\alpha}{2}}(n-1)$，故由 (9.11) 式可知，$H_0$ 的接受域为

$$\chi^2_{1-\frac{\alpha}{2}}(n-1) \leqslant \chi^2 \leqslant \chi^2_{\frac{\alpha}{2}}(n-1), \tag{9.12}$$

H_0 的拒绝域为

$$\chi^2 < \chi^2_{1-\frac{\alpha}{2}}(n-1) \quad \text{或} \quad \chi^2 > \chi^2_{\frac{\alpha}{2}}(n-1). \tag{9.13}$$

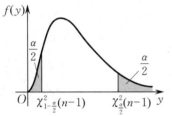

图 9-3

这种用服从 χ^2 分布的统计量对单个正态总体方差进行假设检验的方法，称为 χ^2 **检验法**.

> **例 9.5** 某厂生产的某种型号的电池，其寿命（单位:h）长期以来服从方差为 $\sigma^2 = 5\,000$ 的正态分布. 现有一批这种电池，从它的生产情况来看，寿命的波动性有所改变，现随机抽取 26 只电池，测得其寿命的样本方差为 $s^2 = 9\,200$. 问：根据这一数据，能否推断这批电池的寿命的波动性较以往有显著性变化（取显著性水平 $\alpha = 0.02$）？
>
> **解** 本题要求在 $\alpha = 0.02$ 下检验假设：
> $$H_0: \sigma^2 = 5\,000; \quad H_1: \sigma^2 \neq 5\,000.$$
> 此时 $n = 26$，$\alpha = 0.02$，查附表 5 得
> $$\chi^2_{\frac{\alpha}{2}}(n-1) = \chi^2_{0.01}(25) = 44.314, \quad \chi^2_{1-\frac{\alpha}{2}}(n-1) = \chi^2_{0.99}(25) = 11.524,$$
> 故由 (9.13) 式可知，拒绝域为
> $$\frac{(n-1)S^2}{\sigma_0^2} > 44.314 \quad \text{或} \quad \frac{(n-1)S^2}{\sigma_0^2} < 11.524.$$
> 由样本方差 $s^2 = 9\,200$，$\sigma_0^2 = 5\,000$，得 $\dfrac{(n-1)s^2}{\sigma_0^2} = 46 > 44.314$，所以拒绝 H_0，即认为这批电池的寿命的波动性较以往有显著性变化.

2）单边检验（右边检验或左边检验）

设总体 $X \sim N(\mu, \sigma^2)$，μ 未知，检验假设（右边检验）：
$$H_0: \sigma^2 \leqslant \sigma_0^2; \quad H_1: \sigma^2 > \sigma_0^2.$$

由于 $X \sim N(\mu, \sigma^2)$，故随机变量

$$\chi^{*2} = \frac{(n-1)S^2}{\sigma^2} \sim \chi^2(n-1).$$

当 H_0 为真时,统计量

$$\chi^2 = \frac{(n-1)S^2}{\sigma_0^2} \leqslant \chi^{*2}.$$

又对于显著性水平 α,有(见图 9-4)

$$P\{\chi^{*2} > \chi_\alpha^2(n-1)\} = \alpha,$$

于是

$$P\{\chi^2 > \chi_\alpha^2(n-1)\} \leqslant P\{\chi^{*2} > \chi_\alpha^2(n-1)\} = \alpha.$$

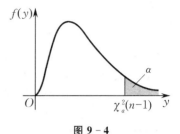

图 9-4

可见,当 α 很小时,$\{\chi^2 > \chi_\alpha^2(n-1)\}$ 是小概率事件,在一次抽样中认为不可能发生,所以 H_0 的拒绝域为

$$\chi^2 = \frac{(n-1)S^2}{\sigma_0^2} > \chi_\alpha^2(n-1) \quad \text{(右边检验)}. \tag{9.14}$$

类似地,可得左检验假设:$H_0:\sigma^2 \geqslant \sigma_0^2$;$H_1:\sigma^2 < \sigma_0^2$ 的拒绝域为

$$\chi^2 < \chi_{1-\alpha}^2(n-1) \quad \text{(左边检验)}. \tag{9.15}$$

例 9.6 今进行某项工艺革新,从革新后的产品中抽取 25 个零件,测量其直径(单位:mm),计算得样本方差为 $s^2 = 0.00066$.已知革新前零件直径的方差为 $\sigma^2 = 0.0012$,设零件直径服从正态分布,问:革新后生产的零件直径的方差是否显著性减小(取显著性水平 $\alpha = 0.05$)?

解 (1) 提出假设:

$$H_0:\sigma^2 \geqslant \sigma_0^2 = 0.0012; \quad H_1:\sigma^2 < \sigma_0^2.$$

(2) 选取统计量

$$\chi^2 = \frac{(n-1)S^2}{\sigma_0^2},$$

$\chi^{*2} = \dfrac{(n-1)S^2}{\sigma^2} \sim \chi^2(n-1)$,当 H_0 为真时,$\chi^{*2} \leqslant \chi^2$.

(3) 对于显著性水平 $\alpha = 0.05$,查 χ^2 分布表,得

$$\chi_{1-\alpha}^2(n-1) = \chi_{0.95}^2(24) = 13.848.$$

当 H_0 为真时,

$$P\{\chi^2 < \chi_{1-\alpha}^2(n-1)\} \leqslant P\left\{\frac{(n-1)S^2}{\sigma^2} < \chi_{1-\alpha}^2(n-1)\right\} = \alpha,$$

故拒绝域为

$$\chi^2 < \chi_{1-\alpha}^2(n-1) = 13.848.$$

(4) 根据样本值计算 χ^2 的观察值

$$\chi^2 = \frac{(n-1)s^2}{\sigma_0^2} = \frac{24 \times 0.00066}{0.0012} = 13.2.$$

(5) 做判断:由于 $\chi^2 = 13.2 < \chi_{1-\alpha}^2(n-1) = 13.848$,即 χ^2 落入拒绝域内,所以拒绝原假设 $H_0:\sigma^2 \geqslant \sigma_0^2$,即认为革新后生产的零件直径的方差小于革新前生产的零件直径的方差.

最后我们指出,以上讨论的是在数学期望 μ 未知的情况下,对于方差 σ^2 的假设检验,这种情况在实际问题中较多.至于在数学期望 μ 已知的情况下,对于方差 σ^2 的假设检验,其方法类似,只是所选的统计量为

$$\chi^2 = \frac{\sum_{i=1}^{n}(X_i - \mu)^2}{\sigma_0^2}.$$

当 $\sigma^2 = \sigma_0^2$ 为真时,$\chi^2 \sim \chi^2(n)$.

综上所述,关于单个正态总体的假设检验的各种情况如表 9-2 所示.

表 9-2

检验参数	条件	H_0	H_1	H_0 的拒绝域	检验用的统计量	自由度	分位点
数学期望	σ^2 已知	$\mu = \mu_0$ $\mu \leqslant \mu_0$ $\mu \geqslant \mu_0$	$\mu \neq \mu_0$ $\mu > \mu_0$ $\mu < \mu_0$	$\|Z\| > z_{\frac{\alpha}{2}}$ $Z > z_\alpha$ $Z < -z_\alpha$	$Z = \dfrac{\overline{X} - \mu_0}{\sigma/\sqrt{n}}$		$\pm z_{\frac{\alpha}{2}}$ z_α $-z_\alpha$
数学期望	σ^2 未知	$\mu = \mu_0$ $\mu \leqslant \mu_0$ $\mu \geqslant \mu_0$	$\mu \neq \mu_0$ $\mu > \mu_0$ $\mu < \mu_0$	$\|t\| > t_{\frac{\alpha}{2}}$ $t > t_\alpha$ $t < -t_\alpha$	$t = \dfrac{\overline{X} - \mu_0}{S/\sqrt{n}}$	$n-1$	$\pm t_{\frac{\alpha}{2}}$ t_α $-t_\alpha$
方差	μ 未知	$\sigma^2 = \sigma_0^2$ $\sigma^2 \leqslant \sigma_0^2$ $\sigma^2 \geqslant \sigma_0^2$	$\sigma^2 \neq \sigma_0^2$ $\sigma^2 > \sigma_0^2$ $\sigma^2 < \sigma_0^2$	$\chi^2 > \chi^2_{\frac{\alpha}{2}}$ 或 $\chi^2 < \chi^2_{1-\frac{\alpha}{2}}$ $\chi^2 > \chi^2_\alpha$ $\chi^2 < \chi^2_{1-\alpha}$	$\chi^2 = \dfrac{(n-1)S^2}{\sigma_0^2}$	$n-1$	$\begin{cases} \chi^2_{\frac{\alpha}{2}} \\ \chi^2_{1-\frac{\alpha}{2}} \end{cases}$ χ^2_α $\chi^2_{1-\alpha}$
方差	μ 已知	$\sigma^2 = \sigma_0^2$ $\sigma^2 \leqslant \sigma_0^2$ $\sigma^2 \geqslant \sigma_0^2$	$\sigma^2 \neq \sigma_0^2$ $\sigma^2 > \sigma_0^2$ $\sigma^2 < \sigma_0^2$	$\chi^2 > \chi^2_{\frac{\alpha}{2}}$ 或 $\chi^2 < \chi^2_{1-\frac{\alpha}{2}}$ $\chi^2 > \chi^2_\alpha$ $\chi^2 < \chi^2_{1-\alpha}$	$\chi^2 = \dfrac{\sum_{i=1}^{n}(X_i - \mu)^2}{\sigma_0^2}$	n	$\begin{cases} \chi^2_{\frac{\alpha}{2}} \\ \chi^2_{1-\frac{\alpha}{2}} \end{cases}$ χ^2_α $\chi^2_{1-\alpha}$

注 上表中 H_0 中的不等号改成等号,所得的拒绝域不变.

§9.3 两个正态总体的假设检验

在实际工作中,我们还经常碰到两个正态总体的数学期望和方差的比较问题.

1. 两个正态总体数学期望的假设检验

1) 方差 σ_1^2, σ_2^2 已知时,关于数学期望的假设检验(Z 检验法)

设总体 $X \sim N(\mu_1, \sigma_1^2)$,$Y \sim N(\mu_2, \sigma_2^2)$,且 X 与 Y 相互独立,σ_1^2 与 σ_2^2 已知,要检验假设:
$$H_0: \mu_1 = \mu_2; \quad H_1: \mu_1 \neq \mu_2 \quad (双边检验).$$

怎样寻找检验用的统计量呢?从总体 X 与 Y 中分别抽取容量为 n_1, n_2 的样本 $X_1, X_2, \cdots, X_{n_1}$ 及 $Y_1, Y_2, \cdots, Y_{n_2}$,由于

$$\overline{X} \sim N\left(\mu_1, \frac{\sigma_1^2}{n_1}\right), \quad \overline{Y} \sim N\left(\mu_2, \frac{\sigma_2^2}{n_2}\right),$$

$$E(\overline{X} - \overline{Y}) = E(\overline{X}) - E(\overline{Y}) = \mu_1 - \mu_2,$$

$$D(\overline{X} - \overline{Y}) = D(\overline{X}) + D(\overline{Y}) = \frac{\sigma_1^2}{n_1} + \frac{\sigma_2^2}{n_2},$$

故随机变量 $\overline{X} - \overline{Y}$ 也服从正态分布,即

$$\overline{X} - \overline{Y} \sim N\left(\mu_1 - \mu_2, \frac{\sigma_1^2}{n_1} + \frac{\sigma_2^2}{n_2}\right),$$

从而

$$\frac{(\overline{X} - \overline{Y}) - (\mu_1 - \mu_2)}{\sqrt{\frac{\sigma_1^2}{n_1} + \frac{\sigma_2^2}{n_2}}} \sim N(0, 1).$$

于是,我们按如下步骤进行判断:

(1) 选取统计量

$$Z = \frac{\overline{X} - \overline{Y}}{\sqrt{\frac{\sigma_1^2}{n_1} + \frac{\sigma_2^2}{n_2}}}, \tag{9.16}$$

当 H_0 为真时,$Z \sim N(0,1)$.

(2) 对于给定的显著性水平 α,查附表 2,求 $z_{\frac{\alpha}{2}}$,有

$$P\{|Z| > z_{\frac{\alpha}{2}}\} = \alpha \quad 或 \quad P\{|Z| \leqslant z_{\frac{\alpha}{2}}\} = 1 - \alpha. \tag{9.17}$$

(3) 由两个样本值计算 Z 的观察值 z_0,即

$$z_0 = \frac{\overline{x} - \overline{y}}{\sqrt{\frac{\sigma_1^2}{n_1} + \frac{\sigma_2^2}{n_2}}}.$$

(4) 做出判断:若 $|z_0| > z_{\frac{\alpha}{2}}$,则拒绝 H_0,接受 H_1;若 $|z_0| \leqslant z_{\frac{\alpha}{2}}$,则与 H_0 相容,接受 H_0.

例 9.7 A,B 两台车床加工同一种轴,现在要测量轴的椭圆度(单位:mm).设 A 车床加工的轴的椭圆度 $X \sim N(\mu_1, \sigma_1^2)$,B 车床加工的轴的椭圆度 $Y \sim N(\mu_2, \sigma_2^2)$,且 $\sigma_1^2 = 0.0006$,$\sigma_2^2 = 0.0038$,现从 A,B 两台车床加工的轴中分别测量了 $n_1 = 200$,$n_2 = 150$ 根轴的椭圆度,并计算得样本均值分别为 $\overline{x} = 0.081$,$\overline{y} = 0.060$.试问:这两台车床加工的轴的椭圆度是否有显著性差异(取显著性水平 $\alpha = 0.05$)?

解 (1) 提出假设:

$$H_0: \mu_1 = \mu_2; \quad H_1: \mu_1 \neq \mu_2.$$

(2) 选取统计量

$$Z = \frac{\overline{X} - \overline{Y}}{\sqrt{\frac{\sigma_1^2}{n_1} + \frac{\sigma_2^2}{n_2}}},$$

当 H_0 为真时,$Z \sim N(0,1)$.

(3) 对于给定的显著性水平 $\alpha = 0.05$,查附表 2 可知 $z_{\frac{\alpha}{2}} = z_{0.025} = 1.96$.

(4) 计算统计量 Z 的观察值 z_0,得

$$z_0 = \frac{\overline{x} - \overline{y}}{\sqrt{\frac{\sigma_1^2}{n_1} + \frac{\sigma_2^2}{n_2}}} = \frac{0.081 - 0.060}{\sqrt{(0.0006/200) + (0.0038/150)}} \approx 3.95.$$

(5) 做判断：由于 $|z_0|=3.95>1.96=z_{\frac{\alpha}{2}}$，即落入拒绝域内，故拒绝 H_0。也就是说，在显著性水平 $\alpha=0.05$ 下，认为两台车床加工的轴的椭圆度有显著性差异。

用 Z 检验法对两个正态总体的数学期望做假设检验时，必须知道总体方差，但在许多实际问题中，总体方差 σ_1^2 与 σ_2^2 往往是未知的，这时只能用下面介绍的 t 检验法。

2）方差 σ_1^2, σ_2^2 未知时，关于数学期望的假设检验（t 检验法）

设两个正态总体 X 与 Y 相互独立，$X \sim N(\mu_1, \sigma_1^2)$，$Y \sim N(\mu_2, \sigma_2^2)$，$\sigma_1^2, \sigma_2^2$ 未知，但已知 $\sigma_1^2 = \sigma_2^2$，检验假设：

$$H_0: \mu_1 = \mu_2; \quad H_1: \mu_1 \neq \mu_2 \quad （双边检验）.$$

从总体 X, Y 中分别抽取样本 $X_1, X_2, \cdots, X_{n_1}$ 与 $Y_1, Y_2, \cdots, Y_{n_2}$，则随机变量

$$t = \frac{(\overline{X} - \overline{Y}) - (\mu_1 - \mu_2)}{S_W \sqrt{\frac{1}{n_1} + \frac{1}{n_2}}} \sim t(n_1 + n_2 - 2),$$

式中 $S_W^2 = \dfrac{(n_1-1)S_1^2 + (n_2-1)S_2^2}{n_1 + n_2 - 2}$，$S_1^2, S_2^2$ 分别是 X 与 Y 的样本方差。

(1) 当假设 H_0 为真时，统计量

$$t = \frac{\overline{X} - \overline{Y}}{S_W \sqrt{\frac{1}{n_1} + \frac{1}{n_2}}} \sim t(n_1 + n_2 - 2). \tag{9.18}$$

(2) 对于给定的显著性水平 α，查附表 4 得 $t_{\frac{\alpha}{2}}(n_1 + n_2 - 2)$，有

$$P\{|t| > t_{\frac{\alpha}{2}}(n_1 + n_2 - 2)\} = \alpha. \tag{9.19}$$

(3) 由样本值计算 t 的观察值 t_0，得

$$t_0 = \frac{\overline{x} - \overline{y}}{s_W \sqrt{\frac{1}{n_1} + \frac{1}{n_2}}}. \tag{9.20}$$

(4) 做出判断：若 $|t_0| > t_{\frac{\alpha}{2}}(n_1 + n_2 - 2)$，则拒绝 H_0；若 $|t_0| \leqslant t_{\frac{\alpha}{2}}(n_1 + n_2 - 2)$，则接受 H_0。

例 9.8 在一台自动车床上加工直径为 2.050 mm 的轴，现在每相隔两小时，各取容量都为 10 的样本，所得数据（单位：mm）如表 9-3 所示。

表 9-3

零件加工编号	1	2	3	4	5	6	7	8	9	10
第一个样本	2.066	2.063	2.068	2.060	2.067	2.063	2.059	2.062	2.062	2.060
第二个样本	2.063	2.060	2.057	2.056	2.059	2.058	2.062	2.059	2.059	2.057

假设直径服从正态分布，由于样本是取自同一台车床，可以认为 $\sigma_1^2 = \sigma_2^2 = \sigma^2$，而 σ^2 是未知常数。问：这台自动车床的工作是否稳定（取显著性水平 $\alpha = 0.01$）？

解 这里实际上是已知 $\sigma_1^2 = \sigma_2^2 = \sigma^2$，但 σ^2 未知的情况下检验假设：

$$H_0: \mu_1 = \mu_2; \quad H_1: \mu_1 \neq \mu_2.$$

我们用 t 检验法，由样本值算得

$$\overline{x} = 2.063, \quad \overline{y} = 2.059,$$
$$s_1^2 = 0.000\,009\,56, \quad s_2^2 = 0.000\,004\,89,$$
$$s_W^2 = \frac{9 \times s_1^2 + 9 \times s_2^2}{10 + 10 - 2} = \frac{0.000\,086\,04 + 0.000\,044\,01}{18} \approx 0.000\,007\,2.$$

由(9.20)式计算得

$$t_0 = \frac{2.063 - 2.059}{\sqrt{0.000\,007\,2 \times \frac{2}{10}}} \approx 3.333\,3.$$

对于 $\alpha = 0.01$，查自由度为 18 的 t 分布表得 $t_{0.005}(18) = 2.878\,4$. 由于 $|t_0| \approx 3.333\,3 > t_{0.005}(18) = 2.878\,4$，于是拒绝原假设 $H_0: \mu_1 = \mu_2$. 这说明，两个样本在生产上是有差异的，可能这台自动车床受时间的影响而生产不稳定.

2. 两个正态总体方差的假设检验

1) 双边检验

设两个正态总体 $X \sim N(\mu_1, \sigma_1^2), Y \sim N(\mu_2, \sigma_2^2), X$ 与 Y 相互独立，$X_1, X_2, \cdots, X_{n_1}$ 与 $Y_1, Y_2, \cdots, Y_{n_2}$ 分别是来自这两个总体的样本，且 μ_1 与 μ_2 未知. 现在要检验假设：

$$H_0: \sigma_1^2 = \sigma_2^2; \quad H_1: \sigma_1^2 \neq \sigma_2^2 \quad \text{（双边检验）}.$$

在原假设 H_0 成立的条件下，两个样本方差的比值应该在 1 附近随机地摆动，所以这个比值不能太大也不能太小. 于是，我们选取统计量

$$F = \frac{S_1^2}{S_2^2}. \tag{9.21}$$

显然，只有当 F 接近 1 时，才认为有 $\sigma_1^2 = \sigma_2^2$.

首先，由于随机变量 $F^* = \dfrac{S_1^2/\sigma_1^2}{S_2^2/\sigma_2^2} \sim F(n_1 - 1, n_2 - 1)$，所以当假设 $H_0: \sigma_1^2 = \sigma_2^2$ 成立时，有统计量

$$F = \frac{S_1^2}{S_2^2} \sim F(n_1 - 1, n_2 - 1).$$

其次，对于给定的显著性水平 α，可以由 F 分布表（见附表 6），求得临界值

$$F_{1-\frac{\alpha}{2}}(n_1 - 1, n_2 - 1) \quad \text{与} \quad F_{\frac{\alpha}{2}}(n_1 - 1, n_2 - 1),$$

使得（见图 9-5）

$$P\{F_{1-\frac{\alpha}{2}}(n_1 - 1, n_2 - 1) \leqslant F \leqslant F_{\frac{\alpha}{2}}(n_1 - 1, n_2 - 1)\} = 1 - \alpha.$$

由此可知，H_0 的接受域为

$$F_{1-\frac{\alpha}{2}}(n_1 - 1, n_2 - 1) \leqslant F \leqslant F_{\frac{\alpha}{2}}(n_1 - 1, n_2 - 1),$$

而 H_0 的拒绝域为

$$F < F_{1-\frac{\alpha}{2}}(n_1 - 1, n_2 - 1)$$

或

$$F > F_{\frac{\alpha}{2}}(n_1 - 1, n_2 - 1).$$

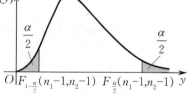

图 9-5

最后，根据样本值计算统计量 F 的观察值 f_0，若 f_0 落在拒绝域内，则拒绝 H_0，接受 H_1；若 f_0 落在拒绝域外，则接受 H_0.

例 9.9 在例 9.8 中，我们认为两个总体的方差 $\sigma_1^2 = \sigma_2^2$，它们是否真的相等呢？为此，我们来检验假设：

$$H_0: \sigma_1^2 = \sigma_2^2 \quad \text{（取显著性水平 } \alpha = 0.1\text{）}.$$

解 这里 $n_1 = n_2 = 10, s_1^2 = 0.000\,009\,56, s_2^2 = 0.000\,004\,89$，于是统计量 F 的观察值为

$$f_0 = \frac{0.000\,009\,56}{0.000\,004\,89} \approx 1.96.$$

对于 $\alpha = 0.1$,查 F 分布表得

$$F_{\frac{\alpha}{2}}(n_1-1,n_2-1) = F_{0.05}(9,9) = 3.18,$$

$$F_{1-\frac{\alpha}{2}}(n_1-1,n_2-1) = F_{0.95}(9,9) = \frac{1}{F_{0.05}(9,9)} = \frac{1}{3.18}.$$

由样本值算出的 f_0 满足

$$F_{0.95}(9,9) = \frac{1}{3.18} < f_0 \approx 1.96 < 3.18 = F_{0.05}(9,9),$$

可见它落在拒绝域外,因此接受原假设 $H_0: \sigma_1^2 = \sigma_2^2$,即认为两个总体的方差无显著性差异.

注 当 μ_1 与 μ_2 已知时,要检验假设 $H_0: \sigma_1^2 = \sigma_2^2$,其检验方法类同数学期望未知的情况,此时所采用的检验统计量为

$$F = \frac{\frac{1}{n_1}\sum_{i=1}^{n_1}(X_i-\mu_1)^2}{\frac{1}{n_2}\sum_{i=1}^{n_2}(Y_i-\mu_2)^2} \sim F(n_1,n_2).$$

2) 单边检验

对于单边检验可做类似的讨论,限于篇幅,这里不做介绍了,具体结论参看表 9-4.

综上所述,关于两个正态总体的假设检验的各种情况如表 9-4 所示.

表 9-4

检验参数	条件	H_0	H_1	H_0 的拒绝域	检验用的统计量	自由度	分位点
数学期望	σ_1^2, σ_2^2 已知	$\mu_1 = \mu_2$ $\mu_1 \leq \mu_2$ $\mu_1 \geq \mu_2$	$\mu_1 \neq \mu_2$ $\mu_1 > \mu_2$ $\mu_1 < \mu_2$	$\|Z\| > z_{\frac{\alpha}{2}}$ $Z > z_\alpha$ $Z < -z_\alpha$	$Z = \dfrac{\overline{X}-\overline{Y}}{\sqrt{\dfrac{\sigma_1^2}{n_1}+\dfrac{\sigma_2^2}{n_2}}}$		$\pm z_{\frac{\alpha}{2}}$ z_α $-z_\alpha$
	σ_1^2, σ_2^2 未知, $\sigma_1^2 = \sigma_2^2$	$\mu_1 = \mu_2$ $\mu_1 \leq \mu_2$ $\mu_1 \geq \mu_2$	$\mu_1 \neq \mu_2$ $\mu_1 > \mu_2$ $\mu_1 < \mu_2$	$\|t\| > t_{\frac{\alpha}{2}}$ $t > t_\alpha$ $t < -t_\alpha$	$t = \dfrac{\overline{X}-\overline{Y}}{S_W\sqrt{\dfrac{1}{n_1}+\dfrac{1}{n_2}}}$	n_1+n_2-2	$\pm t_{\frac{\alpha}{2}}$ t_α $-t_\alpha$
方差	μ_1, μ_2 未知	$\sigma_1^2 = \sigma_2^2$ $\sigma_1^2 \leq \sigma_2^2$ $\sigma_1^2 \geq \sigma_2^2$	$\sigma_1^2 \neq \sigma_2^2$ $\sigma_1^2 > \sigma_2^2$ $\sigma_1^2 < \sigma_2^2$	$F > F_{\frac{\alpha}{2}}$ 或 $F < F_{1-\frac{\alpha}{2}}$ $F > F_\alpha$ $F < F_{1-\alpha}$	$F = \dfrac{S_1^2}{S_2^2}$	(n_1-1, n_2-1)	$F_{\frac{\alpha}{2}}$ 或 $F_{1-\frac{\alpha}{2}}$ F_α $F_{1-\alpha}$
	μ_1, μ_2 已知	$\sigma_1^2 = \sigma_2^2$ $\sigma_1^2 \leq \sigma_2^2$ $\sigma_1^2 \geq \sigma_2^2$	$\sigma_1^2 \neq \sigma_2^2$ $\sigma_1^2 > \sigma_2^2$ $\sigma_1^2 < \sigma_2^2$	$F > F_{\frac{\alpha}{2}}$ 或 $F < F_{1-\frac{\alpha}{2}}$ $F > F_\alpha$ $F < F_{1-\alpha}$	$F = \dfrac{\frac{1}{n_1}\sum_{i=1}^{n_1}(X_i-\mu_1)^2}{\frac{1}{n_2}\sum_{i=1}^{n_2}(Y_i-\mu_2)^2}$	(n_1, n_2)	$F_{\frac{\alpha}{2}}$ 或 $F_{1-\frac{\alpha}{2}}$ F_α $F_{1-\alpha}$

§9.4 总体分布的 χ^2 检验法

前面我们讨论参数的检验问题,均假设总体分布为已知.然而,在实际问题中,有时并不知道总体服从什么分布,此时就要根据样本来检验关于总体分布的假设.例如,检验假设:总体服从正态分布.本节主要介绍 χ^2 检验法.

χ^2 检验法即指在总体分布未知时,根据样本值 $x_1, x_2, \cdots, x_n$ 来检验关于总体分布的假设:

$$H_0: 总体 X 的分布函数为 F(x); \quad H_1: 总体 X 的分布函数不是 F(x) \qquad (9.22)$$

的一种方法(这里的备择假设 H_1 可不必写出).

特别地,若总体 X 为离散型,则假设(9.22)相当于

$$H_0: 总体 X 的分布律为 P\{X = x_i\} = p_i \quad (i = 1, 2, \cdots); \qquad (9.23)$$

若总体 X 为连续型,则假设(9.22)相当于

$$H_0: 总体 X 的密度函数为 f(x). \qquad (9.24)$$

在用 χ^2 检验法检验假设 H_0 时,若在原假设 H_0 成立的情形下,$F(x)$ 的形式已知,而其参数值未知,则此时需先用极大似然估计法估计参数,然后再做检验.

χ^2 检验法的基本思想与方法如下:

(1) 将随机试验可能结果的全体 Ω 分为 k 个互不相容的事件 $A_1, A_2, \cdots, A_k$,即 $\bigcup_{i=1}^{k} A_i = \Omega$,$A_i A_j = \varnothing (i \neq j; i, j = 1, 2, \cdots, k)$,于是当 H_0 为真时,可以估计概率

$$\hat{p}_i = P(A_i) \quad (i = 1, 2, \cdots, k).$$

(2) 寻找用于检验的统计量及相应的分布,在 n 次试验中,事件 A_i 出现的频率 $\dfrac{f_i}{n}$ 与概率 $\hat{p}_i$ 往往有差异,但由大数定律可以知道,如果样本容量 n 较大(一般要求 n 至少为 50,最好在 100 以上),那么在 H_0 成立的条件下 $\left| \dfrac{f_i}{n} - \hat{p}_i \right|$ 的值应该比较小.基于这种想法,皮尔逊使用

$$\chi^2 = \sum_{i=1}^{k} \frac{(f_i - n\hat{p}_i)^2}{n\hat{p}_i} \qquad (9.25)$$

作为检验 H_0 的统计量,并证明了如下定理:

定理 9.1 若 n 充分大($n \geqslant 50$),则当 H_0 为真时(不论 H_0 中的分布属于什么分布),统计量(9.25)总是近似地服从自由度为 $k - r - 1$ 的 χ^2 分布,其中 r 是被估计的参数的个数.

(3) 对于给定的显著性水平 α,查 χ^2 分布表确定临界值 $\chi_\alpha^2(k-r-1)$,使得

$$P\{\chi^2 > \chi_\alpha^2(k-r-1)\} = \alpha,$$

从而得到 H_0 的拒绝域为

$$\chi^2 > \chi_\alpha^2(k-r-1).$$

(4) 由样本值 $x_1, x_2, \cdots, x_n$ 计算 χ^2 的观察值,并与 $\chi_\alpha^2(k-r-1)$ 比较.

(5) 做结论:若 $\chi^2 > \chi_\alpha^2(k-r-1)$,则拒绝 H_0,即不能认为总体分布函数为 $F(x)$;否则,接受 H_0.

例 9.10 一本书的一页中印刷错误的个数 X 是一个随机变量,现检查了一本书中的 100 页,记录每页中印刷错误的个数,其结果如表 9-5 所示,其中 f_i 是观察到有 i 个错误的页数. 问: 能否认为一页书中的错误个数 X 服从泊松分布(取显著性水平 $\alpha=0.05$)?

表 9-5

错误个数 i	0	1	2	3	4	5	6	$\geqslant 7$
页数 f_i	36	40	19	2	0	2	1	0
A_i	A_0	A_1	A_2	A_3	A_4	A_5	A_6	A_7

解 由题意,提出假设:

H_0:总体 X 服从泊松分布.

假设 H_0 相当于

$$P\{X=i\} = \frac{e^{-\lambda}\lambda^i}{i!} \quad (i=0,1,2,\cdots),$$

这里 H_0 中的参数 λ 为未知,所以需先来估计参数. 由极大似然估计法得

$$\hat{\lambda} = \bar{x} = \frac{0\times 36 + 1\times 40 + \cdots + 6\times 1 + 7\times 0}{100} = 1.$$

将试验结果的全体分为两两不相容的事件 $A_0, A_1, \cdots, A_7$. 若 H_0 为真,则 $P\{X=i\}$ 有估计

$$\hat{p}_i = \hat{P}\{X=i\} = \frac{e^{-1}1^i}{i!} = \frac{e^{-1}}{i!} \quad (i=0,1,2,\cdots).$$

例如,

$$\hat{p}_0 = \hat{P}\{X=0\} = e^{-1},$$
$$\hat{p}_1 = \hat{P}\{X=1\} = e^{-1},$$
$$\hat{p}_2 = \hat{P}\{X=2\} = \frac{e^{-1}}{2},$$
$$\cdots\cdots$$
$$\hat{p}_7 = \hat{P}\{X \geqslant 7\} = 1 - \sum_{i=0}^{6}\hat{p}_i = 1 - \sum_{i=1}^{6}\frac{e^{-1}}{i!}.$$

计算结果如表 9-6 所示. 将其中有些 $n\hat{p}_i < 5$ 的组予以适当合并,使得新的每一组内均有 $n\hat{p}_i \geqslant 5$,如表 9-6 所示,此处合并后 $k=4$,但因在计算概率时,估计了一个未知参数 λ,故

$$\chi^2 = \sum_{i=0}^{3}\frac{(f_i - n\hat{p}_i)^2}{n\hat{p}_i} \sim \chi^2(4-1-1).$$

计算结果为 $\chi^2 = 1.460$(见表 9-6). 因为

$$\chi_\alpha^2(4-1-1) = \chi_{0.05}^2(2) = 5.991 > 1.460,$$

所以在显著性水平为 0.05 下接受 H_0,即认为总体服从泊松分布.

表 9-6

A_i	f_i	$\hat{p}_i$	$n\hat{p}_i$	$f_i - n\hat{p}_i$	$(f_i - n\hat{p}_i)^2 / n\hat{p}_i$
A_0	36	e^{-1}	36.788	-0.788	0.017
A_1	40	e^{-1}	36.788	3.212	0.280
A_2	19	$\dfrac{e^{-1}}{2}$	18.394	0.606	0.020

续表

A_i	f_i	$\hat{p}_i$	$n\hat{p}_i$	$f_i - n\hat{p}_i$	$(f_i - n\hat{p}_i)^2/n\hat{p}_i$
A_3	2	$\dfrac{e^{-1}}{6}$	6.131		
A_4	0	$\dfrac{e^{-1}}{24}$	1.533		
A_5	2	$\dfrac{e^{-1}}{120}$	0.307	-3.03	1.143
A_6	1	$\dfrac{e^{-1}}{720}$	0.051		
A_7	0	$1 - \sum_{i=1}^{6}\hat{p}_i$	0.008		
$\sum$					1.460

例 9.11 研究混凝土抗压强度的分布. 200 件混凝土制件的抗压强度以分组形式列出 (见表 9-7),其中 $n = \sum_{i=1}^{6} f_i = 200$. 要求在给定的显著性水平 $\alpha = 0.05$ 下检验假设:

$$H_0: \text{抗压强度 } X \sim N(\mu, \sigma^2).$$

表 9-7

压强区间(kPa)	频数 f_i
(190, 200]	10
(200, 210]	26
(210, 220]	56
(220, 230]	64
(230, 240]	30
(240, 250]	14

解 原假设 H_0 所定的正态分布的参数是未知的,我们需先求 μ 与 σ^2 的极大似然估计值. 由第 8 章可知, μ 与 σ^2 的极大似然估计值分别为

$$\hat{\mu} = \overline{x}, \quad \hat{\sigma}^2 = \frac{1}{n}\sum_{i=1}^{n}(x_i - \overline{x})^2.$$

设 $x_i^* \ (i = 1, 2, \cdots, 6)$ 为第 i 组的中值,则有

$$\overline{x} = \frac{1}{n}\sum_{i=1}^{6} x_i^* f_i = \frac{195 \times 10 + 205 \times 26 + \cdots + 245 \times 14}{200} = 221,$$

$$\hat{\sigma}^2 = \frac{1}{n}\sum_{i=1}^{6}(x_i^* - \overline{x})^2 f_i = \frac{1}{200}\left[(-26)^2 \times 10 + (-16)^2 \times 26 + \cdots + 24^2 \times 14\right] = 152,$$

从而 $\hat{\sigma} \approx 12.33$.

原假设 H_0 可改写成: X 服从正态分布 $N(221, 12.33^2)$. 若 H_0 为真,计算每个区间的概率估计值:

$$\hat{p}_i = P\{a_{i-1} < X \leqslant a_i\} = \Phi(\mu_i) - \Phi(\mu_{i-1}) \quad (i = 1, 2, \cdots, 6),$$

其中

$$\mu_i = \frac{a_i - \overline{x}}{\hat{\sigma}} \quad (i=1,2,3,4,5), \quad \mu_0 = -\infty, \quad \mu_6 = +\infty,$$

$$\Phi(\mu_i) = \frac{1}{\sqrt{2\pi}} \int_{-\infty}^{\mu_i} e^{-\frac{t^2}{2}} dt \quad (i=0,1,\cdots,6).$$

为了计算出统计量 χ^2 的值，我们把需要进行的计算列表如下（见表9-8）：

表 9-8

压强区间 $(a_{i-1}, a_i]$	频数 f_i	标准化区间 $(\mu_{i-1}, \mu_i]$	$\hat{p}_i = \Phi(\mu_i) - \Phi(\mu_{i-1})$	$n\hat{p}_i$	$(f_i - n\hat{p}_i)^2$	$\dfrac{(f_i - n\hat{p}_i)^2}{n\hat{p}_i}$
(190, 200]	10	$(-\infty, -1.70]$	0.045	9	1	0.11
(200, 210]	26	$(-1.70, -0.89]$	0.142	28.4	5.76	0.20
(210, 220]	56	$(-0.89, -0.08]$	0.281	56.2	0.04	0.00
(220, 230]	64	$(-0.08, 0.73]$	0.299	59.8	17.64	0.29
(230, 240]	30	$(0.73, 1.54]$	0.171	34.2	17.64	0.52
(240, 250]	14	$(1.54, +\infty)$	0.062	12.4	2.56	0.21
$\sum$			1.000	200		1.33

从表 9-8 得出 χ^2 的观察值为 1.33。在显著性水平 $\alpha = 0.05$ 下，查自由度为 $m = 6 - 2 - 1 = 3$ 的 χ^2 分布表，得到临界值 $\chi^2_{0.05}(3) = 7.815$。由于 $\chi^2 = 1.33 < 7.815 = \chi^2_{0.05}(3)$，应接受原假设，所以认为混凝土制件抗压强度的分布是正态分布 $N(221, 12.33^2)$。

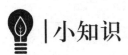

小知识

血液检查中的经济学

第二次世界大战期间，必须招募很多人到军队，要在申请者中检查某种罕见的疾病，需要对每一个人进行血液检查，这无疑是一项巨大的工作。尽管被淘汰的比率很低，但这个检验是决定一个人能不能参军的关键。如何保证"有问题的"会被淘汰掉，同时又减少检验次数呢？这在教科书上是没有答案的。这里介绍一个统计学家富有才气的解答。

假设申请者中平均二十个人中有一个人患有此病，也就是说，将申请者二十个人分为一组，对每一组进行二十次血液检查，则平均每一组有一例呈阳性。显然，如果把几个人的血样混合起来进行检查，仅当至少有一个人的血呈阳性时混合血样才呈阳性。代替二十次单个检验，我们把二十个人分为两组，对十个人一组的两个混合血液样本分别进行检验。平均来说，此时一个混合样本呈阳性，另一个呈阴性。然后仅对呈阳性的混合样本进行单个检验，以确认哪一个人的血液是阳性的。这样，每二十个人一组平均仅需 $2 + 10 = 12$ 次检验，即减少了二十次中的八次。可以看到，如果把二十个样本按五个一组进行混合，则平均实验总数仅有 $4 + 5 = 9$ 次，这是对二十个申请者一组进行检验所需次数的最佳值，减少了十一次，即 55%。

类似上述问题的求最佳值过程依赖于要调查疾病的流行率。如果假设某种疾病个人患病的

比率为 α,那么进行血液检查时,混合样本人数大小的最佳值应为使得 $(1-\alpha)^n - \left(\dfrac{1}{n}\right)$ 最大的 n. 一个最好的方法得到最佳值 n 的过程,是对不同的 n 列表求出函数 $(1-\alpha)^n - \left(\dfrac{1}{n}\right)$ 的值,选择其中最大值所对应的 n.

这个思想可用于其他领域. 例如,常常要对来自不同水源的水进行检验,确定是否被污染. 按上面所描述的混合样本和分组的试验手段,则有可能在不增加试验设备的情况下,检验大量来自不同水源的样本并能做出精密的检查. 混合样本监测的方法现已广泛实践于环境保护研究和其他领域,用于削减试验检测费用.

习 题 9

1. 设总体 X 服从正态分布 $N(\mu, 2^2)$,其中 μ 是未知参数,$X_1, X_2, \cdots, X_n$ 是来自总体 X 的简单随机样本.
   (1) 求 μ 的矩估计量 $\hat{\mu}$;
   (2) 求 μ 的极大似然估计量 $\hat{\mu}_L$;
   (3) 设随机变量 Y 表示 $X_1, X_2, \cdots, X_n$ 中取值不超过 0 的变量的个数,求 Y 的分布律;
   (4) 对于原假设 $H_0: \mu = 3$ 和备择假设 $H_1: \mu \neq 3$,写出用于检验的统计量.

2. 在正常状态下,某种牌子的香烟一支的平均重量为 $1.1\ g$,若从这种香烟堆中任取 36 支作为样本,测得样本均值为 $1.008\ g$,样本方差 $s^2 = 0.1\ g^2$. 问:这堆香烟是否处于正常状态?已知香烟的重量近似服从正态分布(取显著性水平 $\alpha = 0.05$).

3. 测量某种溶液中的水分(单位:%),从它的 10 个测定值得出 $\bar{x} = 0.452, s = 0.037$. 设测定值总体服从正态分布,$\mu$ 为总体均值,σ 为总体标准差,试在显著性水平 $\alpha = 0.05$ 下检验下列假设:
   (1) $H_0: \mu = 0.5; H_1: \mu < 0.5$.
   (2) $H_0': \sigma = 0.04; H_1': \sigma < 0.04$.

4. 设总体 $X \sim N(\mu, \sigma_0^2), X_1, X_2, \cdots, X_n$ 为来自总体 X 的一个样本. 欲检验假设 $H_0: \mu = \mu_0; H_1: \mu \neq \mu_0$,显著性水平 α 事先给定,μ 未知,$\sigma_0^2 > 0$ 已知. 试构造适当的检验统计量,并给出拒绝域.

5. 设 $X_1, X_2, \cdots, X_{n_1}$ 为来自总体 $X \sim N(\mu_1, \sigma_1^2)$ 的一个样本,$Y_1, Y_2, \cdots, Y_{n_2}$ 为来自总体 $Y \sim N(\mu_2, \sigma_2^2)$ 的一个样本,两个样本相互独立,其样本方差分别为 S_1^2, S_2^2,且 $\mu_1, \mu_2, \sigma_1^2, \sigma_2^2$ 均为未知. 欲检验假设:$H_0: \sigma_1^2 = \sigma_2^2; H_1: \sigma_1^2 > \sigma_2^2$,显著性水平 α 事先给定. 试构造适当的检验统计量,并给出拒绝域.

6. 设有两批棉纱,为了比较其断裂强度(单位:kg),从中各取一个样本,测试得到:第一批棉纱样本:$n_1 = 200, \bar{x} = 0.532, s_1 = 0.218$;第二批棉纱样本:$n_2 = 200, \bar{y} = 0.57, s_2 = 0.176$. 设两强度总体服从正态分布,方差未知但相等,问:这两批棉纱断裂强度的数学期望有无显著性差异(取显著性水平 $\alpha = 0.05$)?

第 10 章
方差分析与回归分析

§10.1　单因素试验的方差分析

方差分析是英国统计学家费希尔于1940年左右引入的,它首先应用于生物学研究,特别是应用于农业试验设计和分析中,现在已经应用于各个领域.

我们知道,影响试验的因素大致可以分为两类,一类是人们可以控制的;一类是人们不能控制的.例如,原料成分、反应温度、溶液浓度等是可以控制的,而测量误差、气象条件等一般是难以控制的.以下我们所说的因素都默认是可控因素.因素所处的状态称为该因素的**水平**.如果在一项试验中只有一个因素在改变,那么称这样的试验为**单因素试验**;如果多于一个因素在改变,那么就称为**多因素试验**.

本节通过具体实例来研究单因素试验的方差分析.

1. 数学模型

例 10.1　某试验室对钢锭模进行选材试验.其方法是将试件加热到 700 ℃ 后,再投入 20 ℃ 的水中急冷,这样反复进行到试件断裂为止.试验次数越多,试件质量越好.试验结果如表 10-1 所示.

表 10-1

试验号	材质分类			
	A_1	A_2	A_3	A_4
1	160	158	146	151
2	161	164	155	152
3	165	164	160	153
4	168	170	162	157
5	170	175	164	160
6	172		166	168
7	180		174	
8			182	

试验的目的是确定四种生铁试件的抗热疲劳性能是否有显著性差异.

这里试验的指标是钢锭模的热疲劳值,唯一改变的钢锭模的材质是因素,四种不同的材质表示钢锭模的四个水平.这项试验称为**四水平单因素试验**.

例 10.2　考察一种人造纤维在不同温度的水中浸泡后的缩水率.在 40 ℃,50 ℃,…,90 ℃ 的水中分别进行四次试验,得到该种纤维在每次试验中的缩水率(单位:%)如表 10-2 所示.试问:浸泡水的温度对于缩水率有无显著性影响?

表 10-2

试验号	温度					
	40 ℃	50 ℃	60 ℃	70 ℃	80 ℃	90 ℃
1	4.3	6.1	10.0	6.5	9.3	9.5
2	7.8	7.3	4.8	8.3	8.7	8.8
3	3.2	4.2	5.4	8.6	7.2	11.4
4	6.5	4.1	9.6	8.2	10.1	7.8

这里试验的指标是人造纤维的缩水率,温度是因素,这项试验称为**六水平单因素试验**.

单因素试验的一般数学模型为:因素 A 有 s 个水平 $A_1, A_2, \cdots, A_s$,在水平 $A_j(j=1,2,\cdots,s)$ 下进行 $n_j(n_j \geqslant 2)$ 次独立试验,得到如表 10-3 的结果.

表 10-3

水平	A_1	A_2	$\cdots$	A_s
样本值	x_{11} x_{21} $\vdots$ $x_{n_1 1}$	x_{12} x_{22} $\vdots$ $x_{n_2 2}$	$\cdots$ $\cdots$ $\cdots$	x_{1s} x_{2s} $\vdots$ $x_{n_s s}$
样本总和	$T_{.1}$	$T_{.2}$	$\cdots$	$T_{.s}$
样本均值	$\bar{x}_{.1}$	$\bar{x}_{.2}$	$\cdots$	$\bar{x}_{.s}$
总体均值	μ_1	μ_2	$\cdots$	μ_s

假定各水平 $A_j(j=1,2,\cdots,s)$ 下的样本 $x_{ij} \sim N(\mu_j, \sigma^2)(i=1,2,\cdots,n_j; j=1,2,\cdots,s)$,且相互独立,则 $x_{ij} - \mu_j$ 可看成随机误差,它们是由试验中无法控制的各种因素所引起的,记 $x_{ij} - \mu_j = \varepsilon_{ij}$,则

$$\begin{cases} x_{ij} = \mu_j + \varepsilon_{ij}, \\ \varepsilon_{ij} \sim N(0, \sigma^2), \quad (i=1,2,\cdots,n_j; j=1,2,\cdots,s), \\ \text{各 } \varepsilon_{ij} \text{ 相互独立} \end{cases} \tag{10.1}$$

其中 μ_j 与 σ^2 均为未知参数. (10.1)式称为**单因素试验方差分析的数学模型**.

方差分析的任务是对于模型(10.1),检验 s 个总体 $N(\mu_1, \sigma^2), N(\mu_2, \sigma^2), \cdots, N(\mu_s, \sigma^2)$ 的均值是否相等,即检验假设:

$$\begin{cases} H_0: \mu_1 = \mu_2 = \cdots = \mu_s; \\ H_1: \mu_1, \mu_2, \cdots, \mu_s \text{ 不全相等.} \end{cases} \tag{10.2}$$

为了将问题(10.2)写成便于讨论的形式,采用记号

$$\mu = \frac{1}{n} \sum_{j=1}^{s} n_j \mu_j,$$

其中 $n = \sum_{j=1}^{s} n_j$, μ 表示 $\mu_1, \mu_2, \cdots, \mu_s$ 的加权平均, μ 称为**总平均**. 又记

$$\delta_j = \mu_j - \mu \quad (j=1,2,\cdots,s),$$

δ_j 表示水平 A_j 下的总体均值与总平均的差异. 习惯上,将 δ_j 称为水平 A_j 的**效应**. 利用这些记号,模型(10.1)可改写成

$$\begin{cases} x_{ij} = \mu + \delta_j + \varepsilon_{ij}, \\ \sum_{j=1}^{s} n_j \delta_j = 0, \\ \varepsilon_{ij} \sim N(0, \sigma^2), \\ \text{各 } \varepsilon_{ij} \text{ 相互独立} \end{cases} (i=1,2,\cdots,n_j; j=1,2,\cdots,s), \tag{10.1}'$$

即 x_{ij} 可分解成总平均、水平 A_j 的效应及随机误差三部分之和.

假设(10.2)等价于假设:

$$\begin{cases} H_0: \delta_1 = \delta_2 = \cdots = \delta_s = 0; \\ H_1: \delta_1, \delta_2, \cdots, \delta_s \text{ 不全为零}. \end{cases} \tag{10.2}'$$

2. 检验方法

我们寻找适当的统计量,对参数做假设检验. 下面从平方和的分解着手,导出假设检验 $(10.2)'$ 的检验统计量. 记

$$S_T = \sum_{j=1}^{s} \sum_{i=1}^{n_j} (x_{ij} - \overline{x})^2, \tag{10.3}$$

其中 $\overline{x} = \frac{1}{n} \sum_{j=1}^{s} \sum_{i=1}^{n_j} x_{ij}$, S_T 能反映全部试验数据之间的差异,又称为**总变差**.

$A_j (j=1,2,\cdots,s)$ 下的样本均值为

$$\overline{x}_{\cdot j} = \frac{1}{n_j} \sum_{i=1}^{n_j} x_{ij}. \tag{10.4}$$

注意到

$$(x_{ij} - \overline{x})^2 = (x_{ij} - \overline{x}_{\cdot j} + \overline{x}_{\cdot j} - \overline{x})^2 = (x_{ij} - \overline{x}_{\cdot j})^2 + (\overline{x}_{\cdot j} - \overline{x})^2 + 2(x_{ij} - \overline{x}_{\cdot j})(\overline{x}_{\cdot j} - \overline{x}),$$

而

$$\sum_{j=1}^{s} \sum_{i=1}^{n_j} (x_{ij} - \overline{x}_{\cdot j})(\overline{x}_{\cdot j} - \overline{x}) = \sum_{j=1}^{s} (\overline{x}_{\cdot j} - \overline{x}) \left[\sum_{i=1}^{n_j} (x_{ij} - \overline{x}_{\cdot j}) \right]$$

$$= \sum_{j=1}^{s} (\overline{x}_{\cdot j} - \overline{x}) \left(\sum_{i=1}^{n_j} x_{ij} - n_j \overline{x}_{\cdot j} \right) = 0.$$

记

$$S_E = \sum_{j=1}^{s} \sum_{i=1}^{n_j} (x_{ij} - \overline{x}_{\cdot j})^2, \tag{10.5}$$

S_E 称为**误差平方和**,记

$$S_A = \sum_{j=1}^{s} \sum_{i=1}^{n_j} (\overline{x}_{\cdot j} - \overline{x})^2 = \sum_{j=1}^{s} n_j (\overline{x}_{\cdot j} - \overline{x})^2, \tag{10.6}$$

S_A 称为**因素 A 的效应平方和**,于是有

$$S_T = S_E + S_A. \tag{10.7}$$

利用 ε_{ij} 可以更清楚地看到 S_E, S_A 的含义,记 $\overline{\varepsilon} = \frac{1}{n} \sum_{j=1}^{s} \sum_{i=1}^{n_j} \varepsilon_{ij}$,它表示随机误差的总平均,且有

$$\overline{\varepsilon}_{\cdot j} = \frac{1}{n_j} \sum_{i=1}^{n_j} \varepsilon_{ij} \quad (j=1,2,\cdots,s).$$

于是

$$S_E = \sum_{j=1}^{s}\sum_{i=1}^{n_j}(x_{ij}-\overline{x}_{\cdot j})^2 = \sum_{j=1}^{s}\sum_{i=1}^{n_j}(\varepsilon_{ij}-\overline{\varepsilon}_{\cdot j})^2, \tag{10.8}$$

$$S_A = \sum_{j=1}^{s}n_j(\overline{x}_{\cdot j}-\overline{x})^2 = \sum_{j=1}^{s}n_j(\delta_j+\overline{\varepsilon}_{\cdot j}-\overline{\varepsilon})^2. \tag{10.9}$$

平方和的分解公式(10.7)说明,总平方和分解成误差平方和与因素 A 的效应平方和.(10.8)式说明,S_E 完全是由随机波动引起的.而(10.9)式说明,S_A 除随机误差外还含有各水平的效应 δ_j,当 δ_j 不全为零时,S_A 主要反映了这些效应的差异.若假设 H_0 成立,则各水平的效应为零,S_A 中也只含随机误差,因而 S_A 与 S_E 相比较相对于某一显著性水平来说不应太大.方差分析的目的是研究 S_A 相对于 S_E 有多大,若 S_A 比 S_E 显著地大,这表明各水平对于指标的影响有显著性差异.故需研究与 $\dfrac{S_A}{S_E}$ 有关的统计量.

3. 方差分析表

当 H_0 成立时,设 $x_{ij} \sim N(\mu,\sigma^2)$($i=1,2,\cdots,n_j$; $j=1,2,\cdots,s$)且相互独立,利用抽样分布的有关定理,我们有

$$\frac{S_A}{\sigma^2} \sim \chi^2(s-1), \tag{10.10}$$

$$\frac{S_E}{\sigma^2} \sim \chi^2(n-s), \tag{10.11}$$

$$F = \frac{(n-s)S_A}{(s-1)S_E} \sim F(s-1, n-s). \tag{10.12}$$

于是,对于给定的显著性水平 $\alpha(0<\alpha<1)$,由于

$$P\{F > F_\alpha(s-1, n-s)\} = \alpha, \tag{10.13}$$

因此检验假设(10.2)′的拒绝域为

$$F > F_\alpha(s-1, n-s). \tag{10.14}$$

由样本值计算 F 的值,若 $F > F_\alpha(s-1,n-s)$,则拒绝原假设 H_0,即认为水平的改变对于指标有显著性的影响;若 $F \leqslant F_\alpha(s-1,n-s)$,则接受原假设 H_0,即认为水平的改变对于指标无显著性影响.

上面的分析结果可列成如表 10-4 的形式,称为**方差分析表**.

表 10-4

方差来源	平方和	自由度	均方和	F 比
因素 A	S_A	$s-1$	$\overline{S}_A = \dfrac{S_A}{s-1}$	$F = \dfrac{\overline{S}_A}{\overline{S}_E}$
误差	S_E	$n-s$	$\overline{S}_E = \dfrac{S_E}{n-s}$	
总和	S_T	$n-1$		

当 $F > F_{0.05}(s-1, n-s)$ 时,称为**显著**;

当 $F > F_{0.01}(s-1, n-s)$ 时,称为**高度显著**.

在实际中,我们可以按以下较简便的公式来计算 S_T,S_A 和 S_E.记

$$T_{\cdot j} = \sum_{i=1}^{n_j} x_{ij} \quad (j=1,2,\cdots,s), \quad T_{\cdot\cdot} = \sum_{j=1}^{s}\sum_{i=1}^{n_j} x_{ij},$$

即有

$$\begin{cases} S_T = \sum_{j=1}^{s}\sum_{i=1}^{n_j} x_{ij}^2 - n\bar{x}^2 = \sum_{j=1}^{s}\sum_{i=1}^{n_j} x_{ij}^2 - \dfrac{T_{\cdot\cdot}^2}{n}, \\ S_A = \sum_{j=1}^{s} n_j \bar{x}_{\cdot j}^2 - n\bar{x}^2 = \sum_{j=1}^{s} \dfrac{T_{\cdot j}^2}{n_j} - \dfrac{T_{\cdot\cdot}^2}{n}, \\ S_E = S_T - S_A. \end{cases} \quad (10.15)$$

例 10.3 如上所述,在例 10.1 中需检验假设:

$$H_0: \mu_1 = \mu_2 = \mu_3 = \mu_4; \quad H_1: \mu_1, \mu_2, \mu_3, \mu_4 \text{ 不全相等.}$$

给定显著性水平 $\alpha = 0.05$,完成这一假设检验.

解 易知,$s=4, n_1=7, n_2=5, n_3=8, n_4=6, n=26$.

$$S_T = \sum_{j=1}^{s}\sum_{i=1}^{n_j} x_{ij}^2 - \dfrac{T_{\cdot\cdot}^2}{n} = 698\,959 - \dfrac{(4\,257)^2}{26} \approx 1\,957.12,$$

$$S_A = \sum_{j=1}^{s} \dfrac{T_{\cdot j}^2}{n_j} - \dfrac{T_{\cdot\cdot}^2}{n} = 697\,445.49 - \dfrac{(4\,257)^2}{26} \approx 443.61,$$

$$S_E = S_T - S_A = 1\,513.51.$$

于是,得方差分析表(见表 10-5).

表 10-5

方差来源	平方和	自由度	均方和	F比
因素 A	443.61	3	147.87	2.15
误差	1 513.51	22	68.80	
总和	1 957.12	25		

因为

$$F \approx 2.15 < F_{0.05}(3,22) = 3.05,$$

故接受 H_0,即认为四种生铁试件的热疲劳性无显著性差异.

例 10.4 如上所述,在例 10.2 中需检验假设:

$$H_0: \mu_1 = \mu_2 = \cdots = \mu_6; \quad H_1: \mu_1, \mu_2, \cdots, \mu_6 \text{ 不全相等.}$$

试分别取显著性水平 $\alpha = 0.05, \alpha = 0.01$,完成这一假设检验.

解 易知,$s=6, n_1 = n_2 = \cdots = n_6 = 4, n = 24$.

$$S_T = \sum_{j=1}^{s}\sum_{i=1}^{n_j} x_{ij}^2 - \dfrac{T_{\cdot\cdot}^2}{n} \approx 112.27,$$

$$S_A = \sum_{j=1}^{s} \dfrac{T_{\cdot j}^2}{n_j} - \dfrac{T_{\cdot\cdot}^2}{n} \approx 56,$$

$$S_E = S_T - S_A = 56.27.$$

于是,得方差分析表(见表 10-6).

表 10 - 6

方差来源	平方和	自由度	均方和	F比
因素	56	5	11.2	3.583
误差	56.27	18	3.126	
总和	112.27	23		

又查 F 分布表得

$$F_{0.05}(5,18) = 2.77, \quad F_{0.01}(5,18) = 4.25.$$

由于

$$4.25 = F_{0.01}(5,18) > F \approx 3.583 > F_{0.05}(5,18) = 2.77,$$

故浸泡水的温度对于缩水率有显著性影响,但不能说有高度显著性影响.

§10.2 双因素试验的方差分析

当影响试验的因素有多个时,要分析各因素的作用是否显著,就要用到多因素的方差分析.本节就两个因素的方差分析做一简单介绍.当有两个因素时,除了考虑每个因素的影响之外,还要考虑这两个因素的搭配问题.例如,表 10-7 中的两组试验结果,都有两个因素 A 和 B,每个因素取两个水平.

表 10 - 7(a)

B	A	
	A_1	A_2
B_1	30	50
B_2	70	90

表 10 - 7(b)

B	A	
	A_1	A_2
B_1	30	50
B_2	100	80

表 10-7(a) 中,无论 B 在什么水平(B_1 还是 B_2),水平 A_2 下的结果总比 A_1 下的高 20;同样,无论 A 是什么水平,B_2 下的结果总比 B_1 下的高 40.这说明,A 和 B 单独地各自影响结果,互相之间没有作用.

表 10-7(b) 中,当 B 为 B_1 时,A_2 下的结果比 A_1 下的高,而且当 B 为 B_2 时,A_1 下的结果比 A_2 下的高;类似地,当 A 为 A_1 时,B_2 下的结果比 B_1 下的高 70,而 A 为 A_2 时,B_2 下的结果比 B_1 下的高 30.这表明,A 的作用与 B 所取的水平有关,而 B 的作用也与 A 所取的水平有关,即 A 和 B 不仅各自对于结果有影响,而且它们的搭配方式也有影响.我们把这种影响称为因素 A 和 B 的**交互作用**,记作 $A \times B$. 在双因素试验的方差分析中,我们不仅要检验因素 A 和 B 的作用,还要检验它们的交互作用.

1. 双因素等重复试验的方差分析

设有两个因素 A,B 作用于试验的指标,因素 A 有 r 个水平 $A_1,A_2,\cdots,A_r$,因素 B 有 s 个水平 $B_1,B_2,\cdots,B_s$,现对于因素 A,B 的水平的每对组合 $(A_i,B_j)(i=1,2,\cdots,r;j=1,2,\cdots,s)$ 都做 $t(t \geqslant 2)$ 次试验(称为**等重复试验**),得到如表 10-8 所示的结果.

表 10-8

因素 A	因素 B			
	B_1	B_2	$\cdots$	B_s
A_1	$x_{111},x_{112},\cdots,x_{11t}$	$x_{121},x_{122},\cdots,x_{12t}$	$\cdots$	$x_{1s1},x_{1s2},\cdots,x_{1st}$
A_2	$x_{211},x_{212},\cdots,x_{21t}$	$x_{221},x_{222},\cdots,x_{22t}$	$\cdots$	$x_{2s1},x_{2s2},\cdots,x_{2st}$
$\vdots$	$\vdots$	$\vdots$		$\vdots$
A_r	$x_{r11},x_{r12},\cdots,x_{r1t}$	$x_{r21},x_{r22},\cdots,x_{r2t}$	$\cdots$	$x_{rs1},x_{rs2},\cdots,x_{rst}$

设 $x_{ijk} \sim N(\mu_{ij},\sigma^2)(i=1,2,\cdots,r;j=1,2,\cdots,s;k=1,2,\cdots,t)$，各 x_{ijk} 相互独立，这里 μ_{ij}，σ^2 均为未知参数. 于是，有

$$\begin{cases} x_{ijk} = \mu_{ij} + \varepsilon_{ijk}, \\ \varepsilon_{ijk} \sim N(0,\sigma^2), \quad (i=1,2,\cdots,r;j=1,2,\cdots,s;k=1,2,\cdots,t). \\ \text{各 } \varepsilon_{ijk} \text{ 相互独立} \end{cases} \quad (10.16)$$

记

$$\mu = \frac{1}{rs}\sum_{i=1}^{r}\sum_{j=1}^{s}\mu_{ij},$$

$$\mu_{i\cdot} = \frac{1}{s}\sum_{j=1}^{s}\mu_{ij} \quad (i=1,2,\cdots,r),$$

$$\mu_{\cdot j} = \frac{1}{r}\sum_{i=1}^{r}\mu_{ij} \quad (j=1,2,\cdots,s),$$

$$\alpha_i = \mu_{i\cdot} - \mu \quad (i=1,2,\cdots,r),$$

$$\beta_j = \mu_{\cdot j} - \mu \quad (j=1,2,\cdots,s),$$

$$\gamma_{ij} = \mu_{ij} - \mu_{i\cdot} - \mu_{\cdot j} + \mu,$$

于是

$$\mu_{ij} = \mu + \alpha_i + \beta_j + \gamma_{ij}, \quad (10.17)$$

其中 μ 称为**总平均**，α_i 称为水平 A_i 的**效应**，β_j 称为水平 B_j 的**效应**，γ_{ij} 称为水平 A_i 和水平 B_j 的**交互效应**，这是由 A_i,B_j 搭配起来联合作用而引起的.

易知

$$\sum_{i=1}^{r}\alpha_i = 0, \quad \sum_{j=1}^{s}\beta_j = 0,$$

$$\sum_{i=1}^{r}\gamma_{ij} = 0 \quad (j=1,2,\cdots,s),$$

$$\sum_{j=1}^{s}\gamma_{ij} = 0 \quad (i=1,2,\cdots,r),$$

这样(10.16)式可写成

$$\begin{cases} x_{ijk} = \mu + \alpha_i + \beta_j + \gamma_{ij} + \varepsilon_{ijk}, \\ \sum_{i=1}^{r}\alpha_i = 0, \sum_{j=1}^{s}\beta_j = 0, \sum_{i=1}^{r}\gamma_{ij} = 0, \sum_{j=1}^{s}\gamma_{ij} = 0, \\ \varepsilon_{ijk} \sim N(0,\sigma^2), \\ \text{各 } \varepsilon_{ijk} \text{ 相互独立} \quad (i=1,2,\cdots,r;j=1,2,\cdots,s;k=1,2,\cdots,t), \end{cases} \quad (10.18)$$

其中 $\mu, \alpha_i, \beta_j, \gamma_{ij}$ 及 σ^2 都为未知参数.

(10.18) 式就是我们所要研究的双因素试验方差分析的数学模型. 我们检验因素 A, B 及其交互作用 $A \times B$ 是否显著, 要检验以下三个假设:

$$\begin{cases} H_{01} : \alpha_1 = \alpha_2 = \cdots = \alpha_r = 0; \\ H_{11} : \alpha_1, \alpha_2, \cdots, \alpha_r \text{ 不全为零}. \end{cases}$$

$$\begin{cases} H_{02} : \beta_1 = \beta_2 = \cdots = \beta_s = 0; \\ H_{12} : \beta_1, \beta_2, \cdots, \beta_s \text{ 不全为零}. \end{cases}$$

$$\begin{cases} H_{03} : \gamma_{11} = \gamma_{12} = \cdots = \gamma_{rs} = 0; \\ H_{13} : \gamma_{11}, \gamma_{12}, \cdots, \gamma_{rs} \text{ 不全为零}. \end{cases}$$

类似于单因素情况, 对于这些问题的检验方法也是建立在平方和分解上的. 记

$$\bar{x} = \frac{1}{rst} \sum_{i=1}^{r} \sum_{j=1}^{s} \sum_{k=1}^{t} x_{ijk},$$

$$\bar{x}_{ij\cdot} = \frac{1}{t} \sum_{k=1}^{t} x_{ijk} \quad (i=1,2,\cdots,r; j=1,2,\cdots,s),$$

$$\bar{x}_{i\cdot\cdot} = \frac{1}{st} \sum_{j=1}^{s} \sum_{k=1}^{t} x_{ijk} \quad (i=1,2,\cdots,r),$$

$$\bar{x}_{\cdot j\cdot} = \frac{1}{rt} \sum_{i=1}^{r} \sum_{k=1}^{t} x_{ijk} \quad (j=1,2,\cdots,s),$$

$$S_T = \sum_{i=1}^{r} \sum_{j=1}^{s} \sum_{k=1}^{t} (x_{ijk} - \bar{x})^2.$$

不难验证, $\bar{x}, \bar{x}_{i\cdot\cdot}, \bar{x}_{\cdot j\cdot}, \bar{x}_{ij\cdot}$ 分别是 $\mu, \mu_i, \mu_{\cdot j}, \mu_{ij}$ 的无偏估计量. 由

$$x_{ijk} - \bar{x} = (x_{ijk} - \bar{x}_{ij\cdot}) + (\bar{x}_{i\cdot\cdot} - \bar{x}) + (\bar{x}_{\cdot j\cdot} - \bar{x})$$
$$+ (\bar{x}_{ij\cdot} - \bar{x}_{i\cdot\cdot} - \bar{x}_{\cdot j\cdot} + \bar{x}) \quad (1 \leqslant i \leqslant r, 1 \leqslant j \leqslant s, 1 \leqslant k \leqslant t),$$

得平方和的分解式

$$S_T = S_E + S_A + S_B + S_{A \times B}, \tag{10.19}$$

其中

$$S_E = \sum_{i=1}^{r} \sum_{j=1}^{s} \sum_{k=1}^{t} (x_{ijk} - \bar{x}_{ij\cdot})^2,$$

$$S_A = st \sum_{i=1}^{r} (\bar{x}_{i\cdot\cdot} - \bar{x})^2,$$

$$S_B = rt \sum_{j=1}^{s} (\bar{x}_{\cdot j\cdot} - \bar{x})^2,$$

$$S_{A \times B} = t \sum_{i=1}^{r} \sum_{j=1}^{s} (\bar{x}_{ij\cdot} - \bar{x}_{i\cdot\cdot} - \bar{x}_{\cdot j\cdot} + \bar{x})^2.$$

S_E 称为**误差平方和**, S_A, S_B 分别称为因素 A, B 的**效应平方和**, $S_{A \times B}$ 称为 A, B 的**交互效应平方和**.

当假设 $H_{01} : \alpha_1 = \alpha_2 = \cdots = \alpha_r = 0$ 为真时,

$$F_A = \frac{S_A}{r-1} \bigg/ \frac{S_E}{rs(t-1)} \sim F(r-1, rs(t-1));$$

当假设 H_{02} 为真时,

$$F_B = \frac{S_B}{s-1} \bigg/ \frac{S_E}{rs(t-1)} \sim F(s-1, rs(t-1));$$

当假设 H_{03} 为真时,

$$F_{A\times B} = \frac{S_{A\times B}}{(r-1)(s-1)} \Big/ \frac{S_E}{rs(t-1)} \sim F((r-1)(s-1), rs(t-1)).$$

当给定显著性水平 α 后,假设 H_{01}, H_{02}, H_{03} 的拒绝域分别为

$$\begin{cases} F_A > F_\alpha(r-1, rs(t-1)), \\ F_B > F_\alpha(s-1, rs(t-1)), \\ F_{A\times B} > F_\alpha((r-1)(s-1), rs(t-1)). \end{cases} \tag{10.20}$$

经过上面的分析和计算,可得出双因素试验的方差分析表(见表 10-9).

表 10-9

方差来源	平方和	自由度	均方和	F 比
因素 A	S_A	$r-1$	$\overline{S}_A = \dfrac{S_A}{r-1}$	$F_A = \dfrac{\overline{S}_A}{\overline{S}_E}$
因素 B	S_B	$s-1$	$\overline{S}_B = \dfrac{S_B}{s-1}$	$F_B = \dfrac{\overline{S}_B}{\overline{S}_E}$
交互作用	$S_{A\times B}$	$(r-1)(s-1)$	$\overline{S}_{A\times B} = \dfrac{S_{A\times B}}{(r-1)(s-1)}$	$F_{A\times B} = \dfrac{\overline{S}_{A\times B}}{\overline{S}_E}$
误差	S_E	$rs(t-1)$	$\overline{S}_E = \dfrac{S_E}{rs(t-1)}$	
总和	S_T	$rst-1$		

在实际中,与单因素方差分析类似,可按以下较简便的公式来计算 $S_T, S_A, S_B, S_{A\times B}, S_E$. 记

$$T_{\cdots} = \sum_{i=1}^{r}\sum_{j=1}^{s}\sum_{k=1}^{t} x_{ijk},$$

$$T_{ij\cdot} = \sum_{k=1}^{t} x_{ijk} \quad (i=1,2,\cdots,r; j=1,2,\cdots,s),$$

$$T_{i\cdot\cdot} = \sum_{j=1}^{s}\sum_{k=1}^{t} x_{ijk} \quad (i=1,2,\cdots,r),$$

$$T_{\cdot j\cdot} = \sum_{i=1}^{r}\sum_{k=1}^{t} x_{ijk} \quad (j=1,2,\cdots,s),$$

则有

$$\begin{cases} S_T = \sum_{i=1}^{r}\sum_{j=1}^{s}\sum_{k=1}^{t} x_{ijk}^2 - \dfrac{T_{\cdots}^2}{rst}, \\ S_A = \dfrac{1}{st}\sum_{i=1}^{r} T_{i\cdot\cdot}^2 - \dfrac{T_{\cdots}^2}{rst}, \\ S_B = \dfrac{1}{rt}\sum_{j=1}^{s} T_{\cdot j\cdot}^2 - \dfrac{T_{\cdots}^2}{rst}, \\ S_{A\times B} = \dfrac{1}{t}\sum_{i=1}^{r}\sum_{j=1}^{s} T_{ij\cdot}^2 - \dfrac{T_{\cdots}^2}{rst} - S_A - S_B, \\ S_E = S_T - S_A - S_B - S_{A\times B}. \end{cases} \tag{10.21}$$

例 10.5 用不同的生产方法(不同的硫化时间和不同的加速剂)制造的硬橡胶的抗牵拉强度(单位:kg/cm^2)的观察数据如表 10-10 所示. 试在显著性水平 0.10 下分析不同的硫化时间(A)、加速剂(B)以及它们的交互作用($A \times B$)对抗牵拉强度有无显著性影响.

表 10-10

140 ℃下硫化时间/s	加速剂		
	甲	乙	丙
40	39,36	43,37	37,41
60	41,35	42,39	39,40
80	40,30	43,36	36,38

解 按题意,需检验假设:H_{01}, H_{02}, H_{03}.

易知,$r = s = 3, t = 2$. $T_{...}, T_{ij\cdot}, T_{i\cdot\cdot}, T_{\cdot j\cdot}$ 的计算如表 10-11 所示.

表 10-11

硫化时间/s	加速剂			$T_{i\cdot\cdot}$
	甲	乙	丙	
40	75	80	78	233
60	76	81	79	236
80	70	79	74	223
$T_{\cdot j\cdot}$	221	240	231	692

$$S_T = \sum_{i=1}^{r}\sum_{j=1}^{s}\sum_{k=1}^{t} x_{ijk}^2 - \frac{T_{...}^2}{rst} \approx 178.44,$$

$$S_A = \frac{1}{st}\sum_{i=1}^{r} T_{i\cdot\cdot}^2 - \frac{T_{...}^2}{rst} \approx 15.44,$$

$$S_B = \frac{1}{rt}\sum_{j=1}^{s} T_{\cdot j\cdot}^2 - \frac{T_{...}^2}{rst} \approx 30.11,$$

$$S_{A \times B} = \frac{1}{t}\sum_{i=1}^{r}\sum_{j=1}^{s} T_{ij\cdot}^2 - \frac{T_{...}^2}{rst} - S_A - S_B \approx 2.89,$$

$$S_E = S_T - S_A - S_B - S_{A \times B} = 130,$$

于是得方差分析表(见表 10-12).

表 10-12

方差来源	平方和	自由度	均方和	F 比
因素 A(硫化时间)	15.44	2	7.72	$F_A \approx 0.53$
因素 B(加速剂)	30.11	2	15.055	$F_B \approx 1.04$
交互作用 $A \times B$	2.89	4	0.7225	$F_{A \times B} \approx 0.05$
误差	130	9	14.44	
总和	178.44	17		

由于 $F_{0.10}(2,9) = 3.01 > F_A, F_{0.10}(2,9) > F_B, F_{0.10}(4,9) = 2.69 > F_{A \times B}$,因而接受假设 H_{01}, H_{02}, H_{03},即硫化时间、加速剂以及它们的交互作用对于硬橡胶的抗牵拉强度的影响不显著.

2. 双因素无重复试验的方差分析

在双因素试验中,如果对于每一对水平的组合(A_i, B_j)只做一次试验,则为不重复试验,将所得结果列表,如表 10-13 所示.

表 10-13

因素 A	因素 B			
	B_1	B_2	$\cdots$	B_s
A_1	x_{11}	x_{12}	$\cdots$	x_{1s}
A_2	x_{21}	x_{22}	$\cdots$	x_{2s}
$\vdots$	$\vdots$	$\vdots$		$\vdots$
A_r	x_{r1}	x_{r2}	$\cdots$	x_{rs}

这时 $\bar{x}_{ij\cdot} = x_{ij}$,$S_E = 0$,$S_E$ 的自由度为 0,故不能利用双因素等重复试验中的公式进行方差分析. 但是,如果我们认为 A, B 两因素无交互作用,或已知交互作用对于试验指标影响很小,那么可将 $S_{A \times B}$ 取作 S_E,仍可利用等重复的双因素试验对因素 A, B 进行方差分析. 对于这种情况下的数学模型及方差分析表示如下:

由(10.18)式,得

$$\begin{cases} x_{ij} = \mu + \alpha_i + \beta_j + \varepsilon_{ij}, \\ \sum_{i=1}^{r} \alpha_i = 0, \sum_{j=1}^{s} \beta_j = 0, \quad (i=1,2,\cdots,r; j=1,2,\cdots,s). \\ \varepsilon_{ij} \sim N(0, \sigma^2), \\ \text{各 } \varepsilon_{ij} \text{ 相互独立} \end{cases} \quad (10.22)$$

要检验的假设有以下两个:

$$\begin{cases} H_{01}: \alpha_1 = \alpha_2 = \cdots = \alpha_r = 0; \\ H_{11}: \alpha_1, \alpha_2, \cdots, \alpha_r \text{ 不全为零}. \end{cases} \quad \begin{cases} H_{02}: \beta_1 = \beta_2 = \cdots = \beta_s = 0; \\ H_{12}: \beta_1, \beta_2, \cdots, \beta_s \text{ 不全为零}. \end{cases}$$

记

$$\bar{x} = \frac{1}{rs} \sum_{i=1}^{r} \sum_{j=1}^{s} x_{ij}, \quad \bar{x}_{i\cdot} = \frac{1}{s} \sum_{j=1}^{s} x_{ij}, \quad \bar{x}_{\cdot j} = \frac{1}{r} \sum_{i=1}^{r} x_{ij},$$

则平方和分解公式为

$$S_T = S_A + S_B + S_E, \quad (10.23)$$

其中

$$S_T = \sum_{i=1}^{r} \sum_{j=1}^{s} (x_{ij} - \bar{x})^2, \quad S_A = s \sum_{i=1}^{r} (\bar{x}_{i\cdot} - \bar{x})^2,$$

$$S_B = r \sum_{j=1}^{s} (\bar{x}_{\cdot j} - \bar{x})^2, \quad S_E = \sum_{i=1}^{r} \sum_{j=1}^{s} (x_{ij} - \bar{x}_{i\cdot} - \bar{x}_{\cdot j} + \bar{x})^2$$

分别为总平方和、因素 A, B 的效应平方和及误差平方和.

取显著性水平为 α,当 H_{01} 成立时,

$$F_A = \frac{(s-1)S_A}{S_E} \sim F(r-1, (r-1)(s-1)),$$

H_{01} 的拒绝域为

$$F_A > F_\alpha(r-1,(r-1)(s-1)); \tag{10.24}$$

当 H_{02} 成立时,
$$F_B = \frac{(r-1)S_B}{S_E} \sim F(s-1,(r-1)(s-1)),$$

H_{02} 的拒绝域为
$$F_B > F_\alpha(s-1,(r-1)(s-1)). \tag{10.25}$$

于是,得方差分析表(见表 10-14).

表 10-14

方差来源	平方和	自由度	均方和	F 比
因素 A	S_A	$r-1$	$\overline{S}_A = \dfrac{S_A}{r-1}$	$F_A = \dfrac{\overline{S}_A}{\overline{S}_E}$
因素 B	S_B	$s-1$	$\overline{S}_B = \dfrac{S_B}{s-1}$	$F_B = \dfrac{\overline{S}_B}{\overline{S}_E}$
误差	S_E	$(r-1)(s-1)$	$\overline{S}_E = \dfrac{S_E}{(r-1)(s-1)}$	
总和	S_T	$rs-1$		

例 10.6 测试某种钢不同含铜量在各种温度下的冲击值(单位:$kg \cdot m \cdot cm^{-1}$),如表 10-15 所示,列出了试验的数据(冲击值),问:试验温度、含铜量对于钢的冲击值的影响是否显著(取显著性水平 $\alpha = 0.01$)?

表 10-15

试验温度	含铜量		
	0.2%	0.4%	0.8%
20 ℃	10.6	11.6	14.5
0 ℃	7.0	11.1	13.3
−20 ℃	4.2	6.8	11.5
−40 ℃	4.2	6.3	8.7

解 由已知得,$r=4,s=3$,需检验假设 H_{01},H_{02},经计算得方差分析表(见表 10-16).

表 10-16

方差来源	平方和	自由度	均方和	F 比
因素 A(试验温度)	64.58	3	21.53	$F_A \approx 23.79$
因素 B(含铜量)	60.74	2	30.37	$F_B \approx 33.56$
误差	5.43	6	0.905	
总和	130.75	11		

由于 $F_{0.01}(3,6) = 9.78 < F_A$,因此拒绝 H_{01};由于 $F_{0.01}(2,6) = 10.92 < F_B$,因此拒绝 H_{02}. 检验结果表明,试验温度、含铜量对于钢的冲击值的影响是显著的.

§10.3 线性回归分析

数学中经常要讨论变量之间的关系. 设随机变量 y 与 x 之间存在着某种相关关系. 这里 x 是可以控制或可精确观察的变量,例如在施肥量与产量的关系中,施肥量是能控制的,可以随意指定几个值 $x_1, x_2, \cdots, x_n$,故可将它看成普通变量,称为自变量,而产量 y 是随机变量,无法预先做出产量是多少的准确判断,称为因变量. 本节只讨论这种情况.

由 x 可以在一定程度上决定 y,但由 x 的值不能准确地确定 y 的值. 为了研究它们的这种关系,我们对 (x,y) 进行一系列观测,得到一个容量为 n 的样本值(x 取一组不完全相同的值): $(x_1,y_1),(x_2,y_2),\cdots,(x_n,y_n)$,其中 $y_i(i=1,2,\cdots,n)$ 是在 $x=x_i$ 处对于随机变量 y 观测的结果. 每对样本值 (x_i,y_i) 在直角坐标系中对应一个点,把它们都标在平面直角坐标系中,称所得到的图为**散点图**,如图 10-1 所示.

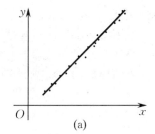 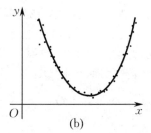

图 10-1

由图 10-1(a) 可看出,散点大致地围绕一条直线散布,而图 10-1(b) 中的散点大致围绕一条抛物线散布. 这就是变量间统计规律性的一种表现.

如果图中的点像图 10-1(a) 中那样呈直线状,那么表明 y 与 x 之间有线性相关关系,我们可建立数学模型

$$y = a + bx + \varepsilon \tag{10.26}$$

来描述它们之间的关系. 因为 x 不能严格地确定 y,故带有一误差项 ε. 假设 $\varepsilon \sim N(0,\sigma^2)$,则相当于对 y 做这样的正态假设:对于 x 的每一个值,有 $y \sim N(a+bx,\sigma^2)$,其中未知参数 a,b,σ^2 不依赖于 x. (10.26) 式称为**一元线性回归模型**(unary linear regression model).

在(10.26)式中,a,b 是待估计参数. 估计它们的最基本方法是最小二乘法,这将在下文讨论. 记 $\hat{a}$ 和 $\hat{b}$ 是用最小二乘法获得的估计,则对于给定的 x,方程

$$\hat{y} = \hat{a} + \hat{b}x \tag{10.27}$$

称为 y 关于 x 的**线性回归方程**或**回归方程**,其图形称为**回归直线**. 方程 (10.27) 是否真正描述了变量 y 与 x 之间客观存在的关系,还需进一步检验.

在实际问题中,随机变量 y 有时与多个普通变量 $x_1,x_2,\cdots,x_p(p>1)$ 有关,可类似地建立数学模型

$$y = b_0 + b_1 x_1 + b_2 x_2 + \cdots + b_p x_p + \varepsilon, \quad \varepsilon \sim N(0,\sigma^2), \tag{10.28}$$

其中 $b_0,b_1,b_2,\cdots,b_p,\sigma^2$ 都是与 $x_1,x_2,\cdots,x_p$ 无关的未知参数. (10.28) 式称为**多元线性回归模型**. 和前面一个自变量的情形一样,进行 n 次独立观测,得样本值

$$(x_{11}, x_{12}, \cdots, x_{1p}, y_1), \quad \cdots, \quad (x_{n1}, x_{n2}, \cdots, x_{np}, y_n).$$

有了这些数据之后，我们可用最小二乘法获得未知参数的最小二乘估计，记作 $\hat{b}_0, \hat{b}_1, \hat{b}_2, \cdots, \hat{b}_p$，于是得多元线性回归方程

$$\hat{y} = \hat{b}_0 + \hat{b}_1 x_1 + \hat{b}_2 x_2 + \cdots + \hat{b}_p x_p. \tag{10.29}$$

同理，方程(10.29)是否真正描述了变量 y 与 $x_1, x_2, \cdots, x_p$ 之间客观存在的关系，还需进一步检验。

1. 一元线性回归

最小二乘法是估计未知参数的一种重要方法，现用它来求一元线性回归模型(10.26)式中未知参数 a 和 b 的估计。

最小二乘法的基本思想是：对于一组样本值 $(x_1, y_1), (x_2, y_2), \cdots, (x_n, y_n)$，使得误差 $\varepsilon_i = y_i - (a + b x_i)$ 的平方和

$$Q(a, b) = \sum_{i=1}^{n} \varepsilon_i^2 = \sum_{i=1}^{n} [y_i - (a + b x_i)]^2 \tag{10.30}$$

达到最小的 $\hat{a}$ 和 $\hat{b}$ 分别作为 a 和 b 的估计，称其为**最小二乘估计**(least squares estimate)。直观地说，平面上直线很多，哪一条是最佳的呢？很自然的一个想法是，当点 $(x_i, y_i)(i=1,2,\cdots,n)$ 与某条直线的偏差平方和比它们与任何其他直线的偏差平方和都要小时，这条直线便能最佳地反映这些点的分布状况，并且可以证明，在某些假设下，$\hat{a}$ 和 $\hat{b}$ 是所有线性无偏估计中最好的。

根据微分学的极值原理，可将 $Q(a,b)$ 分别对于 a, b 求偏导数，并令它们等于零，得到方程组

$$\begin{cases} \dfrac{\partial Q}{\partial a} = -2 \sum_{i=1}^{n} (y_i - a - b x_i) = 0, \\ \dfrac{\partial Q}{\partial b} = -2 \sum_{i=1}^{n} (y_i - a - b x_i) x_i = 0, \end{cases} \tag{10.31}$$

即

$$\begin{cases} na + \left(\sum_{i=1}^{n} x_i\right) b = \sum_{i=1}^{n} y_i, \\ \left(\sum_{i=1}^{n} x_i\right) a + \left(\sum_{i=1}^{n} x_i^2\right) b = \sum_{i=1}^{n} x_i y_i. \end{cases} \tag{10.32}$$

称方程组(10.32)为**正规方程组**。

由于 x_i 不全相同，因此正规方程组的系数行列式

$$\begin{vmatrix} n & \sum_{i=1}^{n} x_i \\ \sum_{i=1}^{n} x_i & \sum_{i=1}^{n} x_i^2 \end{vmatrix} = n \sum_{i=1}^{n} x_i^2 - \left(\sum_{i=1}^{n} x_i\right)^2 = n \sum_{i=1}^{n} (x_i - \overline{x})^2 \neq 0.$$

故方程组(10.32)有唯一解

$$\begin{cases} \hat{b} = \dfrac{\sum_{i=1}^{n} (x_i - \overline{x})(y_i - \overline{y})}{\sum_{i=1}^{n} (x_i - \overline{x})^2}, \\ \hat{a} = \overline{y} - \hat{b} \overline{x}. \end{cases} \tag{10.33}$$

于是,所求的线性回归方程为
$$\hat{y} = \hat{a} + \hat{b}x. \tag{10.34}$$

若将 $\hat{a} = \overline{y} - \hat{b}\overline{x}$ 代入方程(10.34),则线性回归方程亦可表示为
$$\hat{y} = \overline{y} + \hat{b}(x - \overline{x}). \tag{10.35}$$

方程(10.35)表明,对于样本值 $(x_1, y_1), (x_2, y_2), \cdots, (x_n, y_n)$,回归直线通过散点图的几何中心 $(\overline{x}, \overline{y})$,即回归直线是一条过点 $(\overline{x}, \overline{y})$,斜率为 $\hat{b}$ 的直线.

上述确定回归直线所依据的原则是:使得所有观测数据的偏差平方和达到最小值. 按照这个原则确定回归直线的方法称为**最小二乘法**. "二乘"是指 $Q(a,b)$ 是二乘方(平方)的和. 如果 y 是正态变量,也可用极大似然估计法得出相同的结果.

为了计算上的方便,引入下述记号:
$$\begin{cases} S_{xx} = \sum_{i=1}^{n}(x_i - \overline{x})^2 = \sum_{i=1}^{n}x_i^2 - \frac{1}{n}\left(\sum_{i=1}^{n}x_i\right)^2, \\ S_{yy} = \sum_{i=1}^{n}(y_i - \overline{y})^2 = \sum_{i=1}^{n}y_i^2 - \frac{1}{n}\left(\sum_{i=1}^{n}y_i\right)^2, \\ S_{xy} = \sum_{i=1}^{n}(x_i - \overline{x})(y_i - \overline{y}) = \sum_{i=1}^{n}x_i y_i - \frac{1}{n}\left(\sum_{i=1}^{n}x_i\right)\left(\sum_{i=1}^{n}y_i\right), \end{cases} \tag{10.36}$$

这样 a, b 的估计可写成
$$\begin{cases} \hat{b} = \dfrac{S_{xy}}{S_{xx}}, \\ \hat{a} = \dfrac{1}{n}\sum_{i=1}^{n}y_i - \left(\dfrac{1}{n}\sum_{i=1}^{n}x_i\right)\hat{b}. \end{cases} \tag{10.37}$$

例 10.7 某企业生产一种毛毯,1—10 月份的产量(单位:千条)x 与生产费用支出(单位:万元)y 的统计资料如表 10-17 所示. 求 y 关于 x 的线性回归方程.

表 10-17

月份	1	2	3	4	5	6	7	8	9	10
x	12.0	8.0	11.5	13.0	15.0	14.0	8.5	10.5	11.5	13.3
y	11.6	8.5	11.4	12.2	13.0	13.2	8.9	10.5	11.3	12.0

解 为了求线性回归方程,将有关计算结果列表,如表 10-18 所示.

表 10-18

编号	产量 x	费用支出 y	x^2	xy	y^2
1	12.0	11.6	114	139.2	134.56
2	8.0	8.5	64	68	72.25
3	11.5	11.4	132.25	131.1	129.96
4	13.0	12.2	169	158.6	148.84
5	15.0	13.0	225	195	169
6	14.0	13.2	196	184.8	174.24
7	8.5	8.9	72.25	75.65	79.21
8	10.5	10.5	110.25	110.25	110.25

编号	产量 x	费用支出 y	x^2	xy	y^2
9	11.5	11.3	132.25	129.95	127.69
10	13.3	12.0	176.89	159.6	144
$\sum$	117.3	112.6	1 421.89	1 352.15	1 290

因为

$$S_{xx} = 1\,421.89 - \frac{1}{10} \times (117.3)^2 = 45.961,$$

$$S_{xy} = 1\,352.15 - \frac{1}{10} \times 117.3 \times 112.6 = 31.352,$$

$$\hat{b} = \frac{S_{xy}}{S_{xx}} \approx 0.682\,1, \quad \hat{a} = \frac{112.6}{10} - 0.682\,1 \times \frac{117.3}{10} \approx 3.259\,0,$$

故线性回归方程为 $\hat{y} = 3.259\,0 + 0.682\,1x$.

2. 多元线性回归

多元线性回归(multiple linear regression)分析原理与一元线性回归分析相同,但在计算上要复杂些.

设 $(x_{11}, x_{12}, \cdots, x_{1p}, y_1), \cdots, (x_{n1}, x_{n2}, \cdots, x_{np}, y_n)$ $(p > 1)$ 为一组容量为 n 的样本,根据最小二乘法原理,多元线性回归中的未知参数 $b_0, b_1, \cdots, b_p$ 应使得

$$Q(b_0, b_1, \cdots, b_p) = \sum_{i=1}^{n} (y_i - b_0 - b_1 x_{i1} - \cdots - b_p x_{ip})^2$$

达到最小值.

对 $Q(b_0, b_1, \cdots, b_p)$ 分别关于 $b_0, b_1, \cdots, b_p$ 求偏导数,并令它们等于零,得

$$\begin{cases} \dfrac{\partial Q}{\partial b_0} = -2 \sum_{i=1}^{n} (y_i - b_0 - b_1 x_{i1} - \cdots - b_p x_{ip}) = 0, \\ \dfrac{\partial Q}{\partial b_j} = -2 \sum_{i=1}^{n} (y_i - b_0 - b_1 x_{i1} - \cdots - b_p x_{ip}) x_{ij} = 0 \quad (j = 1, 2, \cdots, p), \end{cases}$$

即

$$\begin{cases} b_0 n + b_1 \sum_{i=1}^{n} x_{i1} + b_2 \sum_{i=1}^{n} x_{i2} + \cdots + b_p \sum_{i=1}^{n} x_{ip} = \sum_{i=1}^{n} y_i, \\ b_0 \sum_{i=1}^{n} x_{i1} + b_1 \sum_{i=1}^{n} x_{i1}^2 + b_2 \sum_{i=1}^{n} x_{i1} x_{i2} + \cdots + b_p \sum_{i=1}^{n} x_{i1} x_{ip} = \sum_{i=1}^{n} x_{i1} y_i, \\ \quad \cdots \cdots \\ b_0 \sum_{i=1}^{n} x_{ip} + b_1 \sum_{i=1}^{n} x_{i1} x_{ip} + b_2 \sum_{i=1}^{n} x_{i2} x_{ip} + \cdots + b_p \sum_{i=1}^{n} x_{ip}^2 = \sum_{i=1}^{n} x_{ip} y_i. \end{cases} \quad (10.38)$$

称方程组(10.38)为正规方程组.引入矩阵

$$\boldsymbol{X} = \begin{pmatrix} 1 & x_{11} & x_{12} & \cdots & x_{1p} \\ 1 & x_{21} & x_{22} & \cdots & x_{2p} \\ \vdots & \vdots & \vdots & & \vdots \\ 1 & x_{n1} & x_{n2} & \cdots & x_{np} \end{pmatrix}, \quad \boldsymbol{Y} = \begin{pmatrix} y_1 \\ y_2 \\ \vdots \\ y_n \end{pmatrix}, \quad \boldsymbol{B} = \begin{pmatrix} b_0 \\ b_1 \\ \vdots \\ b_p \end{pmatrix},$$

于是方程组(10.38)可写成

$$X^TXB = X^TY. \tag{10.38}'$$

方程(10.38)′为正规方程组的矩阵形式. 若$(X^TX)^{-1}$存在,则方程组(10.38)有唯一解

$$\hat{B} = \begin{pmatrix} \hat{b}_0 \\ \hat{b}_1 \\ \vdots \\ \hat{b}_p \end{pmatrix} = (X^TX)^{-1}X^TY. \tag{10.39}$$

于是,方程$\hat{y} = \hat{b}_0 + \hat{b}_1 x_1 + \cdots + \hat{b}_p x_p$即为所求的 p **元线性回归方程.**

例 10.8 设有某种特定的合金铸品,x和z分别表示合金中所含的 A 与 B 两种元素的百分数,现假设x及z各有四种不同的选择,共有$4 \times 4 = 16$种不同组合,y表示各种不同成分的铸品数.根据表 10 - 19 中的资料求y关于x,z的二元线性回归方程.

表 10 - 19

x	5	5	5	5	10	10	10	10	15	15	15	15	20	20	20	20
z	1	2	3	4	1	2	3	4	1	2	3	4	1	2	3	4
y	28	30	48	74	29	50	57	42	20	24	31	47	9	18	22	31

解 根据表中数据,得正规方程组

$$\begin{cases} 16b_0 + 200b_1 + 40b_2 = 560, \\ 200b_0 + 3\,000b_1 + 500b_2 = 6\,110, \\ 40b_0 + 500b_1 + 120b_2 = 1\,580. \end{cases}$$

解得

$$\hat{b}_0 = 34.75, \quad \hat{b}_1 = -1.78, \quad \hat{b}_2 = 9,$$

于是所求线性回归方程为

$$\hat{y} = 34.75 - 1.78x + 9z.$$

3. 线性回归分析的假设检验

用最小二乘法求出的回归直线并不需要y与x一定具有线性相关关系. 从上述求回归直线的过程看,对于任何一组试验数据$(x_i, y_i)(i = 1, 2, \cdots, n)$,都可用最小二乘法形式地求出一条$y$关于$x$的回归直线. 如果$y$与$x$之间不存在某种线性相关关系,那么这种直线是没有意义的,这就需要对y与x的线性回归方程进行假设检验,即检验x的变化对变量y的影响是否显著. 这个问题可利用线性相关的显著性检验来解决.

因为当且仅当$b \neq 0$时,变量y与x之间存在线性相关关系,因此我们需要检验假设:

$$H_0: b = 0; \quad H_1: b \neq 0. \tag{10.40}$$

若拒绝H_0,则认为y与x之间存在线性关系,所求得的线性回归方程有意义;若接受H_0,则认为y与x的关系不能用一元线性回归模型来表示,所求得的线性回归方程无意义.

关于上述假设的检验,我们介绍两种常用的检验法.

1) 方差分析法（F 检验法）

当x取值$x_1, x_2, \cdots, x_n$时,得y的一组观察值$y_1, y_2, \cdots, y_n$. 记

$$Q_{总} = S_{yy} = \sum_{i=1}^{n}(y_i - \overline{y})^2,$$

称为 $y_1, y_2, \cdots, y_n$ 的**总偏差平方和**，它的大小反映了观察值 $y_1, y_2, \cdots, y_n$ 的分散程度. 对于 $Q_{总}$ 进行分析：

$$Q_{总} = \sum_{i=1}^{n}(y_i - \overline{y})^2 = \sum_{i=1}^{n}[(y_i - \hat{y}_i) + (\hat{y}_i - \overline{y})]^2$$

$$= \sum_{i=1}^{n}(y_i - \hat{y}_i)^2 + \sum_{i=1}^{n}(\hat{y}_i - \overline{y})^2 = Q_{剩} + Q_{回}, \tag{10.41}$$

其中

$$Q_{剩} = \sum_{i=1}^{n}(y_i - \hat{y}_i)^2,$$

$$Q_{回} = \sum_{i=1}^{n}(\hat{y}_i - \overline{y})^2 = \sum_{i=1}^{n}[(\hat{a} + \hat{b}x_i) - (\hat{a} + \hat{b}\overline{x})]^2 = \hat{b}^2 \sum_{i=1}^{n}(x_i - \overline{x})^2.$$

$Q_{剩}$ 称为**剩余平方和**，它反映了观察值 $y_i (i=1,2,\cdots,n)$ 偏离回归直线的程度，这种偏离是由试验误差及其他未加控制的因素引起的. 可证明，$\hat{\sigma}^2 = \dfrac{Q_{剩}}{n-2}$ 是 σ^2 的无偏估计量.

$Q_{回}$ 称为**回归平方和**，它反映了回归值 $\hat{y}_i (i=1,2,\cdots,n)$ 的分散程度，它的分散性是因 x 的变化而引起的，并通过 x 对于 y 的线性影响反映出来. 因此，$\hat{y}_1, \hat{y}_2, \cdots, \hat{y}_n$ 的分散性来源于 $x_1, x_2, \cdots, x_n$ 的分散性.

通过对 $Q_{剩}$, $Q_{回}$ 的分析，$y_1, y_2, \cdots, y_n$ 的分散程度 $Q_{总}$ 的两种影响可以从数量上区分开来. 因而，$Q_{回}$ 与 $Q_{剩}$ 的比值反映了这种线性相关关系与随机因素对于 y 的影响的大小，比值越大，线性相关性越强.

可证明，统计量

$$F = \frac{Q_{回}}{1} \bigg/ \frac{Q_{剩}}{n-2} \stackrel{H_0 真}{\sim} F(1, n-2). \tag{10.42}$$

给定显著性水平 α，若 $F > F_\alpha(1, n-2)$，则拒绝假设 H_0，即认为在显著性水平 α 下，y 对于 x 的线性相关关系是显著的；反之，则认为 y 对于 x 没有线性相关关系，即所求线性回归方程无实际意义.

检验时，可使用方差分析表 10-20，其中

$$\begin{cases} Q_{回} = \sum_{i=1}^{n}(\hat{y}_i - \overline{y})^2 = \hat{b}^2 S_{xx} = \dfrac{S_{xy}^2}{S_{xx}}, \\ Q_{剩} = Q_{总} - Q_{回} = S_{yy} - \dfrac{S_{xy}^2}{S_{xx}}. \end{cases} \tag{10.43}$$

表 10-20

方差来源	平方和	自由度	均方和	F 比
回归	$Q_{回}$	1	$Q_{回}/1$	$F = \dfrac{Q_{回}}{Q_{剩}/(n-2)}$
剩余	$Q_{剩}$	$n-2$	$Q_{剩}/(n-2)$	
总计	$Q_{总}$	$n-1$		

例 10.9 给定显著性水平 $\alpha = 0.05$，检验例 10.7 中的回归效果是否显著.

解 由例 10.7 可知

$$S_{xx} = 45.961, \quad S_{xy} = 31.352, \quad S_{yy} = 22.124,$$

于是得

$$Q_{回} = \frac{S_{xy}^2}{S_{xx}} \approx 21.3866,$$

$$Q_{剩} = Q_{总} - Q_{回} = 22.124 - 21.3866 = 0.7374,$$

$$F = Q_{回} \Big/ \frac{Q_{剩}}{n-2} \approx 232.02 > F_{0.05}(1,8) = 5.32.$$

故应拒绝 H_0，即两变量的线性相关关系是显著的.

2) 相关系数法（t 检验法）

为了检验线性回归直线是否显著，还可用 x 与 y 之间的相关系数来检验. 相关系数的定义为

$$r = \frac{S_{xy}}{\sqrt{S_{xx}S_{yy}}}. \tag{10.44}$$

由于

$$\frac{Q_{回}}{Q_{总}} = \frac{S_{xy}^2}{S_{xx}S_{yy}} = r^2 \quad (|r| \leqslant 1), \quad \hat{b} = \frac{S_{xy}}{S_{xx}},$$

因此

$$r = \frac{\hat{b}S_{xx}}{\sqrt{S_{xx}S_{yy}}}.$$

显然 r 和 $\hat{b}$ 的符号是一致的，它的值反映了 x 和 y 的内在联系.

提出检验假设：

$$H_0: r = 0; \quad H_1: r \neq 0. \tag{10.45}$$

可以证明，当 H_0 为真时，

$$t = \frac{r}{\sqrt{1-r^2}}\sqrt{n-2} \sim t(n-2). \tag{10.46}$$

故 H_0 的拒绝域为

$$t > t_{\frac{\alpha}{2}}(n-2). \tag{10.47}$$

由例 10.9 的数据可算出

$$r = \frac{S_{xy}}{\sqrt{S_{xx}S_{yy}}} \approx 0.9832,$$

$$t = \frac{r}{\sqrt{1-r^2}}\sqrt{n-2} \approx 15.2352 > t_{0.025}(8) = 2.3060,$$

故应拒绝 H_0，即两变量的线性相关性显著.

在一元线性回归预测中，相关系数检验法与 F 检验法等价，在实际中只需做其中一种检验即可.

与一元线性回归显著性检验原理相同，为了考查多元线性回归这一假定是否符合实际观察结果，还需进行以下假设检验：

$$H_0: b_1 = b_2 = \cdots = b_p = 0; \quad H_1: b_i (i=1,2,\cdots,p) \text{ 不全为零}.$$

可以证明，统计量

$$F = \frac{U}{p} \Big/ \frac{Q}{n-p-1} \stackrel{H_0 真}{\sim} F(p, n-p-1),$$

其中

$$U = \boldsymbol{Y}^T\boldsymbol{X}(\boldsymbol{X}^T\boldsymbol{X})^{-1}\boldsymbol{X}^T\boldsymbol{Y} - n\bar{y}^2, \quad Q = \boldsymbol{Y}^T\boldsymbol{Y} - \boldsymbol{Y}^T\boldsymbol{X}(\boldsymbol{X}^T\boldsymbol{X})^{-1}\boldsymbol{X}^T\boldsymbol{Y}.$$

给定显著性水平 α，若 $F > F_\alpha$，则拒绝 H_0. 即认为回归效果是显著的.

§10.4　非线性回归分析

前面讨论了线性回归问题,对于线性情形我们有了一整套的理论与方法.在实际中常会遇见更为复杂的非线性回归问题,此时一般是采用变量代换法将非线性模型线性化,再按照线性回归方法进行处理.举例如下:

(1) 模型
$$y = a + b\sin t + \varepsilon, \quad \varepsilon \sim N(0,\sigma^2), \tag{10.48}$$
其中 a,b,σ^2 为与 t 无关的未知参数.只要令 $x = \sin t$,即可将(10.48)式化为(10.26)式.

(2) 模型
$$y = a + bt + ct^2 + \varepsilon, \quad \varepsilon \sim N(0,\sigma^2), \tag{10.49}$$
其中 a,b,c,σ^2 为与 t 无关的未知参数.令 $x_1 = t, x_2 = t^2$,得
$$y = a + bx_1 + cx_2 + \varepsilon, \quad \varepsilon \sim N(0,\sigma^2), \tag{10.50}$$
它为多元线性回归的情形.

(3) 模型
$$\frac{1}{y} = a + \frac{b}{x} + \varepsilon, \quad \varepsilon \sim N(0,\sigma^2).$$
令 $y' = \dfrac{1}{y}, x' = \dfrac{1}{x}$,则有
$$y' = a + bx' + \varepsilon, \quad \varepsilon \sim N(0,\sigma^2),$$
即化为(10.26)式.

(4) 模型
$$y = a + b\ln x + \varepsilon, \quad \varepsilon \sim N(0,\sigma^2).$$
令 $x' = \ln x$,则有
$$y = a + bx' + \varepsilon, \quad \varepsilon \sim N(0,\sigma^2),$$
即也可化为(10.26)式.

另外,还有下述模型:
$$Q(y) = a + bx + \varepsilon, \quad \varepsilon \sim N(0,\sigma^2),$$
其中 $Q(y)$ 为已知函数,且设 $Q(y)$ 存在单值的反函数,a,b,σ^2 为与 x 无关的未知参数.这时,令 $z = Q(y)$,得
$$z = a + bx + \varepsilon, \quad \varepsilon \sim N(0,\sigma^2).$$
在求得 z 的回归方程后,再按 $z = Q(y)$ 的逆变换,变回原变量 y.我们就称之为**关于 y 的回归方程**.此时,y 的回归方程的图形是曲线,故又称为**曲线回归方程**.

例 10.10　某钢厂出钢时所用的盛钢水的钢包,由于钢水对耐火材料的侵蚀,容积不断扩大.通过试验,得到了使用次数 x 和钢包增大的容积(单位:m^3)y 之间的17组数据,如表10-21所示.试求使用次数 x 与增大容积 y 的回归方程,并检验回归效果是否显著(取显著性水平 $\alpha = 0.01$).

表 10-21

x	y	x	y
2	6.42	11	10.59
3	8.20	12	10.60
4	9.58	13	10.80
5	9.50	14	10.60
6	9.70	15	10.90
7	10.00	16	10.76
8	9.93	18	11.00
9	9.99	19	11.20
10	10.49		

解 作 (x,y) 的散点图,如图 10-2 所示.

看起来 y 与 x 呈倒指数关系 $\ln y = a + b\dfrac{1}{x} + \varepsilon$. 令 $y' = \ln y, x' = \dfrac{1}{x}$,求出 x', y' 的值(见表 10-22).

表 10-22

x'	y'	x'	y'
0.500 0	1.859 4	0.090 9	2.359 9
0.333 3	2.104 1	0.083 3	2.360 9
0.250 0	2.259 7	0.076 9	2.379 5
0.200 0	2.251 3	0.071 4	2.360 9
0.166 7	2.272 1	0.066 7	2.388 8
0.142 9	2.302 6	0.062 5	2.375 8
0.125 0	2.295 6	0.055 6	2.397 9
0.111 1	2.301 6	0.052 6	2.415 9
0.100 0	2.350 4		

作 (x', y') 的散点图,如图 10-3 所示.

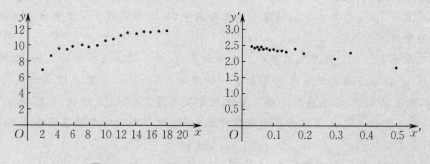

图 10-2　　　　图 10-3

可见,各点基本上在一直线上,故可设
$$y' = a + bx' + \varepsilon, \quad \varepsilon \sim (0, \sigma^2).$$

经计算,得
$$\overline{x'} = 0.1464, \quad \overline{y'} = 2.2963,$$
$$\sum_{i=1}^{n}(x_i')^2 = 0.5902,$$
$$\sum_{i=1}^{n}(y_i')^2 = 89.9311,$$
$$\sum_{i=1}^{n}x_i'y_i' = 5.4627,$$

于是得参数 a,b 的估计值分别为
$$\hat{a} = 2.4600, \quad \hat{b} = -1.1183.$$

故 y' 关于 x' 的线性回归方程为
$$y' = -1.1183x' + 2.4600.$$

换回原变量,得
$$\hat{y} = 11.7046 e^{-\frac{1.1183}{x}}.$$

现用 F 检验法对于 x' 与 y' 的线性相关关系的显著性进行检验,得
$$F(1,15) = 379.31 > F_{0.01}(1,15) = 8.68.$$

检验结果表明,此线性回归方程的效果是显著的.

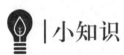

小知识

勒让德发明最小二乘法

勒让德(Legendre)是法国数学家,在数学的许多领域,包括椭圆积分、数论和几何等方面,都有重大的贡献.最小二乘法最先出现在他于1805年发表的一本题为《计算彗星轨道的新方法》著作的附录中,该附录占据了这本长80页著作的最后9页.勒让德在这本书前面几十页关于彗星轨道计算的讨论中没有使用最小二乘法,可见在他刚开始写作时,这一方法尚未在他头脑中成形.考虑到此书发表于1805年且该法出现在书尾的附录中,可以推测他发现这个方法当在1805年或之前不久的某个时间.

勒让德在该书72～75页描述了最小二乘法的思想、具体做法及方法的优点.他提道:使误差平方和达到最小,在各方程的误差之间建立了一种平衡,从而防止了某一极端误差(对决定参数的估计值)取得支配地位,而这有助于揭示系统的更接近真实的状态.的确,考察勒让德之前一些学者的做法,都是把立足点放在解出一个线性方程组上.这种做法对于误差在各方程之间的分布的影响如何,是不清楚的.

在方法的具体操作上,勒让德指出,为实现
$$Q(\theta_1, \theta_2, \cdots, \theta_k) = \sum_{i=1}^{n}(x_{0i} + x_{1i}\theta_1 + x_{2i}\theta_2 + \cdots + x_{ki}\theta_k)^2$$
最小,而对各 θ_i 求偏导数所形成的线性方程组

$$\begin{cases} \sum_{r=1}^{k} s_{rj}\theta_r + \theta_{0j} = 0, & j=1,2,\cdots,k, \\ s_{rj} = \sum_{i=1}^{n} x_{ri}x_{ji}, & r=0,1,2,\cdots,k; j=1,2,\cdots,k \end{cases} \tag{10.51}$$

只涉及简单的加、乘运算. 现今我们把(10.51)式叫作正则方程组, 这是后来高斯引进的称呼.

关于最小二乘法的优点, 勒让德指出了以下几条: 第一, 通常的算术平均值是其一特例; 第二, 如果观察值全部严格符合某一线性方程, 则这个方程必是最小二乘法的解; 第三, 如果在事后打算弃置某些观察值不用或增加了新的观察值, 对于正则方程组的修改易于完成. 从现在的观点看, 这方法只涉及解线性方程组是其最重要的优点之一. 近年发展起来的, 从最小二乘法衍生出的其他一些方法, 尽管在理论上有其优点, 可是由于计算上的困难而影响了其应用.

最小二乘法在19世纪初发明后, 很快得到欧洲一些国家的天文和测地学工作者的广泛使用. 据不完全统计, 自1805年至1864年的六十年期间, 有关这一方法的研究论文多达二百五十余篇, 一些百科全书, 包括1837年出版的不列颠百科全书第7版, 都收进了有关这个方法的介绍. 在研究论文中, 有一些是关于最小二乘估计的计算, 这涉及解线性方程组. 高斯也注意了这个问题, 给出了正则方程组的命名并发展了解方程组的消元法. 但是, 在电子计算机出现以前, 当参数个数(方程组(10.51)中的k)较大时, 计算任务很繁重. 1858年, 英国为绘制本国地图做了一次大型的测绘, 其数据处理用最小二乘法涉及方程组(10.51)中$k=920, n=1\,554$. 用两组人员独立计算, 花了两年半的时间才完成. 1958年, 我国某研究所计算一个炼钢方面的课题, 涉及用最小二乘法解13个自变量的线性回归, 三十余人用电子计算机算, 夜以继日花了一个多月的时间.

勒让德的工作没有涉及最小二乘法的误差分析问题. 这一点由高斯在1809年发表的正态误差理论加以补足. 高斯的这个理论对于最小二乘法应用于数理统计有极重要的意义. 正因为高斯这一重大贡献, 以及他声称自1799年以来一直使用这个方法, 所以人们多把这一方法的发明优先权归之于高斯. 当时在这两位大数学家之间曾为此发生优先权之争, 其知名度仅次于牛顿和莱布尼茨之间关于微积分发明的优先权之争. 近年来还有学者根据有关的文献研究这个问题, 也做不出判断的结论. 这个公案大概也只能以"两人同时独立做出"来了结. 但无论如何, 第一个在书面上发表的是勒让德, 他有理由占先一些.

我们已指出, 最小二乘法是针对适合形如$x_0 + x_1\theta_1 + x_2\theta_2 + \cdots + x_k\theta_k = 0$的线性关系的观测数据而作出的, 现在统计学上把这叫作线性(统计)模型 —— 当然, 其含义比最初所赋予它的要广得多. 最小二乘法在数理统计学中的显赫地位, 大部分来自它与这个模型的联系. 另一个原因是, 它有简单的线性表达式. 这不仅使它易于计算, 更重要的是, 在正态误差的假定下, 它有较完善的小样本理论, 使基于它的统计推断易于操作且有关的概率计算不难进行. 其他的方法虽也可能具有某种优点, 但由于缺乏最小二乘法所具备的上述特性, 故仍不可能取代最小二乘法的位置, 这就是此法得以长盛不衰的原因.

习题 10

1. 一个年级有三个小班,他们进行了一次数学考试,现从各个班级随机地抽取了一些学生,记录其成绩如表 10-23 所示.试在显著性水平 0.05 下检验各班级的平均分数有无显著性差异.已知各个总体服从正态分布,且方差相等.

表 10-23

I		II		III	
73	66	88	77	68	41
89	60	78	31	79	59
82	45	48	78	56	68
43	93	91	62	91	53
80	36	51	76	71	79
73	77	85	96	71	15
		74	80	87	
		56			

2. 为了解三种不同配比的饲料对于仔猪生长影响的差异,对三种不同品种的仔猪各选三头进行试验,分别测得其三个月间体重增加量(单位:kg)如表 10-24 所示.取显著性水平 $\alpha = 0.05$,试分析不同饲料与不同品种对于仔猪的生长有无显著性影响.假定其体重增长量服从正态分布,且各种配比的方差相等.

表 10-24

因素 A(饲料)	因素 B(品种)		
	B_1	B_2	B_3
A_1	51	56	45
A_2	53	57	49
A_3	52	58	47

3. 测量了 9 对父子的身高(单位:in,1 in = 25.4 mm),所得数据如表 10-25 所示.

表 10-25

父亲身高 x	60	62	64	66	67	68	70	72	74
儿子身高 y	63.6	65.2	66	66.9	67.1	67.4	68.3	70.1	70

(1) 求儿子身高 y 关于父亲身高 x 的回归方程;

(2) 取显著性水平 $\alpha = 0.05$,检验儿子的身高 y 与父亲身高 x 之间的线性相关关系是否显著.

4. 随机抽取了 10 个家庭,调查了他们的家庭月收入(单位:千元)x 和月支出(单位:千元)y,记录于表10-26 中.

表 10-26

x	20	15	20	25	16	20	18	19	22	16
y	18	14	17	20	14	19	17	18	20	13

(1) 在直角坐标系下作 (x,y) 的散点图,判断 y 与 x 是否存在线性关系;

(2) 求 y 关于 x 的一元线性回归方程;

(3) 对所得的回归方程做显著性检验(取显著性水平 $\alpha = 0.025$).

5. 设 y 为树干的体积(单位:cm^3),x_1 为离地面一定高度的树干直径(单位:cm),x_2 为树干高度(单位:cm),一共测量了 31 棵树,数据列于表 10-27 中.求出 y 关于 x_1,x_2 的二元线性回归方程,以便能用简单方法由 x_1 和 x_2 估计一棵树的体积,进而估计一片森林的木材储量.

表 10 - 27

x_1	x_2	y	x_1	x_2	y
8.3	70	10.3	12.9	85	33.8
8.6	65	10.3	13.3	86	27.4
8.8	63	10.2	13.7	71	25.7
10.5	72	10.4	13.8	64	24.9
10.7	81	16.8	14.0	78	34.5
10.8	83	18.8	14.2	80	31.7
11.0	66	19.7	15.5	74	36.3
11.0	75	15.6	16.0	72	38.3
11.1	80	18.2	16.3	77	42.6
11.2	75	22.6	17.3	81	55.4
11.3	79	19.9	17.5	82	55.7
11.4	76	24.2	17.9	80	58.3
11.4	76	21.0	18.0	80	51.5
11.7	69	21.4	18.0	80	51.0
12.0	75	21.3	20.6	87	77.0
12.9	74	19.1			

附 表

附表 1 几种常用的概率分布

分 布	参 数	分布律或密度函数	数学期望	方 差
(0-1)分布	$0<p<1$	$P\{X=k\}=p^k(1-p)^{1-k},$ $k=0,1$	p	$p(1-p)$
二项分布	$n\geq 1,$ $0<p<1$	$P\{X=k\}=C_n^k p^k(1-p)^{n-k},$ $k=0,1,2,\cdots,n$	np	$np(1-p)$
负二项分布	$r\geq 1,$ $0<p<1$	$P\{X=k\}=C_{k-1}^{r-1}p^r(1-p)^{k-r},$ $k=r,r+1,\cdots$	$\dfrac{r}{p}$	$\dfrac{r(1-p)}{p^2}$
几何分布	$0<p<1$	$P\{X=k\}=p(1-p)^{k-1},$ $k=1,2,\cdots$	$\dfrac{1}{p}$	$\dfrac{1-p}{p^2}$
超几何分布	N,M,n $(M\leq N, n\leq M)$	$P\{X=k\}=\dfrac{C_M^k C_{N-M}^{n-k}}{C_N^n},$ $k=0,1,2,\cdots,n$	$\dfrac{nM}{N}$	$\dfrac{nM}{N}\left(1-\dfrac{M}{N}\right)\left(\dfrac{N-n}{N-1}\right)$
泊松分布	$\lambda>0$	$P\{X=k\}=\dfrac{\lambda^k e^{-\lambda}}{k!},$ $k=0,1,2,\cdots$	λ	λ
均匀分布	$a<b$	$f(x)=\begin{cases}\dfrac{1}{b-a}, & a<x<b,\\ 0, & \text{其他}\end{cases}$	$\dfrac{a+b}{2}$	$\dfrac{(b-a)^2}{12}$
正态分布	μ 为实数, $\sigma>0$	$f(x)=\dfrac{1}{\sqrt{2\pi}\sigma}e^{-\frac{(x-\mu)^2}{2\sigma^2}}$	μ	σ^2
Γ 分布	$\alpha>0,$ $\beta>0$	$f(x)=\begin{cases}\dfrac{1}{\beta^\alpha \Gamma(\alpha)}x^{\alpha-1}e^{-\frac{x}{\beta}}, & x>0,\\ 0, & \text{其他}\end{cases}$	$\alpha\beta$	$\alpha\beta^2$

续表

分 布	参 数	分布律或密度函数	数学期望	方 差
指数分布	$\theta>0$	$f(x)=\begin{cases}\dfrac{1}{\theta}\mathrm{e}^{-x/\theta}, & x>0,\\ 0, & 其他\end{cases}$	θ	θ^2
χ^2 分布	$n\geq 1$	$f(x)=\begin{cases}\dfrac{1}{2^{n/2}\Gamma(n/2)}x^{n/2-1}\mathrm{e}^{-x/2}, & x>0,\\ 0, & 其他\end{cases}$	n	$2n$
威布尔分布	$\eta>0$, $\beta>0$	$f(x)=\begin{cases}\dfrac{\beta}{\eta}\left(\dfrac{x}{\eta}\right)^{\beta-1}\mathrm{e}^{-(x/\eta)^\beta}, & x>0,\\ 0, & 其他\end{cases}$	$\eta\Gamma\left(\dfrac{1}{\beta}+1\right)$	$\eta^2\left\{\Gamma\left(\dfrac{2}{\beta}+1\right)-\left[\Gamma\left(\dfrac{1}{\beta}+1\right)\right]^2\right\}$
瑞利分布	$\sigma>0$	$f(x)=\begin{cases}\dfrac{x}{\sigma^2}\mathrm{e}^{-x^2/(2\sigma^2)}, & x>0,\\ 0, & 其他\end{cases}$	$\sqrt{\dfrac{\pi}{2}}\sigma$	$\dfrac{4-\pi}{2}\sigma^2$
β 分布	$\alpha>0$, $\beta>0$	$f(x)=\begin{cases}\dfrac{\Gamma(\alpha+\beta)}{\Gamma(\alpha)\Gamma(\beta)}x^{\alpha-1}(1-x)^{\beta-1}, & 0<x<1,\\ 0, & 其他\end{cases}$	$\dfrac{\alpha}{\alpha+\beta}$	$\dfrac{\alpha\beta}{(\alpha+\beta)^2(\alpha+\beta+1)}$
对数正态分布	μ 为实数, $\sigma>0$	$f(x)=\begin{cases}\dfrac{1}{\sqrt{2\pi}\sigma x}\mathrm{e}^{-\frac{(\ln x-\mu)^2}{2\sigma^2}}, & x>0,\\ 0, & 其他\end{cases}$	$\mathrm{e}^{\mu+\frac{\sigma^2}{2}}$	$\mathrm{e}^{2\mu+\sigma^2}(\mathrm{e}^{\sigma^2}-1)$
柯西分布	a 为实数, $\lambda>0$	$f(x)=\dfrac{1}{\pi}\cdot\dfrac{\lambda}{\lambda^2+(x-a)^2}$	不存在	不存在
t 分布	$n\geq 1$	$f(x)=\dfrac{\Gamma\left(\dfrac{n+1}{2}\right)}{\sqrt{n\pi}\,\Gamma(n/2)}\left(1+\dfrac{x^2}{n}\right)^{-(n+1)/2}$	0	$\dfrac{n}{n-2}$, $n>2$
F 分布	n_1, n_2	$f(x)=\begin{cases}\dfrac{\Gamma[(n_1+n_2)/2]}{\Gamma(n_1/2)\Gamma(n_2/2)}\left(\dfrac{n_1}{n_2}\right)\left(\dfrac{n_1}{n_2}x\right)^{\frac{n_1}{2}-1}\\ \quad\cdot\left(1+\dfrac{n_1}{n_2}x\right)^{-(n_1+n_2)/2}, & x>0,\\ 0, & 其他\end{cases}$	$\dfrac{n_2}{n_2-2}$, $n_2>2$	$\dfrac{2n_2^2(n_1+n_2-2)}{n_1(n_2-2)^2(n_2-4)}$, $n_2>4$

附表 2　标准正态分布表

$$\Phi(z) = \int_{-\infty}^{z} \frac{1}{\sqrt{2\pi}} e^{-u^2/2}\,du = P\{Z \leqslant z\}$$

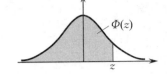

z	0	1	2	3	4	5	6	7	8	9
0.0	0.500 0	0.504 0	0.508 0	0.512 0	0.516 0	0.519 9	0.523 9	0.527 9	0.531 9	0.535 9
0.1	0.539 8	0.543 8	0.547 8	0.551 7	0.555 7	0.559 6	0.563 6	0.567 5	0.571 4	0.575 3
0.2	0.579 3	0.583 2	0.587 1	0.591 0	0.594 8	0.598 7	0.602 6	0.606 4	0.610 3	0.614 1
0.3	0.617 9	0.621 7	0.625 5	0.629 3	0.633 1	0.636 8	0.640 6	0.644 3	0.648 0	0.651 7
0.4	0.655 4	0.659 1	0.662 8	0.666 4	0.670 0	0.673 6	0.677 2	0.680 8	0.684 4	0.687 9
0.5	0.691 5	0.695 0	0.698 5	0.701 9	0.705 4	0.708 8	0.712 3	0.715 7	0.719 0	0.722 4
0.6	0.725 7	0.729 1	0.732 4	0.735 7	0.738 9	0.742 2	0.745 4	0.748 6	0.751 7	0.754 9
0.7	0.758 0	0.761 1	0.764 2	0.767 3	0.770 3	0.773 4	0.776 4	0.779 4	0.782 3	0.785 2
0.8	0.788 1	0.791 0	0.793 9	0.796 7	0.799 5	0.802 3	0.805 1	0.807 8	0.810 6	0.813 3
0.9	0.815 9	0.818 6	0.821 2	0.823 8	0.826 4	0.828 9	0.831 5	0.834 0	0.836 5	0.838 9
1.0	0.841 3	0.843 8	0.846 1	0.848 5	0.850 8	0.853 1	0.855 4	0.857 7	0.859 9	0.862 1
1.1	0.864 3	0.866 5	0.868 6	0.870 8	0.872 9	0.874 9	0.877 0	0.879 0	0.881 0	0.883 0
1.2	0.884 9	0.886 9	0.888 8	0.890 7	0.892 5	0.894 4	0.896 2	0.898 0	0.899 7	0.901 5
1.3	0.903 2	0.904 9	0.906 6	0.908 2	0.909 9	0.911 5	0.913 1	0.914 7	0.916 2	0.917 7
1.4	0.919 2	0.920 7	0.922 2	0.923 6	0.925 1	0.926 5	0.927 8	0.929 2	0.930 6	0.931 9
1.5	0.933 2	0.934 5	0.935 7	0.937 0	0.938 2	0.939 4	0.940 6	0.941 8	0.943 0	0.944 1
1.6	0.945 2	0.946 3	0.947 4	0.948 4	0.949 5	0.950 5	0.951 5	0.952 5	0.953 5	0.954 5
1.7	0.955 4	0.956 4	0.957 3	0.958 2	0.959 1	0.959 9	0.960 8	0.961 6	0.962 5	0.963 3
1.8	0.964 1	0.964 8	0.965 6	0.966 4	0.967 1	0.967 8	0.968 6	0.969 3	0.970 0	0.970 6
1.9	0.971 3	0.971 9	0.972 6	0.973 2	0.973 8	0.974 4	0.975 0	0.975 6	0.976 2	0.976 7
2.0	0.977 2	0.977 8	0.978 3	0.978 8	0.979 3	0.979 8	0.980 3	0.980 8	0.981 2	0.981 7
2.1	0.982 1	0.982 6	0.983 0	0.983 4	0.983 8	0.984 2	0.984 6	0.985 0	0.985 4	0.985 7
2.2	0.986 1	0.986 4	0.986 8	0.987 1	0.987 4	0.987 8	0.988 1	0.988 4	0.988 7	0.989 0
2.3	0.989 3	0.989 6	0.989 8	0.990 1	0.990 4	0.990 6	0.990 9	0.991 1	0.991 3	0.991 6
2.4	0.991 8	0.992 0	0.992 2	0.992 5	0.992 7	0.992 9	0.993 1	0.993 2	0.993 4	0.993 6
2.5	0.993 8	0.994 0	0.994 1	0.994 3	0.994 5	0.994 6	0.994 8	0.994 9	0.995 1	0.995 2
2.6	0.995 3	0.995 5	0.995 6	0.995 7	0.995 9	0.996 0	0.996 1	0.996 2	0.996 3	0.996 4
2.7	0.996 5	0.996 6	0.996 7	0.996 8	0.996 9	0.997 0	0.997 1	0.997 2	0.997 3	0.997 4
2.8	0.997 4	0.997 5	0.997 6	0.997 7	0.997 7	0.997 8	0.997 9	0.997 9	0.998 0	0.998 1
2.9	0.998 1	0.998 2	0.998 2	0.998 3	0.998 4	0.998 4	0.998 5	0.998 5	0.998 6	0.998 6
3	0.998 65	0.999 03	0.999 31	0.999 52	0.999 66	0.999 77	0.999 84	0.999 89	0.999 93	0.999 95
4	0.999 968	0.999 979	0.999 987	0.999 991	0.999 995	0.999 997	0.999 998	0.999 999	0.999 999	1.000 000

注：表中末两行为函数值 $\Phi(3.0), \Phi(3.1), \cdots, \Phi(3.9); \Phi(4.0), \Phi(4.1), \cdots, \Phi(4.9)$.

附表 3   泊松分布表

$$P\{X \geqslant x\} = 1 - F(x-1) = \sum_{r=x}^{\infty} \frac{e^{-\lambda} \lambda^r}{r!}$$

x	$\lambda=0.2$	$\lambda=0.3$	$\lambda=0.4$	$\lambda=0.5$	$\lambda=0.6$
0	1.000 000 0	1.000 000 0	1.000 000 0	1.000 000	1.000 000
1	0.181 269 2	0.259 181 8	0.329 680 0	0.323 469	0.451 188
2	0.017 523 1	0.036 936 3	0.061 551 9	0.090 204	0.121 901
3	0.001 148 5	0.003 599 5	0.007 926 3	0.014 388	0.023 115
4	0.000 056 8	0.000 265 8	0.000 776 3	0.001 752	0.003 358
5	0.000 002 3	0.000 015 8	0.000 061 2	0.000 172	0.000 394
6	0.000 000 1	0.000 000 8	0.000 004 0	0.000 014	0.000 039
7			0.000 000 2	0.000 001	0.000 003

x	$\lambda=0.7$	$\lambda=0.8$	$\lambda=0.9$	$\lambda=1.0$	$\lambda=1.2$
0	1.000 000	1.000 000	1.000 000	1.000 000	1.000 000
1	0.503 415	0.550 671	0.593 430	0.632 121	0.698 806
2	0.155 805	0.191 208	0.227 518	0.264 241	0.337 373
3	0.034 142	0.047 423	0.062 857	0.080 301	0.120 513
4	0.005 753	0.009 080	0.013 459	0.018 988	0.033 769
5	0.000 786	0.001 411	0.002 344	0.003 660	0.007 746
6	0.000 090	0.000 184	0.000 343	0.000 594	0.001 500
7	0.000 009	0.000 021	0.000 043	0.000 083	0.000 251
8	0.000 001	0.000 002	0.000 005	0.000 010	0.000 037
9				0.000 001	0.000 005
10					0.000 001

x	$\lambda=1.4$	$\lambda=1.6$	$\lambda=1.8$	$\lambda=2.0$	
0	1.000 000	1.000 000	1.000 000	1.000 000	
1	0.753 403	0.798 103	0.834 701	0.864 665	
2	0.408 167	0.475 069	0.537 163	0.593 994	
3	0.166 502	0.216 642	0.269 379	0.323 324	
4	0.053 725	0.078 813	0.108 708	0.142 877	
5	0.014 253	0.023 682	0.036 407	0.052 653	
6	0.003 201	0.006 040	0.010 378	0.016 564	
7	0.000 622	0.001 336	0.002 569	0.004 534	
8	0.000 107	0.000 260	0.000 562	0.001 097	
9	0.000 016	0.000 045	0.000 110	0.000 237	
10	0.000 002	0.000 007	0.000 019	0.000 046	
11		0.000 001	0.000 003	0.000 008	
12				0.000 001	

续表

x	$\lambda=2.5$	$\lambda=3.0$	$\lambda=3.5$	$\lambda=4.0$	$\lambda=4.5$	$\lambda=5.0$
0	1.000 000	1.000 000	1.000 000	1.000 000	1.000 000	1.000 000
1	0.917 915	0.950 213	0.969 803	0.981 684	0.988 891	0.993 262
2	0.712 703	0.800 852	0.864 112	0.908 422	0.938 901	0.959 572
3	0.456 187	0.576 810	0.679 153	0.761 897	0.826 422	0.875 348
4	0.242 424	0.352 768	0.463 367	0.566 530	0.657 704	0.734 974
5	0.108 822	0.184 737	0.274 555	0.371 163	0.467 896	0.559 507
6	0.042 021	0.083 918	0.142 386	0.214 870	0.297 070	0.384 039
7	0.014 187	0.033 509	0.065 288	0.110 674	0.168 949	0.237 817
8	0.004 247	0.011 905	0.026 739	0.051 134	0.086 586	0.133 372
9	0.001 140	0.003 803	0.009 874	0.021 363	0.040 257	0.068 094
10	0.000 277	0.001 102	0.003 315	0.008 132	0.017 093	0.031 828
11	0.000 062	0.000 292	0.001 019	0.002 840	0.006 669	0.013 695
12	0.000 013	0.000 071	0.000 289	0.000 915	0.002 404	0.005 453
13	0.000 020	0.000 016	0.000 076	0.000 274	0.000 805	0.002 019
14		0.000 003	0.000 019	0.000 076	0.000 252	0.000 698
15		0.000 001	0.000 004	0.000 020	0.000 074	0.000 226
16			0.000 001	0.000 005	0.000 020	0.000 069
17				0.000 001	0.000 005	0.000 020
18					0.000 001	0.000 005
19						0.000 001

附表4 t 分布表

$$P\{t(n) > t_\alpha(n)\} = \alpha$$

n	α=0.25	α=0.10	α=0.05	α=0.025	α=0.01	α=0.005
1	1.0000	3.0777	6.3138	12.7062	31.8207	63.6574
2	0.8165	1.8856	2.9200	4.3027	6.9646	9.9248
3	0.7649	1.6377	2.3534	3.1824	4.5407	5.8409
4	0.7407	1.5332	2.1318	2.7764	3.7469	4.6041
5	0.7267	1.4759	2.0150	2.5706	3.3649	4.0322
6	0.7176	1.4398	1.9432	2.4469	3.1427	3.7074
7	0.7111	1.4149	1.8946	2.3646	2.9980	3.4995
8	0.7064	1.3968	1.8595	2.3060	2.8965	3.3554
9	0.7027	1.3830	1.8331	2.2622	2.8214	3.2498
10	0.6998	1.3722	1.8125	2.2281	2.7638	3.1693
11	0.6974	1.3634	1.7959	2.2010	2.7181	3.1058
12	0.6955	1.3562	1.7823	2.1788	2.6810	3.0545
13	0.6938	1.3502	1.7709	2.1604	2.6503	3.0123
14	0.6924	1.3450	1.7613	2.1448	2.6245	2.9768
15	0.6912	1.3406	1.7531	2.1315	2.6025	2.9467
16	0.6901	1.3368	1.7459	2.1199	2.5835	2.9208
17	0.6892	1.3334	1.7396	2.1098	2.5669	2.8982
18	0.6884	1.3304	1.7341	2.1009	2.5524	2.8784
19	0.6876	1.3277	1.7291	2.0930	2.5395	2.8609
20	0.6870	1.3253	1.7247	2.0860	2.5280	2.8453
21	0.6864	1.3232	1.7207	2.0796	2.5177	2.8314
22	0.6858	1.3212	1.7171	2.0739	2.5083	2.8188
23	0.6853	1.3195	1.7139	2.0687	2.4999	2.8073
24	0.6848	1.3178	1.7109	2.0639	2.4922	2.7969
25	0.6844	1.3163	1.7081	2.0595	2.4851	2.7874
26	0.6840	1.3150	1.7056	2.0555	2.4786	2.7787
27	0.6837	1.3137	1.7033	2.0518	2.4727	2.7707
28	0.6834	1.3125	1.7011	2.0484	2.4671	2.7633
29	0.6830	1.3114	1.6991	2.0452	2.4620	2.7564
30	0.6828	1.3104	1.6973	2.0423	2.4573	2.7500
31	0.6825	1.3095	1.6955	2.0395	2.4528	2.7440
32	0.6822	1.3086	1.6939	2.0369	2.4487	2.7385
33	0.6820	1.3077	1.6924	2.0345	2.4448	2.7333
34	0.6818	1.3070	1.6909	2.0322	2.4411	2.7284
35	0.6816	1.3062	1.6896	2.0301	2.4377	2.7238
36	0.6814	1.3055	1.6883	2.0281	2.4345	2.7195
37	0.6812	1.3049	1.6871	2.0262	2.4314	2.7154
38	0.6810	1.3042	1.6860	2.0244	2.4286	2.7116
39	0.6808	1.3036	1.6849	2.0227	2.4258	2.7079
40	0.6807	1.3031	1.6839	2.0211	2.4233	2.7045
41	0.6805	1.3025	1.6829	2.0195	2.4208	2.7012
42	0.6804	1.3020	1.6820	2.0181	2.4185	2.6981
43	0.6802	1.3016	1.6811	2.0167	2.4163	2.6951
44	0.6801	1.3011	1.6802	2.0154	2.4141	2.6923
45	0.6800	1.3006	1.6794	2.0141	2.4121	2.6896

附表5 χ^2 分布表

$$P\{\chi^2(n) > \chi^2_\alpha(n)\} = \alpha$$

n	α=0.995	α=0.99	α=0.975	α=0.95	α=0.90	α=0.75
1	—	—	0.001	0.004	0.016	0.102
2	0.010	0.020	0.051	0.103	0.211	0.575
3	0.072	0.115	0.216	0.352	0.584	1.213
4	0.207	0.297	0.484	0.711	1.064	1.923
5	0.412	0.554	0.831	1.145	1.610	2.675
6	0.676	0.872	1.237	1.635	2.204	3.455
7	0.989	1.239	1.690	2.167	2.833	4.255
8	1.344	1.646	2.180	2.733	3.490	5.071
9	1.735	2.088	2.700	3.325	4.168	5.899
10	2.156	2.558	3.247	3.940	4.865	6.737
11	2.603	3.053	3.816	4.575	5.578	7.584
12	3.074	3.571	4.404	5.226	6.034	8.438
13	3.565	4.107	5.009	5.892	7.042	9.299
14	4.075	4.660	5.629	6.571	7.790	10.165
15	4.601	5.229	6.262	7.261	8.547	11.037
16	5.142	5.812	6.908	7.962	9.312	11.912
17	5.697	6.408	7.564	8.672	10.085	12.792
18	6.265	7.015	8.231	9.390	10.865	13.675
19	6.844	7.633	8.907	10.117	11.651	14.562
20	7.434	8.260	9.591	10.851	12.443	15.452
21	8.034	8.897	10.283	11.591	13.240	16.344
22	8.643	9.542	10.982	12.338	14.042	17.240
23	9.260	10.196	11.689	13.091	14.848	18.137
24	9.886	10.856	12.401	13.848	15.659	19.037
25	10.520	11.524	13.120	14.611	16.473	19.939
26	11.160	12.198	13.844	15.379	17.292	20.843
27	11.808	12.879	14.573	16.151	18.114	21.749
28	12.461	13.565	15.308	16.928	18.939	22.657
29	13.121	14.257	16.047	17.708	19.768	23.567
30	13.787	14.954	16.791	18.493	20.599	24.478
31	14.458	15.655	17.539	19.281	21.434	25.390
32	15.134	16.362	18.291	20.072	22.271	26.304
33	15.815	17.074	19.047	20.867	23.110	27.219
34	16.501	17.789	19.806	21.664	23.952	28.136
35	17.192	18.509	20.569	22.465	24.797	29.054
36	17.887	19.233	21.336	23.269	25.643	29.973
37	18.586	19.960	22.106	24.075	26.492	30.893
38	19.289	20.691	22.878	24.884	27.343	31.815
39	19.996	21.426	23.654	25.695	28.196	32.737
40	20.707	22.164	24.433	26.509	29.051	33.660
41	21.421	22.906	25.215	27.326	29.907	34.585
42	22.138	23.650	25.999	28.144	30.765	35.510
43	22.859	24.398	26.785	28.965	31.625	36.436
44	23.584	25.148	27.575	29.787	32.487	37.363
45	24.311	25.901	28.366	30.612	33.350	38.291

续表

n	$\alpha=0.25$	$\alpha=0.10$	$\alpha=0.05$	$\alpha=0.025$	$\alpha=0.01$	$\alpha=0.005$
1	1.323	2.706	3.841	5.024	6.635	7.879
2	2.773	4.605	5.991	7.378	9.210	10.597
3	4.108	6.251	7.815	9.348	11.345	12.838
4	5.385	7.779	9.488	11.143	13.277	14.860
5	6.626	9.236	11.071	12.833	15.086	16.750
6	7.841	10.645	12.592	14.449	16.812	18.548
7	9.037	12.017	14.067	16.013	18.475	20.278
8	10.219	13.362	15.507	17.535	20.090	21.955
9	11.389	14.684	16.919	19.023	21.666	23.589
10	12.549	15.987	18.307	20.483	23.209	25.188
11	13.701	17.275	19.675	21.920	34.725	26.757
12	14.845	18.549	21.026	23.337	26.217	28.299
13	15.984	19.812	22.362	24.736	27.688	29.819
14	17.117	21.064	23.685	26.119	29.141	31.319
15	18.245	22.307	24.996	27.488	30.578	32.801
16	19.369	23.542	26.296	28.845	32.000	34.267
17	20.489	24.769	27.587	30.191	33.409	35.718
18	21.605	25.989	28.869	31.526	34.805	37.156
19	22.718	27.204	30.144	32.852	36.191	38.582
20	23.828	28.412	31.410	34.170	37.566	39.997
21	24.935	29.615	32.671	35.479	38.932	41.401
22	26.039	30.813	33.924	36.781	40.289	42.796
23	27.141	32.007	35.172	38.076	41.638	44.181
24	28.241	33.196	36.415	39.364	42.980	45.559
25	29.339	34.382	37.652	40.646	44.314	46.928
26	30.435	35.563	38.885	41.923	45.642	48.290
27	31.528	36.741	40.113	43.194	46.963	49.645
28	32.620	37.916	41.337	44.461	48.278	50.993
29	33.711	39.087	42.557	45.722	49.588	52.336
30	34.800	40.256	43.773	46.979	50.892	53.672
31	35.887	41.422	44.985	48.232	52.191	55.003
32	36.973	42.585	46.194	49.480	53.486	56.328
33	38.058	43.745	47.400	50.725	54.776	57.648
34	39.141	44.903	48.602	51.966	56.061	58.964
35	40.223	46.059	49.802	53.203	57.342	60.275
36	41.304	47.212	50.998	54.437	58.619	61.581
37	43.383	48.363	52.192	55.668	59.892	62.883
38	43.462	49.513	53.384	56.896	61.162	64.181
39	44.539	50.660	54.572	58.120	62.428	65.476
40	45.616	51.805	55.758	59.342	63.691	66.766
41	46.692	52.949	56.942	60.561	64.950	68.053
42	47.766	54.090	58.124	61.777	66.206	69.336
43	48.840	55.230	59.304	62.990	67.459	70.616
44	49.913	56.369	60.481	64.201	68.710	71.893
45	50.985	57.505	61.656	65.410	69.957	73.166

附表 6　F 分布表

$$P\{F(n_1,n_2) > F_\alpha(n_1,n_2)\} = \alpha$$

$\alpha = 0.10$

n_2 \ n_1	1	2	3	4	5	6	7	8	9	10	12	15	20	24	30	40	60	120	∞
1	39.86	49.50	53.59	55.83	57.24	58.20	58.91	59.44	59.86	60.19	60.71	61.22	61.74	62.00	62.26	62.53	62.79	63.06	63.33
2	8.53	9.00	9.16	9.24	9.29	9.33	9.35	9.37	9.38	9.39	9.41	9.42	9.44	9.45	9.46	9.47	9.47	9.48	9.49
3	5.54	5.46	5.39	5.34	5.31	5.28	5.27	5.25	5.24	5.23	5.22	5.20	5.18	5.18	5.17	5.16	5.15	5.14	5.13
4	4.54	4.32	4.19	4.11	4.05	4.01	3.98	3.95	3.94	3.92	3.90	3.87	3.84	3.83	3.82	3.80	3.79	3.78	3.76
5	4.06	3.78	3.62	3.52	3.45	3.40	3.37	3.34	3.32	3.30	3.27	3.24	3.21	3.19	3.17	3.16	3.14	3.12	3.10
6	3.78	3.46	3.29	3.18	3.11	3.05	3.01	2.98	2.96	2.94	2.90	2.87	2.84	2.82	2.80	2.78	2.76	2.74	2.72
7	3.59	3.26	3.07	2.96	2.88	2.83	2.78	2.75	2.72	2.70	2.67	2.63	2.59	2.58	2.56	2.54	2.51	2.49	2.47
8	3.46	3.11	2.92	2.81	2.73	2.67	2.62	2.59	2.56	2.54	2.50	2.46	2.42	2.40	2.38	2.36	2.34	2.32	2.29
9	3.36	3.01	2.81	2.69	2.61	2.55	2.51	2.47	2.44	2.42	2.38	2.34	2.30	2.28	2.25	2.23	2.21	2.18	2.16
10	3.29	2.92	2.73	2.61	2.52	2.46	2.41	2.38	2.35	2.32	2.28	2.24	2.20	2.18	2.16	2.13	2.11	2.08	2.06
11	2.23	2.86	2.66	2.54	2.45	2.39	2.34	2.30	2.27	2.25	2.21	2.17	2.12	2.10	2.08	2.05	2.03	2.00	1.97
12	3.18	2.81	2.61	2.48	2.39	2.33	2.28	2.24	2.21	2.19	2.15	2.10	2.06	2.04	2.01	1.99	1.96	1.93	1.90
13	3.14	2.76	2.56	2.43	2.35	2.28	2.23	2.20	2.16	2.14	2.10	2.05	2.01	1.98	1.96	1.93	1.90	1.88	1.85
14	3.10	2.73	2.52	2.39	2.31	2.24	2.19	2.15	2.12	2.10	2.05	2.01	1.96	1.94	1.91	1.89	1.86	1.83	1.80
15	3.07	2.70	2.49	2.36	2.27	2.21	2.16	2.12	2.09	2.06	2.02	1.97	1.92	1.90	1.87	1.85	1.82	1.79	1.76
16	3.05	2.67	2.46	2.33	2.24	2.18	2.13	2.09	2.06	2.30	1.99	1.94	1.89	1.87	1.84	1.81	1.78	1.75	1.72
17	3.03	2.64	2.44	2.31	2.22	2.15	2.10	2.06	2.03	2.00	1.96	1.91	1.86	1.84	1.81	1.78	1.75	1.72	1.69
18	3.01	2.62	2.42	2.29	2.20	2.13	2.08	2.04	2.00	1.98	1.93	1.89	1.84	1.81	1.78	1.75	1.72	1.69	1.66
19	2.99	2.61	2.40	2.27	2.18	2.11	2.06	2.02	1.98	1.96	1.91	1.86	1.81	1.79	1.76	1.73	1.70	1.67	1.63

续表

n_2	n_1																	
	1	2	3	4	5	6	7	8	9	10	12	15	20	24	30	40	60	120	∞
20	2.97	2.59	2.38	2.25	2.16	2.09	2.04	2.00	1.96	1.94	1.89	1.84	1.79	1.77	1.74	1.71	1.68	1.64	1.61
21	2.96	2.57	2.36	2.23	2.14	2.08	2.02	1.98	1.95	1.92	1.87	1.83	1.78	1.75	1.72	1.69	1.66	1.62	1.59
22	2.95	2.56	2.35	2.22	2.13	2.06	2.01	1.97	1.93	1.90	1.86	1.81	1.76	1.73	1.70	1.67	1.64	1.60	1.57
23	2.94	2.55	2.34	2.21	2.11	2.05	1.99	1.95	1.92	1.89	1.84	1.80	1.74	1.72	1.69	1.66	1.62	1.59	1.55
24	2.93	2.54	2.33	2.19	2.10	2.04	1.98	1.94	1.91	1.88	1.83	1.78	1.73	1.70	1.67	1.64	1.61	1.57	1.53
25	2.92	2.53	2.32	2.18	2.09	2.02	1.97	1.93	1.89	1.87	1.82	1.77	1.72	1.69	1.66	1.63	1.59	1.56	1.52
26	2.91	2.52	2.31	2.17	2.08	2.01	1.96	1.92	1.88	1.86	1.81	1.76	1.71	1.68	1.65	1.61	1.58	1.54	1.50
27	2.90	2.51	2.30	2.17	2.07	2.00	1.95	1.91	1.87	1.85	1.80	1.75	1.70	1.67	1.64	1.60	1.57	1.53	1.49
28	2.89	2.50	2.29	2.16	2.06	2.00	1.94	1.90	1.87	1.84	1.79	1.74	1.69	1.66	1.63	1.59	1.56	1.52	1.48
29	2.89	2.50	2.28	2.15	2.06	1.99	1.93	1.89	1.86	1.83	1.78	1.73	1.68	1.65	1.62	1.58	1.55	1.51	1.47
30	2.88	2.49	2.28	2.14	2.05	1.98	1.93	1.88	1.85	1.82	1.77	1.72	1.67	1.64	1.61	1.57	1.54	1.50	1.46
40	2.84	2.44	2.23	2.09	2.00	1.93	1.87	1.83	1.79	1.76	1.71	1.66	1.61	1.57	1.54	1.51	1.47	1.42	1.38
60	2.79	2.39	2.18	2.04	1.95	1.87	1.82	1.77	1.74	1.71	1.66	1.60	1.54	1.51	1.48	1.44	1.40	1.35	1.29
120	2.75	2.35	2.13	1.99	1.90	1.82	1.77	1.72	1.68	1.65	1.60	1.55	1.48	1.45	1.41	1.37	1.32	1.26	1.19
∞	2.71	2.30	2.08	1.94	1.85	1.77	1.72	1.67	1.63	1.60	1.55	1.49	1.42	1.38	1.34	1.30	1.24	1.17	1.00

$\alpha = 0.05$

n_2 \ n_1	1	2	3	4	5	6	7	8	9	10	12	15	20	24	30	40	60	120	∞
1	161.4	199.5	215.7	224.6	230.2	234.0	236.8	238.9	240.5	241.9	243.9	245.9	248.0	249.1	250.1	251.1	252.2	253.3	254.3
2	18.51	19.00	19.16	19.25	19.30	19.33	19.35	19.37	19.38	19.40	19.41	19.43	19.45	19.45	19.46	19.47	19.48	19.49	19.50
3	10.13	9.55	9.28	9.12	9.01	8.94	8.89	8.85	8.81	8.79	8.74	8.70	8.66	8.64	8.62	8.59	8.57	8.55	8.53
4	7.71	6.94	6.59	6.39	6.26	6.16	6.09	6.04	6.00	5.96	5.91	5.86	5.80	5.77	5.75	5.72	5.69	5.66	5.63
5	6.61	5.79	5.41	5.19	5.05	4.95	4.88	4.82	4.77	4.74	4.68	4.62	4.56	4.53	4.50	4.46	4.43	4.40	4.36
6	5.99	5.14	4.76	4.53	4.39	4.28	4.21	4.15	4.10	4.06	4.00	3.94	3.87	3.84	3.81	3.77	3.74	3.70	3.67
7	5.59	4.74	4.35	4.12	3.97	3.87	3.79	3.73	3.68	3.64	3.57	3.51	3.44	3.41	3.38	3.34	3.30	3.27	3.23
8	5.32	4.46	4.07	3.84	3.69	3.58	3.50	3.44	3.39	3.35	3.28	3.22	3.15	3.12	3.08	3.04	3.01	2.97	2.93
9	5.12	4.26	3.86	3.63	3.48	3.37	3.29	3.23	3.18	3.14	3.07	3.01	2.94	2.90	2.86	2.83	2.79	2.75	2.71
10	4.96	4.10	3.71	3.48	3.33	3.22	3.14	3.07	3.02	2.98	2.91	2.85	2.77	2.74	2.70	2.66	2.62	2.58	2.54
11	4.84	3.98	3.59	3.36	3.20	3.09	3.01	2.95	2.90	2.85	2.79	2.72	2.65	2.61	2.57	2.53	2.49	2.45	2.40
12	4.75	3.89	3.49	3.26	3.11	3.00	2.91	2.85	2.80	2.75	2.69	2.62	2.54	2.51	2.47	2.43	2.38	2.34	2.30
13	4.67	3.81	3.41	3.18	3.03	2.92	2.83	2.77	2.71	2.67	2.60	2.53	2.46	2.42	2.38	2.34	2.30	2.25	2.21
14	4.60	3.74	3.34	3.11	2.96	2.85	2.76	2.70	2.65	2.60	2.53	2.46	2.39	2.35	2.31	2.27	2.22	2.18	2.13
15	4.54	3.68	3.29	3.06	2.90	2.79	2.71	2.64	2.59	2.54	2.48	2.40	2.33	2.29	2.25	2.20	2.16	2.11	2.07
16	4.49	3.63	3.24	3.01	2.85	2.74	2.66	2.59	2.54	2.49	2.42	2.35	2.28	2.24	2.19	2.15	2.11	2.06	2.01
17	4.45	3.59	3.20	2.96	2.81	2.70	2.61	2.55	2.49	2.45	2.38	2.31	2.23	2.19	2.15	2.10	2.06	2.01	1.96
18	4.41	3.55	3.16	2.93	2.77	2.66	2.58	2.51	2.46	2.41	2.34	2.27	2.19	2.15	2.11	2.06	2.02	1.97	1.92
19	4.38	3.52	3.13	2.90	2.74	2.63	2.54	2.48	2.42	2.38	2.31	2.23	2.16	2.11	2.07	2.03	1.98	1.93	1.88
20	4.35	3.49	3.10	2.87	2.71	2.60	2.51	2.45	2.39	2.35	2.28	2.20	2.12	2.08	2.04	1.99	1.95	1.90	1.84
21	4.32	3.47	3.07	2.84	2.68	2.57	2.49	2.42	2.37	2.32	2.25	2.18	2.10	2.05	2.01	1.96	1.92	1.87	1.81
22	4.30	3.44	3.05	2.82	2.66	2.55	2.46	2.40	2.34	2.30	2.23	2.15	2.07	2.03	1.98	1.94	1.89	1.84	1.78
23	4.28	3.42	3.03	2.80	2.64	2.53	2.44	2.37	2.32	2.27	2.20	2.13	2.05	2.01	1.96	1.91	1.86	1.81	1.76
24	4.26	3.40	3.01	2.78	2.62	2.51	2.42	2.36	2.30	2.25	2.18	2.11	2.03	1.98	1.94	1.89	1.84	1.79	1.73

续表

n_2	n_1																	
	1	2	3	4	5	6	7	8	9	10	12	15	20	24	30	40	60	120	∞
25	4.24	3.39	2.99	2.76	2.60	2.49	2.40	2.34	2.28	2.24	2.16	2.09	2.01	1.96	1.92	1.87	1.82	1.77	1.71
26	4.23	3.37	2.98	2.74	2.59	2.47	2.39	2.32	2.27	2.22	2.15	2.07	1.99	1.95	1.90	1.85	1.80	1.75	1.69
27	4.21	3.35	2.96	2.73	2.57	2.46	2.37	2.31	2.25	2.20	2.13	2.06	1.97	1.93	1.88	1.84	1.79	1.73	1.67
28	4.20	3.34	2.95	2.71	2.56	2.45	2.36	2.29	2.24	2.19	2.12	2.04	1.96	1.91	1.87	1.82	1.77	1.71	1.65
29	4.18	3.33	2.93	2.70	2.55	2.43	2.35	2.28	2.22	2.18	2.10	2.03	1.94	1.90	1.85	1.81	1.75	1.70	1.64
30	4.17	3.32	2.92	2.69	2.53	2.42	2.33	2.27	2.21	2.16	2.09	2.01	1.93	1.89	1.84	1.79	1.74	1.68	1.62
40	4.08	3.23	2.84	2.61	2.45	2.34	2.25	2.18	2.12	2.08	2.00	1.92	1.84	1.79	1.74	1.69	1.64	1.58	1.51
60	4.00	3.15	2.76	2.53	2.37	2.25	2.17	2.10	2.04	1.99	1.92	1.84	1.75	1.70	1.65	1.59	1.53	1.47	1.39
120	3.92	3.07	2.68	2.45	2.29	2.17	2.09	2.02	1.96	1.91	1.83	1.75	1.66	1.61	1.55	1.50	1.43	1.35	1.25
∞	3.84	3.00	2.60	2.37	2.21	2.10	2.01	1.94	1.88	1.83	1.75	1.67	1.57	1.52	1.46	1.39	1.32	1.22	1.00

$\alpha = 0.025$

n_2 \ n_1	1	2	3	4	5	6	7	8	9	10	12	15	20	24	30	40	60	120	∞
1	647.8	799.5	864.2	899.6	921.8	937.1	948.2	956.7	963.3	368.6	976.7	984.9	993.1	997.2	1 001	1 006	1 010	1 014	1 018
2	38.51	39.00	39.17	39.25	39.30	39.33	39.36	39.37	39.39	39.40	39.41	39.43	39.45	39.46	39.46	39.47	39.48	39.49	39.50
3	17.44	16.04	15.44	15.10	14.88	14.73	14.62	14.54	14.47	14.42	14.34	14.25	14.17	14.12	14.08	14.04	13.99	13.95	13.90
4	12.22	10.65	9.98	9.60	9.36	9.20	9.07	8.98	8.90	8.84	8.75	8.66	8.56	8.51	8.46	8.41	8.36	8.31	8.26
5	10.01	8.43	7.76	7.39	7.15	6.98	6.85	6.76	6.68	6.62	6.52	6.43	6.33	6.28	6.23	6.18	6.12	6.07	6.02
6	8.81	7.26	6.60	6.23	5.99	5.82	5.70	5.60	5.52	5.46	5.37	5.27	5.17	5.12	5.07	5.01	4.96	4.90	4.85
7	8.07	6.54	5.89	5.52	5.29	5.12	4.99	4.90	4.82	4.76	4.67	4.57	4.47	4.42	4.36	4.31	4.25	4.20	4.14
8	7.57	6.06	5.42	5.05	4.82	4.65	4.53	4.43	4.36	4.30	4.20	4.10	4.00	3.95	3.89	3.84	3.78	3.73	3.67
9	7.21	5.71	5.08	4.72	4.48	4.32	4.20	4.10	4.03	3.96	3.87	3.77	3.67	3.61	3.56	3.51	3.45	3.39	3.33
10	6.94	5.46	4.83	4.47	4.24	4.07	3.95	3.85	3.78	3.72	3.62	3.52	3.42	3.37	3.31	3.26	3.20	3.14	3.08
11	6.72	5.26	4.63	4.28	4.04	3.88	3.76	3.66	3.59	3.53	3.43	3.33	3.23	3.17	3.12	3.06	3.00	2.94	2.88
12	6.55	5.10	4.47	4.12	3.89	3.73	3.61	3.51	3.44	3.37	3.28	3.18	3.07	3.02	2.96	2.91	2.85	2.79	2.72
13	6.41	4.97	4.35	4.00	3.77	3.60	3.48	3.39	3.31	3.25	3.15	3.05	2.95	2.89	2.84	2.78	2.72	2.66	2.60
14	6.30	4.86	4.24	3.89	3.66	3.50	3.38	3.29	3.21	3.15	3.05	2.95	2.84	2.79	2.73	2.67	2.61	2.55	2.49
15	6.20	4.77	4.15	3.80	3.58	3.41	3.29	3.20	3.12	3.06	2.96	2.86	2.76	2.70	2.64	2.59	2.52	2.46	2.40
16	6.12	4.69	4.08	3.73	3.50	3.34	3.22	3.12	3.05	2.99	2.89	2.79	2.68	2.63	2.57	2.51	2.45	2.38	2.32
17	6.04	4.62	4.01	3.66	3.44	3.28	3.16	3.06	2.98	2.92	2.82	2.72	2.62	2.56	2.50	2.44	2.38	2.32	2.25
18	5.98	4.56	3.95	3.61	3.38	3.22	3.10	3.01	2.93	2.87	2.77	2.67	2.56	2.50	2.44	2.38	2.32	2.26	2.19
19	5.92	4.51	3.90	3.56	3.33	3.17	3.05	2.96	2.88	2.82	2.72	2.62	2.51	2.45	2.39	2.33	2.27	2.20	2.13
20	5.87	4.46	3.86	3.51	3.29	3.13	3.01	2.91	2.84	2.77	2.68	2.57	2.46	2.41	2.35	2.29	2.22	2.16	2.09
21	5.83	4.42	3.82	3.48	3.25	3.09	2.97	2.87	2.80	2.73	2.64	2.53	2.42	2.37	2.31	2.25	2.18	2.11	2.04
22	5.79	4.38	3.78	3.44	3.22	3.05	2.93	2.84	2.76	2.70	2.60	2.50	2.39	2.33	2.27	2.21	2.14	2.08	2.00
23	5.75	4.35	3.75	3.41	3.18	3.02	2.90	2.81	2.73	2.67	2.57	2.47	2.36	2.30	2.24	2.18	2.11	2.04	1.97
24	5.72	4.32	3.72	3.38	3.15	2.99	2.87	2.78	2.70	2.64	2.54	2.44	2.33	2.27	2.21	2.15	2.08	2.01	1.94

续表

n_2	n_1																	
	1	2	3	4	5	6	7	8	9	10	12	15	20	24	30	40	60	120	∞
25	5.69	4.29	3.69	3.35	3.13	2.97	2.85	2.75	2.68	2.61	2.51	2.41	2.30	2.24	2.18	2.12	2.05	1.98	1.91
26	5.66	4.27	3.67	3.33	3.10	2.94	2.82	2.73	2.65	2.59	2.49	2.39	2.28	2.22	2.16	2.09	2.03	1.95	1.88
27	5.63	4.24	3.65	3.31	3.08	2.92	2.80	2.71	2.63	2.57	2.47	2.36	2.25	2.19	2.13	2.07	2.00	1.93	1.85
28	5.61	4.22	3.63	3.29	3.06	2.90	2.78	2.69	2.61	2.55	2.45	2.34	2.23	2.17	2.11	2.05	1.98	1.91	1.83
29	5.59	4.20	3.61	3.27	3.04	2.88	2.76	2.67	2.59	2.53	2.43	2.32	2.21	2.15	2.09	2.03	1.96	1.89	1.81
30	5.57	4.18	3.59	3.25	3.03	2.87	2.75	2.65	2.57	2.51	2.41	2.31	2.20	2.14	2.07	2.01	1.94	1.87	1.79
40	5.42	4.05	3.46	3.13	2.90	2.74	2.62	2.53	2.45	2.39	2.29	2.18	2.07	2.01	1.94	1.88	1.80	1.72	1.64
60	5.29	3.93	3.34	3.01	2.79	2.63	2.51	2.41	2.33	2.27	2.17	2.06	1.94	1.88	1.82	1.74	1.67	1.58	1.48
120	5.15	3.80	3.23	2.89	2.67	2.52	2.39	2.30	2.22	2.16	2.05	1.94	1.82	1.76	1.69	1.61	1.53	1.43	1.31
∞	5.02	3.69	3.12	2.79	2.57	2.41	2.29	2.19	2.11	2.05	1.94	1.83	1.71	1.64	1.57	1.48	1.39	1.27	1.00

$\alpha = 0.01$

n_2 \ n_1	1	2	3	4	5	6	7	8	9	10	12	15	20	24	30	40	60	120	∞
1	4 052	4 999.5	5 403	5 625	5 764	5 859	5 928	5 982	6 022	6 056	6 106	6 157	6 209	6 235	6 261	6 287	6 313	6 639	6 366
2	98.50	99.00	99.17	99.25	99.30	99.33	99.36	99.37	99.39	99.40	99.42	99.43	99.45	99.46	99.47	99.47	99.48	99.49	99.50
3	34.12	30.82	29.46	28.71	28.24	27.91	27.67	27.49	27.35	27.23	27.05	26.87	26.69	26.60	26.50	26.41	26.32	26.22	26.13
4	21.20	18.00	16.69	15.98	15.12	15.21	14.98	14.80	14.66	14.55	14.37	14.20	14.02	13.93	13.84	13.75	13.65	13.56	13.46
5	16.26	13.27	12.06	11.39	10.97	10.67	10.46	10.29	10.16	10.05	9.89	9.72	9.55	9.47	9.38	9.29	9.20	9.11	9.02
6	13.75	10.92	9.78	9.15	8.75	8.47	8.26	8.10	7.98	7.87	7.72	7.56	7.40	7.31	7.23	7.14	7.06	6.97	6.88
7	12.25	9.55	8.45	7.85	7.46	7.19	6.99	6.84	6.72	6.62	6.47	6.31	6.16	6.07	5.99	5.91	5.82	5.74	5.65
8	11.26	8.65	7.59	7.01	6.63	6.37	6.18	6.03	5.91	5.81	5.67	5.52	5.36	5.28	5.20	5.12	5.03	4.95	4.86
9	10.56	8.02	6.99	6.42	6.06	5.80	5.61	5.47	5.35	5.26	5.11	4.96	4.81	4.73	4.65	4.57	4.48	4.40	4.31
10	10.04	7.56	6.55	5.99	5.64	5.39	5.20	5.06	4.94	4.85	4.71	4.56	4.41	4.33	4.25	4.17	4.08	4.00	3.91
11	9.65	7.21	6.22	5.67	5.32	5.07	4.89	4.74	4.63	4.54	4.40	4.25	4.10	4.02	3.94	3.86	3.78	3.69	3.60
12	9.33	6.93	5.95	5.41	5.06	4.82	4.64	4.50	4.39	4.30	4.16	4.01	3.86	3.78	3.70	3.62	3.54	3.45	3.36
13	9.07	6.70	5.74	5.21	4.86	4.62	4.44	4.30	4.19	4.10	3.96	3.82	3.66	3.59	3.51	3.43	3.34	3.25	3.17
14	8.86	6.51	5.56	5.04	4.69	4.46	4.28	4.14	4.03	3.94	3.80	3.66	3.51	3.43	3.35	3.27	3.18	3.09	3.00
15	8.68	6.36	5.42	4.89	4.56	4.32	4.14	4.00	3.89	3.80	3.67	3.52	3.37	3.29	3.21	3.13	3.05	2.96	2.87
16	8.53	6.23	5.29	4.77	4.44	4.20	4.03	3.89	3.78	3.69	3.55	3.41	3.26	3.18	3.10	3.02	2.93	2.84	2.75
17	8.40	6.11	5.18	4.67	4.34	4.10	3.93	3.79	3.68	3.59	3.46	3.31	3.16	3.08	3.00	2.92	2.83	2.75	2.65
18	8.29	6.01	5.09	4.58	4.25	4.01	3.84	3.71	3.60	3.51	3.37	3.23	3.08	3.00	2.92	2.84	2.75	2.66	2.57
19	8.18	5.93	5.01	4.50	4.17	3.94	3.77	3.63	3.52	3.43	3.30	3.15	3.00	2.92	2.84	2.76	2.67	2.58	2.49
20	8.10	5.85	4.94	4.43	4.10	3.87	3.70	3.56	3.46	3.37	3.23	3.09	2.94	2.86	2.78	2.69	2.61	2.52	2.42
21	8.02	5.78	4.87	4.37	4.04	3.81	3.64	3.51	3.40	3.31	3.17	3.03	2.88	2.80	2.72	2.64	2.55	2.46	2.36
22	7.95	5.72	4.82	4.31	3.99	3.76	3.59	3.45	3.35	3.26	3.12	2.98	2.83	2.75	2.67	2.58	2.50	2.40	2.31
23	7.88	5.66	4.76	4.26	3.94	3.71	3.54	3.41	3.30	3.21	3.07	2.93	2.78	2.70	2.62	2.54	2.45	2.35	2.26
24	7.82	5.61	4.72	4.22	3.90	3.67	3.50	3.36	3.26	3.17	3.03	2.89	2.74	2.66	2.58	2.49	2.40	2.31	2.21

续表

n_2	\multicolumn{16}{c}{n_1}															
	1	2	3	4	5	6	7	8	9	10	12	15	20	24	30	40	60	120	∞
25	7.77	5.57	4.68	4.18	3.85	3.63	3.46	3.32	3.22	3.13	2.99	2.85	2.70	2.12	2.54	2.45	2.36	2.27	2.17
26	7.72	5.53	4.64	4.14	3.82	3.59	3.42	3.29	3.18	3.09	2.96	2.81	2.66	2.58	2.50	2.42	2.33	2.23	2.13
27	7.68	5.49	4.60	4.11	3.78	3.56	3.39	3.26	3.15	3.06	2.93	2.78	2.63	2.55	2.47	2.38	2.29	2.20	2.10
28	7.64	5.45	4.57	4.07	3.75	3.53	3.36	3.23	3.12	3.03	2.90	2.75	2.60	2.52	2.44	2.35	2.26	2.17	2.06
29	7.60	5.42	4.54	4.04	3.73	3.50	3.33	3.20	3.09	3.00	2.87	2.73	2.57	2.49	2.41	2.33	2.23	2.14	2.03
30	7.56	5.39	4.51	4.02	3.70	3.47	3.30	3.17	3.07	2.89	2.84	2.70	2.55	2.47	2.39	2.30	2.21	2.11	2.01
40	7.31	5.18	4.31	3.83	3.51	3.29	3.12	2.99	2.89	2.80	2.66	2.52	2.37	2.29	3.20	2.11	2.02	1.92	1.80
60	7.08	4.98	4.13	3.65	3.34	3.12	2.95	2.82	2.72	2.63	2.50	2.35	2.20	2.12	2.03	1.94	1.84	1.73	1.60
120	6.85	4.79	3.95	3.48	3.17	2.96	3.79	2.66	2.56	2.47	2.34	2.19	2.03	1.95	1.86	1.76	1.66	1.53	1.38
∞	6.63	4.61	3.78	3.32	3.02	2.80	2.64	2.51	2.41	2.32	2.18	2.04	1.88	1.79	1.70	1.59	1.47	1.32	1.00

$\alpha = 0.005$

n_2 \ n_1	1	2	3	4	5	6	7	8	9	10	12	15	20	24	30	40	60	120	∞
1	16 211	20 000	21 615	22 500	23 056	23 437	23 715	23 925	24 091	24 224	24 426	24 630	24 836	24 940	25 044	25 148	25 253	25 359	25 465
2	198.5	199.0	199.2	199.2	199.3	199.3	199.4	199.4	199.4	199.4	199.4	199.4	199.4	199.5	199.5	199.5	199.5	199.5	199.5
3	55.55	49.80	47.47	46.19	45.39	44.84	44.43	44.13	43.88	43.69	43.39	43.08	42.78	42.62	42.47	42.31	42.15	41.99	41.83
4	31.33	26.28	24.26	23.15	22.46	21.97	21.62	21.35	21.14	20.97	20.70	20.44	20.17	20.03	19.89	19.75	19.61	19.47	19.32
5	22.78	18.31	16.53	15.56	14.94	14.51	14.20	13.96	13.77	13.62	13.38	13.15	12.90	12.78	12.66	12.53	12.40	12.27	12.14
6	18.63	14.54	12.92	12.03	11.46	11.07	10.79	10.57	10.39	10.25	10.03	9.81	9.59	9.47	9.36	9.24	9.12	9.00	8.88
7	16.24	12.40	10.88	10.05	9.52	9.16	8.89	8.68	8.51	8.38	8.18	7.97	7.75	7.56	7.53	7.42	7.31	7.19	7.08
8	14.69	11.04	9.60	8.81	8.30	7.95	7.69	7.50	7.34	7.21	7.01	6.81	6.61	6.50	6.40	6.29	6.18	6.06	5.95
9	13.61	10.11	8.72	7.96	7.47	7.13	6.88	6.69	6.54	6.42	6.23	6.03	5.83	5.73	5.62	5.52	5.41	5.30	5.19
10	12.83	9.43	8.08	7.34	6.87	6.54	6.30	6.12	5.97	5.85	5.66	5.47	5.27	5.17	5.07	4.97	4.86	4.75	4.64
11	12.23	8.91	7.60	6.88	6.42	6.10	5.86	5.68	5.54	5.42	5.24	5.05	4.86	4.76	4.65	4.55	4.44	4.34	4.23
12	11.75	8.51	7.23	6.52	6.07	5.76	5.52	5.35	5.20	5.09	4.91	4.72	4.53	4.43	4.33	4.23	4.12	4.01	3.90
13	11.37	8.19	6.93	6.23	5.79	5.48	5.25	5.08	4.94	4.82	4.64	4.46	4.27	4.17	4.07	3.97	3.87	3.76	3.65
14	11.06	7.92	6.68	6.00	5.56	5.26	5.03	4.86	4.72	4.60	4.43	4.25	4.06	3.96	3.86	3.76	3.66	3.55	3.44
15	10.80	7.70	6.48	5.80	5.37	5.07	4.85	4.67	4.54	4.42	4.25	4.07	3.88	3.79	3.69	3.58	3.48	3.37	3.26
16	10.58	7.51	6.30	5.64	5.21	4.91	4.69	4.52	4.38	4.27	4.10	3.92	3.73	3.64	3.54	3.44	3.33	3.22	3.11
17	10.38	7.35	6.16	5.50	5.07	4.78	4.56	4.39	4.25	4.14	3.97	3.79	3.61	3.51	3.41	3.31	3.21	3.10	2.98
18	10.22	7.21	6.03	5.37	4.96	4.66	4.44	4.28	4.14	4.03	3.86	3.68	3.50	3.40	3.30	3.20	3.10	2.99	2.87
19	10.07	7.09	5.92	5.27	4.85	4.56	4.34	4.18	4.04	3.93	3.76	3.59	3.40	3.31	3.21	3.11	3.00	2.89	2.78
20	9.94	6.99	5.82	5.17	4.76	4.47	4.26	4.09	3.96	3.85	3.68	3.50	3.32	3.22	3.12	3.02	2.92	2.81	2.69
21	9.83	6.89	5.73	5.09	4.68	4.39	4.18	4.01	3.88	3.77	3.60	3.43	3.24	3.15	3.05	2.95	2.84	2.73	2.61
22	9.73	6.81	5.65	5.02	4.61	4.32	4.11	3.94	3.81	3.70	3.54	3.36	3.18	3.08	2.98	2.88	2.77	2.66	2.55
23	9.63	6.73	5.58	4.95	4.54	4.26	4.05	3.88	3.75	3.64	3.47	3.30	3.12	3.02	2.92	2.82	2.71	2.60	2.48
24	9.55	6.66	5.52	4.89	4.49	4.20	3.99	3.83	3.69	3.59	3.42	3.25	3.06	2.97	2.87	2.77	2.66	2.55	2.43

续表

n_2	n_1																	
	1	2	3	4	5	6	7	8	9	10	12	15	20	24	30	40	60	120	∞
25	9.48	6.60	5.46	4.84	4.43	4.15	3.94	3.78	3.64	3.54	3.37	3.20	3.01	2.92	2.82	2.72	2.61	2.50	2.38
26	9.41	6.54	5.41	4.79	4.38	4.10	3.89	3.73	3.60	3.49	3.33	3.15	2.97	2.87	2.77	2.67	2.56	2.45	2.33
27	9.34	6.49	5.36	4.74	4.34	4.06	3.85	3.69	3.56	3.45	3.28	3.11	2.93	2.83	2.73	2.63	2.52	2.41	2.29
28	9.28	6.44	5.32	4.70	4.30	4.02	3.81	3.65	3.52	3.41	3.25	3.07	2.89	2.79	2.69	2.59	2.48	2.37	2.25
29	9.23	6.40	5.28	4.66	4.26	3.98	3.77	3.61	3.48	3.38	3.21	3.04	2.86	2.76	2.66	2.56	2.45	2.33	2.21
30	9.18	6.35	5.24	4.62	4.23	3.95	3.74	3.58	3.45	3.34	3.18	3.01	2.82	2.73	2.63	2.52	2.42	2.30	2.18
40	8.83	6.07	4.98	4.37	3.99	3.71	3.51	3.35	3.22	3.12	2.95	2.78	2.60	2.50	2.40	2.30	2.18	2.06	1.93
60	8.49	5.79	4.73	4.14	3.76	3.49	3.29	3.13	3.01	2.90	2.74	2.57	2.39	2.29	2.19	2.08	1.96	1.83	1.69
120	8.18	5.54	4.50	3.92	3.55	3.28	3.09	2.93	2.81	2.71	2.54	2.37	2.19	2.09	1.98	1.87	1.75	1.61	1.43
∞	7.88	5.30	4.28	3.72	3.35	3.09	2.90	2.74	2.62	2.52	2.36	2.19	2.00	1.90	1.79	1.67	1.53	1.36	1.00

$\alpha = 0.001$

n_2 \ n_1	1	2	3	4	5	6	7	8	9	10	12	15	20	24	30	40	60	120	∞
1	4 053†	5 000†	5 404†	5 625†	5 764†	5 859†	5 929†	5 981†	6 023†	6 056†	6 107†	6 158†	6 209†	6 235†	6 261†	6 287†	6 313†	6 340†	6 366†
2	998.5	999.0	999.2	999.2	999.3	999.3	999.4	999.4	999.4	999.4	999.4	999.4	999.4	999.5	999.5	999.5	999.5	999.5	999.5
3	167.0	148.5	141.1	137.1	134.6	132.8	131.6	130.6	129.9	129.2	128.3	127.4	126.4	125.9	125.4	125.0	124.5	124.0	123.5
4	74.14	61.25	56.18	53.44	51.71	50.53	49.66	49.00	48.47	48.05	47.41	46.76	46.10	45.77	45.43	45.09	44.75	44.40	44.05
5	47.18	37.12	33.20	31.09	29.75	28.84	29.16	27.64	27.24	26.92	26.42	25.91	25.39	25.14	24.87	24.06	24.33	24.06	23.79
6	35.51	27.00	23.70	21.92	20.81	20.03	19.46	19.03	18.69	18.41	17.99	17.56	17.12	16.89	16.67	16.44	16.21	15.99	15.57
7	29.25	21.69	18.77	17.19	16.21	15.52	15.02	14.63	14.33	14.08	13.71	13.32	12.93	12.73	12.53	12.33	12.12	11.91	11.70
8	25.42	18.49	15.83	14.39	13.49	12.86	12.40	12.04	11.77	11.54	11.19	10.84	10.48	10.30	10.11	9.92	9.73	9.53	9.33
9	22.86	16.39	13.90	12.56	11.7	11.13	10.70	10.37	10.11	9.89	9.57	9.24	8.90	8.72	8.55	8.37	8.19	8.00	7.81
10	21.04	14.91	12.55	11.28	10.48	9.92	9.52	9.20	8.96	8.75	8.45	8.13	7.80	7.64	7.47	7.30	7.12	6.94	6.76
11	19.69	13.81	11.56	10.35	9.58	9.05	8.66	8.35	8.12	7.92	7.63	7.32	7.01	6.85	6.68	6.52	6.35	6.17	6.00
12	18.64	12.97	10.80	9.63	8.89	8.38	8.00	7.71	7.48	7.29	7.00	6.71	6.40	6.25	6.09	5.93	5.76	5.59	5.42
13	17.81	12.31	10.21	9.07	8.35	7.86	7.49	7.21	6.98	6.80	6.52	6.23	5.93	5.78	5.63	5.47	5.30	5.14	4.97
14	17.14	11.78	9.73	8.62	7.92	7.43	7.08	6.80	6.58	6.40	6.13	5.85	5.56	5.41	5.25	5.10	4.94	4.77	4.60
15	16.59	11.34	9.34	8.25	7.57	7.09	6.74	6.47	6.26	6.08	5.81	5.54	5.25	5.10	4.95	4.80	4.64	4.47	4.31
16	16.12	10.97	9.00	7.94	7.27	6.81	6.46	6.19	5.98	5.81	5.55	5.27	4.99	4.85	4.70	4.54	4.39	4.23	4.06
17	15.72	10.66	8.73	7.68	7.02	6.56	6.22	5.96	5.75	5.58	5.32	5.05	4.78	4.63	4.48	4.33	4.18	4.02	3.85
18	15.38	10.39	8.49	7.46	6.81	6.35	6.02	5.76	5.56	5.39	5.13	4.87	4.59	4.45	4.30	4.15	4.00	3.84	3.67
19	15.08	10.16	8.28	7.26	6.62	6.18	5.85	5.59	5.39	5.22	4.97	4.70	4.43	4.29	4.14	3.99	3.84	3.68	3.51
20	14.82	9.95	8.10	7.10	6.46	6.02	5.69	5.44	5.24	5.08	4.82	4.56	4.29	4.15	4.00	3.86	3.70	3.54	3.38
21	14.59	9.77	7.94	6.95	6.32	5.88	5.56	5.31	5.11	4.95	4.70	4.44	4.17	4.03	3.88	3.74	3.58	3.42	3.26
22	14.38	9.61	7.80	6.81	6.19	5.76	5.44	5.19	4.99	4.83	4.58	4.33	4.06	3.92	3.78	3.63	3.48	3.32	3.15
23	14.19	9.47	7.67	6.69	6.08	5.65	5.33	5.09	4.89	4.73	4.48	4.23	3.96	3.82	3.68	3.53	3.38	3.22	3.05
24	14.03	9.34	7.55	6.59	5.98	5.55	5.23	4.99	4.80	4.64	4.39	4.14	3.87	3.74	3.59	3.45	3.29	3.14	2.97

续表

n_2	n_1																
	1	2	3	4	5	6	7	8	9	10	12	15	20	24	30	40	60	120	∞
25	13.88	9.22	7.45	6.49	5.88	5.46	5.15	4.91	4.71	4.56	4.31	4.06	3.79	3.66	3.52	3.37	3.22	3.06	2.89
26	13.74	9.12	7.36	6.41	5.80	5.38	5.07	4.83	4.64	4.48	4.24	3.99	3.72	3.59	3.44	3.30	3.15	2.99	2.82
27	13.61	9.02	7.27	6.33	5.73	5.31	5.00	4.76	4.57	4.41	4.17	3.92	3.66	3.52	3.38	3.23	3.08	2.92	2.75
28	13.50	8.93	7.19	6.25	5.66	5.24	4.93	4.69	4.50	4.35	4.11	3.86	3.60	3.46	3.32	3.18	3.02	2.86	2.69
29	13.39	8.85	7.12	6.19	5.59	5.18	4.87	4.64	4.45	4.29	4.05	3.80	3.54	3.41	3.27	3.12	2.97	2.81	2.64
30	13.29	8.77	7.05	6.12	5.53	5.12	4.82	4.58	4.39	4.24	4.00	3.75	3.49	3.36	3.22	3.07	2.92	2.76	2.59
40	12.61	8.25	6.60	5.70	5.13	4.73	4.44	4.21	4.02	3.87	3.64	3.40	3.15	3.01	2.87	2.73	2.57	2.41	2.23
60	11.97	7.76	6.17	5.31	4.76	4.37	4.09	3.87	3.69	3.54	3.31	3.08	2.83	2.69	2.55	2.41	2.25	2.08	1.89
120	11.38	7.32	5.79	4.95	4.42	4.04	3.77	3.55	3.38	3.24	3.02	2.78	2.53	2.40	2.26	2.11	1.95	1.76	1.54
∞	10.83	6.91	5.42	4.62	4.10	3.74	3.47	3.27	3.10	2.96	2.74	2.51	2.27	2.13	1.99	1.84	1.66	1.45	1.00

注：†表示要将所列数数乘以 100。

部分习题参考答案

习 题 1

1. (1) $A\overline{B}\overline{C}$ 或 $A-B-C$ 或 $A-(B\cup C)$；　　(2) $A\cup B\cup C$；
   (3) $(AB)\cup(AC)\cup(BC)$；　　(4) $(AB\overline{C})\cup(AC\overline{B})\cup(BC\overline{A})$；
   (5) $(A\cup B)\overline{C}$；　　(6) $\overline{A\cup B\cup C}$ 或 $\overline{A}\,\overline{B}\,\overline{C}$.

2. 略.

3. (1) $P(A\overline{B})=P(A-B)=P(A-AB)=P(A)-P(AB)=0.4$；
   (2) $P(\overline{A}\,\overline{B})=P(\overline{A\cup B})=1-P(A\cup B)=1-0.7=0.3$；
   (3) $P(\overline{A}\cup\overline{B})=P(\overline{AB})=1-P(AB)=1-0.1=0.9$.

4. (1) 0.28；(2) 0.83；(3) 0.72.　　5. $\dfrac{8}{15}$.

6. (1) $\dfrac{1}{15}$；(2) $\dfrac{1}{210}$；(3) $\dfrac{2}{21}$.　　7. (1) $\dfrac{16}{55}$；(2) $\dfrac{3}{55}$.

8. (1) $p_1=\dfrac{C_a^m C_b^n}{C_{a+b}^{m+n}}$；(2) $p_2=\dfrac{P_b^{k-1}P_a^1}{P_{a+b}^k}$；(3) $p_3=\dfrac{P_a^1 P_{a+b-1}^{k-1}}{P_{a+b}^k}=\dfrac{a}{a+b}$.

9. $\dfrac{1}{4}+\dfrac{1}{2}\ln 2$.　　10. $\dfrac{5}{9}$.

11. $\dfrac{1}{2}$.　　12. $\dfrac{1}{4}$.

13. $\dfrac{m}{m+n}\cdot\dfrac{m+k}{m+n+k}\cdot\dfrac{n}{m+n+2k}\cdot\dfrac{n+k}{m+n+3k}$.

14. 0.92.　　15. (1) 0.4；(2) 0.485 6；(3) 0.394 2.

16. 设 A_1 表示"从甲袋中取到白球"，A_2 表示"从甲袋中取到红球"，B 表示"从乙袋中取到白球"，则

$$P(B) = P[(A_1 \cup A_2)B] = P(A_1B \cup A_2B) = P(B \mid A_1)P(A_1) + P(B \mid A_2)P(A_2)$$
$$= \frac{N+1}{M+N+1} \cdot \frac{n}{m+n} + \frac{N}{M+N+1} \cdot \frac{m}{m+n}.$$

17. 取出产品是 B 厂生产的可能性大.   18. 0.087.
19. 至少需要进行 11 次独立射击.   20. 0.6.
21. $P_n(k) = C_n^k \left(\frac{M}{N}\right)^k \left(1 - \frac{M}{N}\right)^{n-k}$ $(k = 0, 1, 2, \cdots, n)$.
22. $\frac{1}{2}\left(1 - C_{2n}^n \frac{1}{2^{2n}}\right)$.

习　题　2

1. (1) $P\{X = k\} = \left(\frac{3}{13}\right)^{k-1} \frac{10}{13}$ $(k = 1, 2, \cdots)$;

   (2)

X	1	2	3	4
P	$\frac{10}{13}$	$\frac{3}{13} \times \frac{10}{12}$	$\frac{3}{13} \times \frac{2}{12} \times \frac{10}{11}$	$\frac{3}{13} \times \frac{2}{12} \times \frac{1}{11} \times \frac{10}{10}$

2. $a = e^{-\lambda}$.   3. 第一种方案对于系队最为有利.
4. 分布律略, $\frac{11}{31}$.   5. 0.959 57.
6. $n \geqslant 4$.
7. (1) 由 $\begin{cases} \lim\limits_{x \to +\infty} F(x) = 1, \\ \lim\limits_{x \to 0^+} F(x) = \lim\limits_{x \to 0^-} F(x) \end{cases}$ 得 $\begin{cases} A = 1, \\ B = -1; \end{cases}$

   (2) $P\{X \leqslant 2\} = F(2) = 1 - e^{-2\lambda}, P\{X > 3\} = 1 - F(3) = 1 - (1 - e^{-3\lambda}) = e^{-3\lambda}$;

   (3) $f(x) = F'(x) = \begin{cases} \lambda e^{-\lambda x}, & x \geqslant 0, \\ 0, & x < 0. \end{cases}$

8. $F(x) = \begin{cases} 0, & x < 0, \\ \dfrac{x^2}{2}, & 0 \leqslant x < 1, \\ -\dfrac{x^2}{2} + 2x - 1, & 1 \leqslant x < 2, \\ 1, & x \geqslant 2, \end{cases}$ 图形略.

9. (1) $a = \dfrac{\lambda}{2}, F(x) = \begin{cases} 1 - \dfrac{1}{2}e^{-\lambda x}, & x > 0, \\ \dfrac{1}{2}e^{\lambda x}, & x \leqslant 0; \end{cases}$

   (2) $b = 1, F(x) = \begin{cases} 0, & x \leqslant 0, \\ \dfrac{x^2}{2}, & 0 < x < 1, \\ \dfrac{3}{2} - \dfrac{1}{x}, & 1 \leqslant x < 2, \\ 1, & x \geqslant 2. \end{cases}$

10. (1) $A = \dfrac{1}{2}, B = \dfrac{1}{\pi}$; (2) $\dfrac{1}{2}$; (3) $f(x) = \dfrac{1}{\pi(1+x^2)}$ $(-\infty < x < +\infty)$.

11. $\dfrac{1}{3}$.

12. (1) $0.5328, 0.9996, 0.6977, 0.5$;　(2) $c = 3$.

13. 184 cm.　　　　　　　　　14. $[1 - \Phi(1)]^4 \approx 0.00063$.

习　题　3

1. (X, Y) 的联合分布律为

Y	X			
	1	2	3	4
1	$\frac{1}{4}$	$\frac{1}{8}$	$\frac{1}{12}$	$\frac{1}{16}$
2	0	$\frac{1}{8}$	$\frac{1}{12}$	$\frac{1}{16}$
3	0	0	$\frac{1}{12}$	$\frac{1}{16}$
4	0	0	0	$\frac{1}{16}$

2. $\frac{\sqrt{2}}{4}(\sqrt{3} - 1)$.

3. (1) $k = \frac{1}{8}$;　(2) $\frac{3}{8}$;　(3) $\frac{27}{32}$;　(4) $\frac{2}{3}$.

4. (1) $\frac{5}{8}$;　(2) $\frac{3}{4}$.

5. (1) $A = \frac{1}{\pi^2}, B = \frac{\pi}{2}, C = \frac{\pi}{2}$;　(2) $f(x, y) = \frac{6}{\pi^2(4 + x^2)(9 + y^2)}$;　(3) 相互独立.

6. (1) $A = 24$;

(2) $F(x, y) = \begin{cases} 0, & x < 0, y < 0, \\ 3y^4 - 8y^3 + 12\left(x - \frac{x^2}{2}\right)y^2, & 0 \leqslant x < 1, 0 \leqslant y < x, \\ 3y^4 + 8y^3 + 6y^2, & x \geqslant 1, 0 \leqslant y < 1, \\ 4x^3 - 3x^4, & 0 \leqslant x < 1, x \leqslant y, \\ 1, & x \geqslant 1, y \geqslant 1; \end{cases}$

(3) $f_X(x) = \begin{cases} 12x^2(1 - x), & 0 \leqslant x \leqslant 1, \\ 0, & 其他, \end{cases}$ $f_Y(y) = \begin{cases} 12y(1 - y)^2, & 0 \leqslant y \leqslant 1, \\ 0, & 其他; \end{cases}$

(4) 不相互独立;

(5) $f_{Y|X}(y|x) = \begin{cases} \frac{2y}{x^2}, & 0 < y < x, 0 < x < 1, \\ 0, & 其他, \end{cases}$

$f_{X|Y}(x|y) = \begin{cases} \frac{2(1-x)}{(1-y)^2}, & y \leqslant x < 1, 0 < y < 1, \\ 0, & 其他. \end{cases}$

7. $f_Y(y) = \int_{-\infty}^{+\infty} f(x, y) \mathrm{d}x = \begin{cases} \int_0^y \frac{1}{1-x} \mathrm{d}x = -\ln(1 - y), & 0 < y < 1, \\ 0, & 其他. \end{cases}$

8. (1) 因 $f_X(x) = \begin{cases} 1, & 0 < x < 1, \\ 0, & 其他, \end{cases}$ $f_Y(y) = \begin{cases} \frac{1}{2}\mathrm{e}^{-\frac{y}{2}}, & y > 0, \\ 0, & 其他, \end{cases}$ 故

$f(x, y) \xrightarrow{X 与 Y 相互独立} f_X(x) f_Y(y) = \begin{cases} \frac{1}{2}\mathrm{e}^{-\frac{y}{2}} & 0 < x < 1, y > 0, \\ 0, & 其他. \end{cases}$

(2) 方程 $a^2 + 2Xa + Y = 0$ 有实根的充要条件是 $\Delta = (2X)^2 - 4Y \geqslant 0$,故 $X^2 \geqslant Y$,从而方程有实根的概率为

$$P\{X^2 \geqslant Y\} = \iint\limits_{x^2 \geqslant y} f(x,y)\mathrm{d}x\mathrm{d}y = \int_0^1 \mathrm{d}x \int_0^{x^2} \frac{1}{2}\mathrm{e}^{-\frac{y}{2}}\mathrm{d}y = 1 - \sqrt{2\pi}[\Phi(1) - \Phi(0)] \approx 0.1445.$$

习 题 4

1. Y 的分布律为

Y	0	1	4	9
P	$\frac{1}{5}$	$\frac{7}{30}$	$\frac{1}{5}$	$\frac{11}{30}$

2. 提示:参数为 2 的指数分布的密度函数为 $f(x) = \begin{cases} 2\mathrm{e}^{-2x}, & x > 0, \\ 0, & x \leqslant 0, \end{cases}$ 利用 $y = 1 - \mathrm{e}^{-2x}$ 的反函数 $x = -\frac{1}{2}\ln(1-y)$ 可证得.

3. (1) $f_Y(y) = \dfrac{\mathrm{d}F_Y(y)}{\mathrm{d}y} = \dfrac{1}{y}f_X(\ln y) = \dfrac{1}{y\sqrt{2\pi}}\mathrm{e}^{-\frac{(\ln y)^2}{2}}$ $(y > 0)$;

(2) $f_Y(y) = \dfrac{\mathrm{d}F_Y(y)}{\mathrm{d}y} = f_X(y) + f_X(-y) = \dfrac{2}{\sqrt{2\pi}}\mathrm{e}^{-\frac{y^2}{2}}$ $(y > 0)$.

4. $f_Z(z) = \begin{cases} \frac{1}{2}\mathrm{e}^{-\frac{z}{2}}, & z > 0, \\ 0, & z \leqslant 0. \end{cases}$

5. (1)

V	0	1	2	3	4	5
P	0	0.04	0.16	0.28	0.24	0.28

(2)

U	0	1	2	3
P	0.28	0.30	0.25	0.17

6. $f_Z(z) = \begin{cases} \int_0^z \mathrm{e}^{-(z-x)}\mathrm{d}x = 1 - \mathrm{e}^{-z}, & 0 \leqslant z \leqslant 1, \\ \int_0^1 \mathrm{e}^{-(z-x)}\mathrm{d}x = \mathrm{e}^{-z}(\mathrm{e}-1), & z > 1, \\ 0, & \text{其他}. \end{cases}$

7. (1) $f_X(x) = \begin{cases} \int_0^x 12y^2\mathrm{d}y, \\ 0 \end{cases} = \begin{cases} 4x^3, & 0 \leqslant x \leqslant 1, \\ 0, & \text{其他}; \end{cases}$

(2) $f_Y(y) = \begin{cases} \int_y^1 12y^2\mathrm{d}x, \\ 0 \end{cases} = \begin{cases} 12y^2(1-y), & 0 \leqslant y \leqslant 1, \\ 0, & \text{其他}; \end{cases}$

(3) $f_Z(z) = \int_{-\infty}^{+\infty} f(x, z-x)\mathrm{d}x = \begin{cases} \int_{\frac{z}{2}}^{z} 12(z-x)^2\mathrm{d}x = \frac{z^3}{2}, & 0 \leqslant z \leqslant 1, \\ \int_{\frac{z}{2}}^{1} 12(z-x)^2\mathrm{d}x = \frac{z^3}{2} - 4(z-1)^3, & 1 \leqslant z < 2, \\ 0, & \text{其他}. \end{cases}$

8. 记 $Z = X + Y$,则 Z 的所有可能取值为 $0, 1, 2, \cdots, n, \cdots$. 于是

$$P\{Z = k\} = \sum_{i=0}^{k} P\{X = i\}P\{Y = k-i\} = \sum_{i=0}^{k} \frac{\lambda^i}{i!}\mathrm{e}^{-\lambda} \frac{\lambda^{k-i}}{(k-i)!}\mathrm{e}^{-\lambda}$$

$$= \frac{\lambda^k \mathrm{e}^{-2\lambda}}{k!} \sum_{i=0}^{k} \frac{k!}{i!(k-i)!} = \frac{\lambda^k \mathrm{e}^{-2\lambda}}{k!} 2^k = \frac{(2\lambda)^k \mathrm{e}^{-2\lambda}}{k!} \quad (k = 0, 1, 2, \cdots, n, \cdots),$$

即 $Z = X + Y$ 服从参数为 2λ 的泊松分布.

9. Z 的分布函数 $F_Z(z) = P\{Z \leqslant z\} = P\left\{\dfrac{X}{Y} \leqslant z\right\}$.

(1) 当 $z \leqslant 0$ 时，$F_Z(z) = 0$.

(2) 当 $0 < z < 1$ 时 $\left(\text{这时当 } x = 1\,000 \text{ 时}, y = \dfrac{1\,000}{z} > 1\,000\right)$，如图 1(a) 所示，有

$$F_Z(z) = \iint\limits_{y \geqslant \frac{x}{z}} \dfrac{10^6}{x^2 y^2}\mathrm{d}x\mathrm{d}y = \int_{\frac{10^3}{z}}^{+\infty}\mathrm{d}y \int_{10^3}^{yz} \dfrac{10^6}{x^2 y^2}\mathrm{d}x = \int_{\frac{10^3}{z}}^{+\infty}\left(\dfrac{10^3}{y^2} - \dfrac{10^6}{zy^3}\right)\mathrm{d}y = \dfrac{z}{2}.$$

(3) 当 $z \geqslant 1$ 时 (这时当 $y = 10^3$ 时，$x = 10^3 z$)，如图 1(b) 所示，有

$$F_Z(z) = \iint\limits_{y \geqslant \frac{x}{z}} \dfrac{10^6}{x^2 y^2}\mathrm{d}x\mathrm{d}y = \int_{10^3}^{+\infty}\mathrm{d}y \int_{10^3}^{zy} \dfrac{10^6}{x^2 y^2}\mathrm{d}x = \int_{10^3}^{+\infty}\left(\dfrac{10^3}{y^2} - \dfrac{10^6}{zy^3}\right)\mathrm{d}y = 1 - \dfrac{1}{2z}.$$

综上所述，有

$$F_Z(z) = \begin{cases} 1 - \dfrac{1}{2z}, & z \geqslant 1, \\ \dfrac{z}{2}, & 0 < z < 1, \\ 0, & \text{其他,} \end{cases}$$

故 $f_Z(z) = \begin{cases} \dfrac{1}{2z^2}, & z \geqslant 1, \\ \dfrac{1}{2}, & 0 < z < 1, \\ 0, & \text{其他.} \end{cases}$

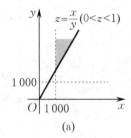 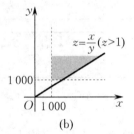

(a)   (b)

图 1

习 题 5

1. 10 min 25 s.

2. $E(Y) = E\left(\dfrac{1}{6}\pi X^3\right) = \int_a^b \dfrac{1}{6}\pi x^3 \dfrac{1}{b-a}\mathrm{d}x = \dfrac{\pi}{6(b-a)}\int_a^b x^3\mathrm{d}x = \dfrac{\pi}{24}(a+b)(a^2+b^2)$.

3. 平均需赛六场.

4. $E(X) = \dfrac{k(n+1)}{2}, D(X) = \dfrac{k(n^2-1)}{12}$.

5. $E(X) = \dfrac{12}{7}, D(X) = \dfrac{24}{49}$.

6. (1) $k = 2$；(2) $E(XY) = \dfrac{1}{4}, D(XY) = \dfrac{7}{144}$.

7. $E(X) = \int_{-\infty}^{+\infty}\int_{-\infty}^{+\infty} xf(x,y)\mathrm{d}x\mathrm{d}y = \iint\limits_A x\mathrm{d}x\mathrm{d}y = \int_0^1\mathrm{d}x\int_0^{2(1-x)} x\mathrm{d}y = \dfrac{1}{3}$,

$E(Y) = \int_{-\infty}^{+\infty}\int_{-\infty}^{+\infty} yf(x,y)\mathrm{d}x\mathrm{d}y = \iint\limits_A y\mathrm{d}x\mathrm{d}y = \int_0^2 y\mathrm{d}y\int_0^{1-\frac{y}{2}}\mathrm{d}x = \dfrac{2}{3}$,

$$E(XY) = \int_{-\infty}^{+\infty} \int_{-\infty}^{+\infty} xyf(x,y)\mathrm{d}x\mathrm{d}y = \int_0^1 x\mathrm{d}x \int_0^{2(1-x)} y\mathrm{d}y = 2\int_0^1 x(1-x)^2 \mathrm{d}x = \frac{1}{6}.$$

8. $E(X) = 0, D(X) = \frac{1}{6}.$

9. $-28.$

10. $\rho_{YZ} = \dfrac{\mathrm{Cov}(Y,Z)}{\sqrt{D(Y)}\sqrt{D(Z)}} = \dfrac{\frac{1}{2}\cos a}{\sqrt{\frac{1}{2}} \times \sqrt{\frac{1}{2}}} = \cos a.$

11. 略.

12. $\mathrm{Cov}(X,Y) = E(XY) - E(X)E(Y) = \dfrac{1}{12} - \dfrac{1}{3} \times \dfrac{1}{3} = -\dfrac{1}{36},$

$\rho_{XY} = \dfrac{\mathrm{Cov}(X,Y)}{\sqrt{D(X)}\sqrt{D(Y)}} = \dfrac{-\frac{1}{36}}{\sqrt{\frac{1}{18}} \times \sqrt{\frac{1}{18}}} = -\dfrac{1}{2}.$

13. $\mathrm{Cov}(X,Y) = E(XY) - E(X)E(Y) = \left(\dfrac{\pi}{2} - 1\right) - \dfrac{\pi}{4} \times \dfrac{\pi}{4} = -\left(\dfrac{\pi-4}{4}\right)^2,$

$\rho_{XY} = \dfrac{\mathrm{Cov}(X,Y)}{\sqrt{D(X)}\sqrt{D(Y)}} = \dfrac{-\left(\frac{\pi-4}{4}\right)^2}{\frac{\pi^2}{16} + \frac{\pi}{2} - 2} = -\dfrac{(\pi-4)^2}{\pi^2 + 8\pi - 32} = -\dfrac{\pi^2 - 8\pi + 16}{\pi^2 + 8\pi - 32}.$

习　题　6

1. 略.　　　　　　　　　　　　　2. 269 件.
3. 2 265 单位.　　　　　　　　　 4. 0.022 750.

5. 10 台机器中同时停机的数目 X 服从二项分布, $n = 10, p = 0.2, np = 2, \sqrt{npq} \approx 1.265.$

(1) 直接计算: $P\{X = 3\} = C_{10}^3 \times (0.2)^3 \times (0.8)^7 \approx 0.201\,3;$

(2) 若用局部极限定理近似计算:

$$P\{X = 3\} = \frac{1}{\sqrt{npq}}\varphi\left(\frac{k-np}{\sqrt{npq}}\right) = \frac{1}{1.265}\varphi\left(\frac{3-2}{1.265}\right) = \frac{1}{1.265}\varphi(0.79) \approx 0.230\,8.$$

可见, (2) 的计算结果与(1)相差较大, 这是由于 n 不够大.

6. (1) 公司没有利润当且仅当 $1\,000X = 10\,000 \times 12$, 即 $X = 120$. 于是, 所求概率为

$$P\{X = 120\} \approx \frac{1}{\sqrt{10\,000 \times 0.006 \times 0.994}}\varphi\left(\frac{120 - 10\,000 \times 0.006}{\sqrt{10\,000 \times 0.006 \times 0.994}}\right)$$

$$= \frac{1}{\sqrt{59.64}}\varphi\left(\frac{60}{\sqrt{59.64}}\right) = \frac{1}{\sqrt{2\pi}} \cdot \frac{1}{\sqrt{59.64}} e^{-\frac{1}{2}(60/\sqrt{59.64})^2}$$

$$= 0.051\,7 \times e^{-30.1811} \approx 0;$$

(2) 因为公司利润不少于 60 000 元当且仅当 $0 \leqslant X \leqslant 60$. 于是, 所求概率为

$$P\{0 \leqslant X \leqslant 60\} \approx \Phi\left(\frac{60 - 10\,000 \times 0.006}{\sqrt{10\,000 \times 0.006 \times 0.994}}\right) - \Phi\left(\frac{0 - 10\,000 \times 0.006}{\sqrt{10\,000 \times 0.006 \times 0.994}}\right)$$

$$= \Phi(0) - \Phi\left(-\frac{60}{\sqrt{59.64}}\right) \approx 0.5.$$

习　题　7

1. $n, 2.$　　　　　　　　　　　　2. n 至少应取 25.
3. 0.674 4.　　　　　　　　　　　4. 0.045 6.

5. 0.05. 6. 5.43.

习　题　8

1. $\hat{a} = \overline{X} - \sqrt{3}\hat{\sigma}, \hat{b} = \overline{X} + \sqrt{3}\hat{\sigma}.$ 这里, $\hat{\sigma}^2 = \dfrac{1}{n}\sum\limits_{i=1}^{n}(X_i - \overline{X})^2$.

2. (1) $\hat{\theta}_L = \dfrac{1}{\overline{X}}$;　(2) $\hat{\theta}_L = -\dfrac{n}{\sum\limits_{i=1}^{n}\ln X_i}$.

3. $\hat{\theta}_L = \sqrt{\dfrac{1}{n}\sum\limits_{i=1}^{n}X_i^2}$.　4. $\hat{\mu}_L = \overline{x}, \hat{\sigma}_L^2 = b_2$.

5. $\hat{\theta} = 2\overline{X}, \hat{\theta}_L = \max\limits_{1\leqslant i\leqslant n}\{X_i\}$.

6. 由方差的计算公式,有 $E(\hat{\theta}^2) = E[(\hat{\theta})^2] = D(\hat{\theta}) + [E(\hat{\theta})]^2$,再由 $\hat{\theta}$ 是 θ 的无偏估计量,可得 $E(\hat{\theta}^2) = D(\hat{\theta}) + \theta^2$. 易见,当 $D(\hat{\theta}) > 0$ 时,$\hat{\theta}^2 = (\hat{\theta})^2$ 不是 θ^2 的无偏估计量.

7. (1) 总体 X 的数学期望 $E(X) = \int_0^\theta \dfrac{x}{\theta}\mathrm{d}x = \dfrac{\theta}{2}$,令 $E(X) = \overline{X}$,得矩估计量
$$\hat{\theta}_1 = 2\overline{X}.$$

(2) $E(\hat{\theta}_1) = 2E(\overline{X}) = 2E(X) = \theta$,
$$E(\hat{\theta}_2) = \dfrac{n+1}{n}E(M) = \dfrac{n+1}{n}\int_0^\theta xn\dfrac{x^{n-1}}{\theta^n}\mathrm{d}x = (n+1)\int_0^\theta \dfrac{x^n}{\theta^n}\mathrm{d}x = \dfrac{n+1}{\theta^n}\cdot\dfrac{x^{n+1}}{n+1}\Big|_0^\theta = \theta,$$

所以 $\hat{\theta}_1, \hat{\theta}_2$ 均是 θ 的无偏估计量.

(3) $D(\hat{\theta}_1) = D(2\overline{X}) = \dfrac{4}{n}D(X) = \dfrac{\theta^2}{3n}$,

$$D(\hat{\theta}_2) = \dfrac{(n+1)^2}{n^2}D(M) = \dfrac{(n+1)^2}{n^2}\int_0^\theta x^2 n\dfrac{x^{n-1}}{\theta^n}\mathrm{d}x - \theta^2 = \left[\dfrac{(n+1)^2}{n(n+2)} - 1\right]\theta^2 = \dfrac{\theta^2}{n(n+2)},$$

所以当 $n \geqslant 2$ 时,$\hat{\theta}_2$ 比 $\hat{\theta}_1$ 有效.

8. μ 的置信概率为 0.95 的置信区间为
$$\left(\overline{x} - z_{\frac{\alpha}{2}}\dfrac{\sigma}{\sqrt{n}}, \overline{x} + z_{\frac{\alpha}{2}}\dfrac{\sigma}{\sqrt{n}}\right) = (14.95 - 0.1\times 1.96, 14.95 + 0.1\times 1.96) = (14.754, 15.146).$$

9. $n \geqslant \dfrac{4\sigma^2(z_{\frac{\alpha}{2}})^2}{L^2}$.

习　题　9

1. (1) 因为 $\overline{x}$ 是样本矩,μ 是总体矩,故 μ 的矩估计量是 $\overline{x}$.

(2) 似然函数为
$$L = \prod_{i=1}^{n}\dfrac{1}{2\sqrt{2\pi}}\mathrm{e}^{-\dfrac{(x_i-\mu)^2}{2\cdot 2^2}} = \left(\dfrac{1}{2\sqrt{2\pi}}\right)^n \mathrm{e}^{-\dfrac{\sum\limits_{i=1}^{n}(x_i-\mu)^2}{8}},$$

对数似然函数为
$$\ln L = -n\ln(2\sqrt{2\pi}) - \dfrac{\sum\limits_{i=1}^{n}(x_i-\mu)^2}{8},$$

对数似然方程为
$$\dfrac{\partial \ln L}{\partial \mu} = \dfrac{\sum\limits_{i=1}^{n}(x_i-\mu)}{4} = 0,$$

故 μ 的极大似然估计量为 $\hat{\mu}_L = \overline{X}$.

(3) 因为 $P\{X_i \leqslant 0\} = \Phi\left(\dfrac{-\mu}{2}\right) = 1 - \Phi\left(\dfrac{\mu}{2}\right)$,故 $Y \sim B\left(n, 1 - \Phi\left(\dfrac{\mu}{2}\right)\right)$.

(4) 检验统计量为 $U = (\overline{X} - 3)\dfrac{\sqrt{n}}{2}$.

2. 设 $H_0: \mu = \mu_0 = 1.1; H_1: \mu \neq \mu_0 = 1.1$.因为 $n = 36, \alpha = 0.05, t_{\frac{\alpha}{2}}(n-1) = t_{0.025}(35) = 2.0301, t_0 = \dfrac{\overline{x} - \mu_0}{s/\sqrt{n}}$

$= \dfrac{1.008 - 1.1}{\sqrt{0.1}} \times 6 = 1.7456$,所以 $|t_0| = 1.7456 < t_{0.025}(35) = 2.0301$.故接受 H_0,即认为这堆香烟的重量正常.

3. (1) $\mu_0 = 0.5$.因为 $n = 10, \alpha = 0.05, t_\alpha(n-1) = t_{0.05}(9) = 1.8331, t_0 = \dfrac{\overline{x} - \mu_0}{s/\sqrt{n}} = \dfrac{0.452 - 0.5}{0.037} \times \sqrt{10} =$

-4.10241,所以 $t_0 < -t_{0.05}(9) = -1.8331$.故拒绝 H_0,接受 H_1.

(2) 因为 $\sigma_0^2 = (0.04)^2, n = 10, \alpha = 0.05, \chi_{1-\alpha}^2(n-1) = \chi_{0.95}^2(9) = 3.325, \chi^2 = \dfrac{(n-1)s^2}{\sigma_0^2} = \dfrac{9 \times 0.037^2}{0.04^2} =$

7.7006,所以 $\chi^2 > \chi_{0.95}^2(9)$.故接受 H_0',拒绝 H_1'.

4. 构造检验统计量 $U = \dfrac{\overline{X} - \mu_0}{\sigma_0}\sqrt{n}$.当 H_0 为真时,U 服从 $N(0,1)$;当 H_0 不真时,U 的分布中心将向左右偏移.所以,拒绝域为 $|U| > U_{1-\frac{\alpha}{2}}$.

5. 构造检验统计量 $F = \dfrac{S_1^2}{S_2^2}$.当 H_0 为真时,$F = \dfrac{S_1^2}{S_2^2} \sim F(n_1-1, n_2-1)$;当 H_0 不真而 H_1 为真时,由 $F = \dfrac{S_1^2}{S_2^2} =$

$\dfrac{S_1^2/\sigma_1^2}{S_2^2/\sigma_2^2} \cdot \dfrac{\sigma_1^2}{\sigma_2^2}$,即一个 $F(n_1-1, n_2-1)$ 的统计量乘以一个大于1的数,$F = \dfrac{S_1^2}{S_2^2}$ 有偏大的趋势.所以,当 $F = \dfrac{S_1^2}{S_2^2}$ 偏

大时,我们拒绝 H_0 而接受 H_1,拒绝域的形式为 $F = \dfrac{S_1^2}{S_2^2} > k$.

由 H_0 为真时,$F = \dfrac{S_1^2}{S_2^2} \sim F(n_1-1, n_2-1)$,可确定常数 k,得拒绝域为

$$F = \dfrac{S_1^2}{S_2^2} > F_\alpha(n_1-1, n_2-1).$$

6. 检验假设:$H_0: \mu_1 = \mu_2; H_1: \mu_1 \neq \mu_2$.

因为 $n_1 = n_2 = 200, \alpha = 0.05, t_{\frac{\alpha}{2}}(n_1+n_2-2) = t_{0.025}(398) \approx z_{0.025} = 1.96$,又

$$s_w = \sqrt{\dfrac{(n_1-1)s_1^2 + (n_2-1)s_2^2}{n_1+n_2-2}} = \sqrt{\dfrac{199 \times (0.218^2 + 0.176^2)}{398}} \approx 0.1981,$$

$$t_0 = \dfrac{\overline{x} - \overline{y}}{s_w\sqrt{\dfrac{1}{n_1} + \dfrac{1}{n_2}}} = \dfrac{0.532 - 0.57}{0.1981 \times \sqrt{\dfrac{1}{200} + \dfrac{1}{200}}} \approx -1.9182,$$

所以 $|t_0| < t_{0.025}(398)$.故接受 H_0,即认为两批棉纱断裂强度的数学期望无显著性差异.

习 题 10

1. $s = 3, n = \sum_{j=1}^{s} n_j = 40$,

$S_T = \sum_{j=1}^{3} \sum_{i=1}^{n_j} x_{ij}^2 - \dfrac{T_{..}^2}{n} = 199462 - 185776.9 = 13685.1$,

$S_A = \sum_{j=1}^{3} \dfrac{1}{n_j} T_{.j}^2 - \dfrac{T_{..}^2}{n} = 186112.25 - 185776.9 = 335.35$,

$S_E = S_T - S_A = 13349.65$,

$F = \dfrac{S_A/(s-1)}{S_E/(n-s)} \approx \dfrac{167.68}{360.80} \approx 0.4647$,

$F_{0.05}(2,37) = 3.23 > F$,故各班平均分数无显著性差异.

方差分析表

方差来源	平方和	自由度	均方和	F 比
因素影响	335.35	2	167.68	0.4647
误差	13 349.65	37	360.80	
总和	13 685.1	39		

2. $r = s = 3$,经计算得 $\overline{x} = 52, \overline{x}_{1.} = 50.66, \overline{x}_{2.} = 53, \overline{x}_{3.} = 52.34, \overline{x}_{.1} = 52, \overline{x}_{.2} = 57, \overline{x}_{.3} = 47$,因此

$$S_T = \sum_{i=1}^{r}\sum_{j=1}^{s}(x_{ij} - \overline{x})^2 = 162, \quad S_A = s\sum_{i=1}^{r}(\overline{x}_{i.} - \overline{x})^2 = 8.73,$$

$$S_B = r\sum_{j=1}^{s}(\overline{x}_{.j} - \overline{x})^2 = 150, \quad S_E = S_T - S_A - S_B = 3.27.$$

方差分析表

方差来源	平方和	自由度	均方和	F 比
饲料作用	8.73	2	4.365	5.34
品种作用	150	2	75	91.74
误差	3.27	4	0.8175	
总和	162	8		

由于 $F_{0.05}(2,4) = 6.94 > F_A, F_{0.05}(2,4) < F_B$,因而接受假设 H_{01},拒绝假设 H_{02}.

结果表明,不同饲料对于仔猪体重增长无显著性影响,仔猪的品种对于仔猪体重增长有显著性影响.

3. 经计算,得

$$\sum_{i=1}^{9}x_i = 603, \quad \sum_{i=1}^{9}y_i = 604.6, \quad \sum_{i=1}^{9}x_i^2 = 40\,569, \quad \sum_{i=1}^{9}x_iy_i = 40\,584.9, \quad \sum_{i=1}^{9}y_i^2 = 40\,651.68,$$

$$S_{xx} = 40\,569 - \frac{1}{9} \times (603)^2 = 168,$$

$$S_{xy} = 40\,584.9 - \frac{1}{9} \times 603 \times 604.6 = 76.7,$$

$$S_{yy} = 40\,651.68 - \frac{1}{9} \times (604.6)^2 \approx 35.9956.$$

(1) $\hat{b} = \dfrac{S_{xy}}{S_{xx}} \approx 0.4565, \hat{a} = \sum_{i=1}^{9}\dfrac{y_i}{9} - \hat{b} \times \sum_{i=1}^{9}\dfrac{x_i}{9} \approx 36.5923$,故回归方程为

$$\hat{y} = 36.5923 + 0.4565x.$$

(2) $Q_{回} = \dfrac{S_{xy}^2}{S_{xx}} \approx 35.0172, Q_{剩} = Q_{总} - Q_{回} \approx 35.9956 - 35.0172 = 0.9784,$

$$F = \frac{Q_{回}}{Q_{剩}/(n-2)} \approx 250.5319 > F_{0.05}(1,7) = 5.59,$$

故拒绝 H_0,即两变量的线性相关关系是显著的.

4. (1) 略;

(2) 经计算,可得

$$\sum_{i=1}^{10}x_i = 191, \quad \sum_{i=1}^{10}y_i = 170, \quad \sum_{i=1}^{10}x_i^2 = 3\,731, \quad \sum_{i=1}^{10}x_iy_i = 3\,310, \quad \sum_{i=1}^{10}y_i^2 = 2\,948,$$

$S_{xx} = 82.9, \quad S_{xy} = 63, \quad S_{yy} = 58.$

故 $\hat{b} = \dfrac{S_{xy}}{S_{xx}} = 0.7600, \hat{a} = \dfrac{170}{10} - 0.76 \times \dfrac{191}{10} = 2.4849$,从而回归方程为

$$\hat{y} = 2.4849 + 0.76x.$$

(3) $Q_{回} = \dfrac{S_{xy}^2}{S_{xx}} \approx 47.8770, Q_{剩} = Q_{总} - Q_{回} = 58 - 47.8770 = 10.1230,$

$$F = \dfrac{Q_{回}}{Q_{剩}/(n-2)} \approx 37.8362 > F_{0.05}(1,8) = 7.57,$$

故拒绝 H_0,即两变量的线性相关关系是显著的.

5. 根据表中数据,得正规方程组
$$\begin{cases} 31b_0 + 411.7b_1 + 2356b_2 = 923.9, \\ 411.7b_0 + 5766.55b_1 + 31598.7b_2 = 13798.85, \\ 2356b_0 + 31598.7b_1 + 180274b_2 = 72035.6, \end{cases}$$

解得 $b_0 = -54.5041, b_1 = 4.8424, b_2 = 0.2631$. 故回归方程为
$$\hat{y} = -54.5041 + 4.8424x_1 + 0.2631x_2.$$

历届研究生入学考试概率论与数理统计试题（部分）

1. 在区间$(0,1)$内随机地取两个数，这两数之差的绝对值小于$\frac{1}{2}$的概率为_____.

2. 某人向同一目标独立重复射击，每次射击命中目标的概率为$p(0<p<1)$，则此人第四次射击恰好第二次命中目标的概率为_____.

   (A) $3p(1-p)^2$　　(B) $6p(1-p)^2$　　(C) $3p^2(1-p)^2$　　(D) $6p^2(1-p)^2$

3. 设A,B是任意两个随机事件，求$P((\overline{A}+B)(A+B)(\overline{A}+\overline{B})(A+\overline{B}))$的值.

4. 设两两相互独立的三个事件A,B和C满足条件：$ABC=\varnothing$，$P(A)=P(B)=P(C)<\frac{1}{2}$，且$P(A\cup B\cup C)=\frac{9}{16}$，求$P(A)$.

5. 设两个相互独立的事件A和B都不发生的概率为$\frac{1}{9}$，A发生B不发生的概率与B发生A不发生的概率相等，求$P(A)$.

6. 随机地向半圆$0<y<\sqrt{2ax-x^2}$（a为正常数）内掷一点，点落在半圆内任何区域的概率与区域的面积成正比，问：原点和该点的连线与x轴的夹角小于$\frac{\pi}{4}$的概率为多少？

7. 设10件产品中有4件不合格品，从中任取两件，已知所取两件产品中有一件是不合格品，求另一件也是不合格品的概率.

8. 设有来自三个地区的各10名、15名和25名考生的报名表，其中女生的报名表分别为3份、7份和5份. 随机地取一个地区的报名表，从中先后抽出两份.

   (1) 求先抽到的一份是女生报名表的概率p；
   (2) 已知后抽到的一份是男生报名表，求先抽到的一份是女生报名表的概率q.

9. 设A,B为随机事件，且$P(B)>0$，$P(A\mid B)=1$，试比较$P(A\cup B)$与$P(A)$的大小.

10. 设随机变量X的分布函数$F(x)=\begin{cases}0,&x<0,\\ \frac{1}{2},&0\leqslant x<1,\\ 1-e^{-x},&x\geqslant 1,\end{cases}$则$P\{X=1\}=$_____.

    (A) 0　　(B) $\frac{1}{2}$　　(C) $\frac{1}{2}-e^{-1}$　　(D) $1-e^{-1}$

11. 设$f_1(x)$为标准正态分布的密度函数，$f_2(x)$为在区间$[-1,3]$上服从均匀分布的密度函数. 若$f(x)=\begin{cases}af_1(x),&x\leqslant 0,\\ bf_2(x),&x>0\end{cases}(a>0,b>0)$为密度函数，则$a,b$应满足_____.

    (A) $2a+3b=4$　　(B) $3a+2b=4$　　(C) $a+b=1$　　(D) $a+b=2$

12. 设随机变量X服从参数为2的指数分布. 证明：$Y=1-e^{-2X}$在区间$(0,1)$上服从均匀分布.

13. 设随机变量X的密度函数为

$$f(x) = \begin{cases} \dfrac{1}{3}, & 0 \leqslant x \leqslant 1, \\ \dfrac{2}{9}, & 3 \leqslant x \leqslant 6, \\ 0, & \text{其他}. \end{cases}$$

若存在 k,使得 $P\{X \geqslant k\} = \dfrac{2}{3}$,求 k 的取值范围.

14. 设随机变量 X 的分布函数为

$$F(x) = \begin{cases} 0, & x < -1, \\ 0.4, & -1 \leqslant x < 1, \\ 0.8, & 1 \leqslant x < 3, \\ 1, & x \geqslant 3, \end{cases}$$

求 X 的分布律.

15. 设三次独立试验中,事件 A 出现的概率相等. 若已知 A 至少出现一次的概率为 $\dfrac{19}{27}$,求 A 在一次试验中出现的概率.

16. 若随机变量 X 在区间 $(1,6)$ 上服从均匀分布,问:方程 $y^2 + Xy + 1 = 0$ 有实根的概率是多少?

17. 若随机变量 $X \sim N(2,\sigma^2)$,且 $P\{2 < X < 4\} = 0.3$,则 $P\{X < 0\} =$ _____.

18. 设某厂家生产的每台仪器,以概率 0.7 可以直接出厂;以概率 0.3 需进一步调试,经调试后以概率 0.8 可以出厂,以概率 0.2 定为不合格品不能出厂. 现该厂新生产了 $n(n \geqslant 2)$ 台仪器(假设各台仪器的生产过程相互独立),求:
   (1) 全部能出厂的概率 α;
   (2) 其中恰好有两台不能出厂的概率 β;
   (3) 其中至少有两台不能出厂的概率 θ.

19. 某地抽样调查结果表明,考生的外语成绩(百分制)近似服从正态分布,平均成绩为 72 分,96 分以上的占考生总数的 2.3%,试求考生的外语成绩在 60 分至 84 分之间的概率.

20. 在电源电压不超过 200 V,$200 \sim 240$ V 和超过 240 V 这三种情形下,某种电子元件损坏的概率分别为 0.1,0.001 和 0.2 (假设电源电压(单位:V) X 服从正态分布 $N(220,25^2)$),试求:
   (1) 该电子元件损坏的概率 α;
   (2) 该电子元件损坏时,电源电压在 $200 \sim 240$ V 的概率 β.

21. 设随机变量 X 在区间 $(1,2)$ 上服从均匀分布,试求随机变量 $Y = e^{2X}$ 的密度函数 $f_Y(y)$.

22. 设随机变量 X 的密度函数为

$$f_X(x) = \begin{cases} e^{-x}, & x \geqslant 0, \\ 0, & x < 0, \end{cases}$$

求随机变量 $Y = e^X$ 的密度函数 $f_Y(y)$.

23. 设随机变量 X 的密度函数为

$$f_X(x) = \dfrac{1}{\pi(1+x^2)},$$

求 $Y = 1 - \sqrt[3]{X}$ 的密度函数 $f_Y(y)$.

24. 假设某大型设备在任何长为 t 的时间内发生故障的次数 $N(t)$ 服从参数为 λt 的泊松分布,求:
   (1) 相继两次故障之间时间间隔 T 的概率分布;
   (2) 在设备已经无故障工作 8 h 的情形下,再无故障运行 8 h 的概率 p.

25. 设随机变量 X 的绝对值不大于 1,$P\{X=-1\} = \dfrac{1}{8}$,$P\{X=1\} = \dfrac{1}{4}$. 在事件 $\{-1<X<1\}$ 出现的条件下,X 在 $(-1,1)$ 内任一子区间上取值的条件概率与该子区间的长度成正比,试求 X 的分布函数 $F(x) = P\{X \leqslant x\}$.

26. 设随机变量 X 服从正态分布 $N(\mu_1, \sigma_1^2)$，Y 服从正态分布 $N(\mu_2, \sigma_2^2)$，且
$$P\{|X-\mu_1|<1\} > P\{|Y-\mu_2|<1\},$$
试比较 σ_1 与 σ_2 的大小.

27. 设二维随机向量 (X,Y) 服从二维正态分布，且 X 与 Y 不相关，$f_X(x)$，$f_Y(y)$ 分别表示关于 X,Y 的边缘概率密度，则在 $Y=y$ 条件下，X 的条件概率密度 $f_{X|Y}(x\mid y)$ 为 _____.

  (A) $f_X(x)$ (B) $f_Y(y)$ (C) $f_X(x)f_Y(y)$ (D) $\dfrac{f_X(x)}{f_Y(y)}$

28. 设二维随机向量 (X,Y) 的概率密度为 $f(x,y) = Ae^{-2x^2+2xy-y^2}$ $(-\infty<x<+\infty, -\infty<y<+\infty)$，求常数 A 的值及条件概率密度 $f_{Y|X}(y\mid x)$.

29. 设袋中有 1 个红球，2 个黑球与 3 个白球，现有放回地从袋中取两次，每次取一球，以 X,Y,Z 分别表示两次所取得的红球、黑球与白球的个数，求：

 (1) $P\{X=1\mid Z=0\}$；

 (2) 二维随机向量 (X,Y) 的联合分布律.

30. 设二维随机向量 (X,Y) 的概率密度为 $f(x,y) = \begin{cases} e^{-x}, & 0<y<x, \\ 0, & \text{其他}, \end{cases}$ 求：

 (1) 条件概率密度 $f_{Y|X}(y\mid x)$；

 (2) 条件概率 $P\{X\leqslant 1\mid Y\leqslant 1\}$.

31. 设随机变量 X 与 Y 相互独立，X 的分布律为 $P\{X=i\} = \dfrac{1}{3}(i=-1,0,1)$，$Y$ 的概率密度为 $f_Y(y) = \begin{cases} 1, & 0\leqslant y\leqslant 1, \\ 0, & \text{其他}. \end{cases}$ 记 $Z=X+Y$，求：

 (1) $P\left\{Z\leqslant \dfrac{1}{2}\,\Big|\, X=0\right\}$；

 (2) Z 的密度函数.

32. 设随机变量 X,Y 相互独立且同分布，X 的分布函数为 $F(x)$，则 $Z=\max\{X,Y\}$ 的分布函数为 _____.

  (A) $F^2(x)$ (B) $F(x)F(y)$

  (C) $1-[1-F(x)]^2$ (D) $[1-F(x)][1-F(y)]$

33. 设二维随机向量 (X,Y) 的概率密度为
$$f(x,y) = \begin{cases} 2-x-y, & 0<x<1, 0<y<1, \\ 0, & \text{其他}. \end{cases}$$

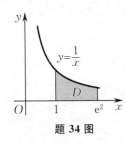

题 34 图

 (1) 求 $P\{X>2Y\}$；

 (2) 求 $Z=X+Y$ 的密度函数 $f_Z(z)$.

34. 设平面区域 D 由曲线 $y=\dfrac{1}{x}$ 及直线 $y=0, x=1, x=e^2$ 所围成（见题 34 图），二维随机向量 (X,Y) 在区域 D 上服从均匀分布，求 (X,Y) 关于 X 的边缘概率密度在 $x=2$ 处的值.

35. 设随机变量 X 与 Y 相互独立，题 35 表列出了二维随机向量 (X,Y) 的联合分布律及关于 X 和 Y 的边缘分布律中的部分数值.试将其余数值填入表中的空白处.

题 35 表

X	Y			$P\{X=x_i\}=p_i$
	y_1	y_2	y_3	
x_1		$\dfrac{1}{8}$		
x_2	$\dfrac{1}{8}$			
$P\{Y=y_j\}=p_j$	$\dfrac{1}{6}$			1

36. 设某班车起点站上客人数 X 服从参数为 $\lambda(\lambda>0)$ 的泊松分布,每位乘客在中途下车的概率为 $p(0<p<1)$,且中途下车与否相互独立. 以 Y 表示中途下车的人数,求:
   (1) 在发车时有 n 个乘客的条件下,中途有 m 人下车的概率;
   (2) 二维随机向量 (X,Y) 的联合分布律.

37. 设随机变量 X 与 Y 相互独立,其中 X 的分布律为 $X\sim\begin{pmatrix}1 & 2\\ 0.3 & 0.7\end{pmatrix}$,而 Y 的密度函数为 $f(y)$,求随机变量 $U=X+Y$ 的密度函数 $g(u)$.

38. 设随机变量 X 与 Y 相互独立,且均在区间 $[0,3]$ 上服从均匀分布,求 $P\{\max\{X,Y\}\leqslant 1\}$.

39. 设二维随机向量 (X,Y) 的联合分布律如题 39 表所示,其中 a,b,c 为常数,且随机变量 X 的数学期望 $E(X)=-0.2$,$P\{Y\leqslant 0\mid X\leqslant 0\}=0.5$. 记 $Z=X+Y$,求:
   (1) a,b,c 的值;
   (2) Z 的分布律;
   (3) $P\{X=Z\}$.

题 39 表

Y	X		
	−1	0	1
−1	a	0	0.2
0	0.1	b	0.2
1	0	0.1	c

40. 设某企业生产线上产品的合格率为 0.96,不合格产品中只有 $\dfrac{3}{4}$ 的产品可进行再加工,且再加工的合格率为 0.8,其余均为废品. 每件合格品获利 80 元,每件废品亏损 20 元,为了保证该企业每天平均利润不低于 2 万元,问:企业每天至少生产多少产品?

41. 某箱中装有 6 个球,其中红、白、黑球的个数分别是 1,2,3. 现从箱中随机地取出两个球,记 X 为取出的红球个数,Y 为取出的白球个数,求:
   (1) 二维随机向量 (X,Y) 的联合分布律;
   (2) $\text{Cov}(X,Y)$.

42. 假设某设备开机后无故障工作的时间(单位:h)X 服从参数 $\lambda=\dfrac{1}{5}$ 的指数分布. 设备定时开机,出现故障时自动关机,而在无故障的情况下工作 2 h 便关机. 试求该设备每次开机无故障工作的时间(单位:h)Y 的分布函数 $F(y)$.

43. 已知甲、乙两箱中装有同种产品,其中甲箱中装有 3 件合格品和 3 件次品,乙箱中仅装有 3 件合格品. 从甲箱中任取 3 件产品放乙箱后,求:
   (1) 乙箱中次品件数 Z 的数学期望;
   (2) 从乙箱中任取一件产品是次品的概率.

44. 假设由自动线加工的某种零件的内径(单位:mm)X 服从正态分布 $N(\mu,1)$,内径小于 10 mm 或大于 12 mm 为不合格品,其余为合格品. 销售每件合格品获利,销售每件不合格品亏损,已知销售利润(单位:元)T 与销售零件的内径 X 有如下关系:
$$T=\begin{cases}-1, & X<10,\\ 20, & 10\leqslant X\leqslant 12,\\ -5, & X>12,\end{cases}$$

问:平均直径 μ 取何值时,销售一个零件的平均利润最大?

45. 设随机变量 X 的密度函数为

$$f(x) = \begin{cases} \dfrac{1}{2}\cos\dfrac{x}{2}, & 0 \leqslant x \leqslant \pi, \\ 0, & 其他. \end{cases}$$

对于 X 独立地重复观察 4 次,用 Y 表示观察值大于 $\dfrac{\pi}{3}$ 的次数,求 Y^2 的数学期望.

46. 设有两台同样的自动记录仪,每台无故障工作的时间 $T_i(i=1,2)$ 服从参数为 5 的指数分布,首先起动其中一台,当其发生故障时停用而另一台自动开启.试求两台记录仪无故障工作的总时间 $T = T_1 + T_2$ 的密度函数 $f_T(t)$、数学期望 $E(T)$ 及方差 $D(T)$.

47. 设两个随机变量 X,Y 相互独立,且都服从均值为 0,方差为 $\dfrac{1}{2}$ 的正态分布,求随机变量 $|X-Y|$ 的方差.

48. 某流水生产线上每个产品不合格的概率为 $p(0<p<1)$,各产品合格与否相互独立,当出现一个不合格产品时,即停机检修.设开机后第一次停机时已生产了的产品个数为 X,求 $E(X)$ 和 $D(X)$.

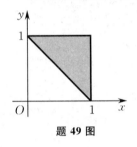

题 49 图

49. 设随机变量 X 和 Y 的联合分布在以点 $(0,1),(1,0)$ 及 $(1,1)$ 为顶点的三角形区域上服从均匀分布(见题 49 图),试求随机变量 $U = X+Y$ 的方差.

50. 设随机变量 U 在区间 $[-2,2]$ 上服从均匀分布,随机变量

$$X = \begin{cases} -1, & U \leqslant -1, \\ 1, & U > -1, \end{cases} \qquad Y = \begin{cases} -1, & U \leqslant 1, \\ 1, & U > 1. \end{cases}$$

试求:

(1) X 和 Y 的联合分布律;

(2) $D(X+Y)$.

51. 设随机变量 X 的密度函数为 $f(x) = \dfrac{1}{2}e^{-|x|}\ (-\infty < x < +\infty)$,

(1) 求 $E(X)$ 及 $D(X)$;

(2) 求 $\operatorname{Cov}(X, |X|)$,并问:$X$ 与 $|X|$ 是否不相关?

(3) 问:X 与 $|X|$ 是否相互独立,为什么?

52. 已知随机变量 X 和 Y 分别服从正态分布 $N(1,3^2)$ 和 $N(0,4^2)$,且 X 与 Y 的相关系数 $\rho_{XY} = -\dfrac{1}{2}$.设 $Z = \dfrac{X}{3} + \dfrac{Y}{2}$,

(1) 求 Z 的数学期望 $E(Z)$ 和方差 $D(Z)$;

(2) 求 X 与 Z 的相关系数 ρ_{XZ};

(3) 问:X 与 Z 是否相互独立,为什么?

53. 将一枚硬币重复掷 n 次,以 X 和 Y 表示正面向上和反面向上的次数,试求 X 和 Y 的相关系数 ρ_{XY}.

54. 设随机变量 X 和 Y 的联合分布律如题 54 表所示,试求 X 和 Y 的相关系数 ρ.

题 54 表

Y	X		
	−1	0	1
0	0.07	0.18	0.15
1	0.08	0.32	0.20

55. 对于任意两事件 A,B,$0<P(A)<1$,$0<P(B)<1$,则称 $\rho = \dfrac{P(AB) - P(A)P(B)}{\sqrt{P(A)P(B)P(\overline{A})P(\overline{B})}}$ 为事件 A 和 B 的相关系数.试证:

(1) 事件 A 与 B 相互独立的充要条件为 $\rho = 0$;

(2) $|\rho| \leqslant 1$.

56. 设随机变量 X 的密度函数为

$$f_X(x) = \begin{cases} \dfrac{1}{2}, & -1 < x < 0, \\ \dfrac{1}{4}, & 0 \leqslant x < 2, \\ 0, & \text{其他}. \end{cases}$$

令 $Y = X^2$，$F(x,y)$ 为二维随机向量 (X,Y) 的分布函数，求：

(1) Y 的密度函数 $f_Y(y)$；

(2) $\mathrm{Cov}(X,Y)$；

(3) $F\left(-\dfrac{1}{2}, 4\right)$.

57. 设随机变量 $X \sim N(0,1)$，$Y \sim N(1,4)$ 且相关系数 $\rho_{XY} = 1$，则_____.
    (A) $P\{Y = -2X+1\} = 1$ (B) $P\{Y = 2X-1\} = 1$
    (C) $P\{Y = -2X-1\} = 1$ (D) $P\{Y = 2X+1\} = 1$

58. 设随机变量 X 服从参数为 1 的泊松分布，则 $P\{X = E(X^2)\} =$ _____.

59. 设有 1 000 人独立行动，每个人能够按时进入掩蔽体的概率为 0.9. 以 0.95 的概率进行估计，在一次行动中，
    (1) 至少有多少人能够进入掩蔽体？
    (2) 至多有多少人能够进入掩蔽体？

60. 设随机变量 X 和 Y 的数学期望都是 2，方差分别为 1 和 4，而相关系数为 0.5，试根据切比雪夫不等式给出 $P\{|X-Y| \geqslant 6\}$ 的估计.

61. 某保险公司多年统计资料表明，在索赔户中，被盗索赔户占 20%，以 X 表示在随机抽查的 100 个索赔户中，因被盗向保险公司索赔的户数.
    (1) 写出 X 的分布律；
    (2) 利用中心极限定理，求被盗索赔户不少于 14 户且不多于 30 户的概率近似值.

62. 某生产线生产的产品成箱包装，每箱的重量是随机的. 假设每箱平均重 50 kg，标准差为 5 kg，若用最大载重量为 5 吨的汽车承运，试利用中心极限定理说明每辆车最多可以装多少箱，才能保障不超载的概率大于 0.977.

63. 设 $X_1, X_2, \cdots, X_n$ 是来自总体 $N(\mu, \sigma^2)$ $(\sigma > 0)$ 的一个样本，记统计量 $T = \dfrac{1}{n}\sum_{i=1}^{n} X_i^2$，则 $E(T) =$ _____.

64. 设总体 $X \sim N(0, \sigma^2)$，$X_1, X_2, \cdots, X_{15}$ 为来自总体 X 的一个样本，则 $Y = \dfrac{X_1^2 + X_2^2 + \cdots + X_{10}^2}{2(X_{11}^2 + X_{12}^2 + X_{13}^2 + X_{14}^2 + X_{15}^2)}$ 服从 _____ 分布，参数为 _____.

65. 设总体 $X \sim N(\mu_1, \sigma^2)$，总体 $Y \sim N(\mu_2, \sigma^2)$，$X_1, X_2, \cdots, X_{n_1}$ 和 $Y_1, Y_2, \cdots, Y_{n_2}$ 分别是来自总体 X 和 Y 的样本，则 $E\left[\dfrac{\sum_{i=1}^{n_1}(X_i - \overline{X})^2 + \sum_{j=1}^{n_2}(Y_j - \overline{Y})^2}{n_1 + n_2 - 2}\right] =$ _____.

66. 设总体 $X \sim N(\mu, \sigma^2)$，$X_1, X_2, \cdots, X_{2n}$ $(n \geqslant 2)$ 是来自总体 X 的一个样本，$\overline{X} = \dfrac{1}{2n}\sum_{i=1}^{2n} X_i$，令 $Y = \sum_{i=1}^{n}(X_i + X_{n+i} - 2\overline{X})^2$，求 $E(Y)$.

67. 设总体 X 的密度函数为 $f(x) = \dfrac{1}{2}e^{-|x|}$ $(-\infty < x < +\infty)$，$X_1, X_2, \cdots, X_n$ 为来自总体 X 的一个样本，其样本方差为 S^2，求 $E(S^2)$.

68. 设总体 X 的密度函数为 $f(x) = \begin{cases} \lambda^2 x e^{-\lambda x}, & x > 0, \\ 0, & \text{其他,} \end{cases}$ 其中参数 $\lambda > 0$ 未知，$X_1, X_2, \cdots, X_n$ 是来自总体 X 的一个样本，求：
    (1) 参数 λ 的矩估计量；
    (2) 参数 λ 的极大似然估计量.

69. 设总体 $X \sim f(x) = \begin{cases} (\theta+1)x^\theta, & 0 < x < 1, \\ 0, & \text{其他}, \end{cases}$ 其中 $\theta > -1$, $X_1, X_2, \cdots, X_n$ 是来自总体 X 的一个样本, 求 θ 的矩估计量及极大似然估计量.

70. 设总体 $X \sim f(x) = \begin{cases} \dfrac{6x}{\theta^3}(\theta-x), & 0 < x < \theta, \\ 0, & \text{其他}, \end{cases}$ $X_1, X_2, \cdots, X_n$ 为来自总体 X 的一个样本, 求:

(1) θ 的矩估计量;

(2) $D(\hat{\theta})$.

71. 设某种电子元件的使用寿命 X 的密度函数为

$$f(x;\theta) = \begin{cases} 2\mathrm{e}^{-2(x-\theta)}, & x > \theta, \\ 0, & x \leqslant \theta, \end{cases}$$

其中 $\theta(\theta > 0)$ 为未知参数, 又设 $x_1, x_2, \cdots, x_n$ 是总体 X 的一组样本值, 求 θ 的极大似然估计值.

72. 设总体 X 的分布律如题 72 表所示, 其中 $\theta\left(0 < \theta < \dfrac{1}{2}\right)$ 是未知参数. 利用总体的如下样本值: 3, 1, 3, 0, 3, 1, 2, 3, 求 θ 的矩估计值和极大似然估计值.

题 72 表

X	0	1	2	3
P	θ^2	$2\theta(1-\theta)$	θ^2	$1-2\theta$

73. 设总体 X 的分布函数为

$$F(x;\alpha,\beta) = \begin{cases} 1 - \dfrac{\alpha^\beta}{x^\beta}, & x > \alpha, \\ 0, & x \leqslant \alpha, \end{cases}$$

其中未知参数 $\beta > 1, \alpha > 0$. 若 $X_1, X_2, \cdots, X_n$ 为来自总体 X 的一个样本,

(1) 当 $\alpha = 1$ 时, 求 β 的矩估计量;

(2) 当 $\alpha = 1$ 时, 求 β 的极大似然估计量;

(3) 当 $\beta = 2$ 时, 求 α 的极大似然估计量.

74. 从正态总体 $X \sim N(3.4, 6^2)$ 中抽取容量为 n 的样本, 如果其样本均值位于区间 $(1.4, 5.4)$ 内的概率不小于 0.95, 问: n 至少应取多大?

75. 设总体 X 的密度函数为

$$f(x;\theta) = \begin{cases} \theta, & 0 < x < 1, \\ 1-\theta, & 1 \leqslant x < 2, \\ 0, & \text{其他}, \end{cases}$$

其中 θ 是未知参数 $(0 < \theta < 1)$, $X_1, X_2, \cdots, X_n$ 为来自总体 X 的一个样本, 记 N 为样本值 $x_1, x_2, \cdots, x_n$ 中小于 1 的个数, 求:

(1) θ 的矩估计量;

(2) θ 的极大似然估计量.

76. 设随机变量 X 与 Y 相互独立且同分布, X 的分布律如题 76 表所示, 记 $U = \max\{X, Y\}$, $V = \min\{X, Y\}$,

(1) 求 (U, V) 的联合分布律;

(2) 求 U 与 V 的协方差 $\mathrm{Cov}(U, V)$.

题 76 表

X	1	2
P	$\dfrac{2}{3}$	$\dfrac{1}{3}$

77. 设总体 X 的密度函数为

$$f(x;\theta) = \begin{cases} \dfrac{1}{2\theta}, & 0 < x < \theta, \\ \dfrac{1}{2(1-\theta)}, & \theta \leqslant x < 1, \\ 0, & 其他, \end{cases}$$

其中参数 $\theta(0 < \theta < 1)$ 未知,$X_1, X_2, \cdots, X_n$ 是来自总体 X 的一个样本,$\overline{X}$ 是样本均值.

(1) 求参数 θ 的矩估计量 $\hat{\theta}$;

(2) 判断 $4\overline{X}^2$ 是否为 θ^2 的无偏估计量,并说明理由.

78. 设 $X_1, X_2, \cdots, X_n$ 是来自总体 $N(\mu, \sigma^2)$ 的一个样本,且

$$\overline{X} = \frac{1}{n}\sum_{i=1}^{n} X_i, \quad S^2 = \frac{1}{n-1}\sum_{i=1}^{n}(X_i - \overline{X})^2, \quad T = \overline{X}^2 - \frac{1}{n}S^2.$$

(1) 证明:T 是 μ^2 的无偏估计量;

(2) 当 $\mu = 0, \sigma = 1$ 时,求 $D(T)$.

历届研究生入学考试概率论与数理统计试题参考答案(部分)

1. $\dfrac{3}{4}$.   2. C.   3. 0.   4. $\dfrac{1}{4}$.   5. $\dfrac{2}{3}$.

6. $\dfrac{1}{2}+\dfrac{1}{\pi}$.   7. $\dfrac{1}{5}$.   8. (1) $\dfrac{29}{90}$; (2) $\dfrac{20}{61}$.

9. 相等.   10. C.   11. A.   12. 略.   13. $1\leqslant k\leqslant 3$.

14.

X	-1	1	3
P	0.4	0.4	0.2

15. $\dfrac{1}{3}$.   16. $\dfrac{4}{5}$.   17. 0.2.

18. (1) $\alpha=P\{X=n\}=(0.94)^n$;   (2) $\beta=P\{X=n-2\}=C_n^2(0.94)^{n-2}(0.06)^2$;

    (3) $\theta=P\{X\leqslant n-2\}=1-P\{X=n-1\}-P\{X=n\}=1-n(0.94)^{n-1}0.06-(0.94)^n$.

19. 0.682.

20. (1) $\alpha=P(B)=\sum\limits_{i=1}^{3}P(A_i)P(B\mid A_i)=0.0642$;   (2) $\beta=P(A_2\mid B)=\dfrac{P(A_2)P(B\mid A_2)}{P(B)}\approx 0.009$.

21. $f_Y(y)=\begin{cases}\dfrac{1}{2y}, & \mathrm{e}^2<y<\mathrm{e}^4,\\ 0, & \text{其他}.\end{cases}$

22. $f_Y(y)=\begin{cases}\dfrac{1}{y^2}, & y>1,\\ 0, & y\leqslant 1.\end{cases}$

23. $f_Y(y)=\dfrac{-3}{\pi}\cdot\dfrac{(1-y)^2}{1+(1-y)^6}$.

24. (1) 当 $t<0$ 时,$F_T(t)=P\{T\leqslant t\}=0$;当 $t\geqslant 0$ 时,事件 $\{T>t\}$ 与 $\{N(t)=0\}$ 等价,有
$$F_T(t)=P\{T\leqslant t\}=1-P\{T>t\}=1-P\{N(t)=0\}=1-\mathrm{e}^{-\lambda t},$$
即 $F_T(t)=\begin{cases}1-\mathrm{e}^{-\lambda t}, & t\geqslant 0,\\ 0, & t<0,\end{cases}$ 故间隔时间 T 服从参数为 λ 的指数分布.

    (2) $p=P\{T>16\mid T>8\}=P\{T>16\}/P\{T>8\}=\dfrac{\mathrm{e}^{-16\lambda}}{\mathrm{e}^{-8\lambda}}=\mathrm{e}^{-8\lambda}$.

25. $F(x)=\begin{cases}0, & x<-1,\\ \dfrac{5}{16}(x+1)+\dfrac{1}{8}, & -1\leqslant x<1,\\ 1, & x\geqslant 1.\end{cases}$

26. $\sigma_1<\sigma_2$.

27. A.

28. $A = \dfrac{1}{\pi}$,

$$f_{Y|X}(y \mid x) = \dfrac{f(x,y)}{f_X(x)} = \dfrac{\dfrac{1}{\pi}e^{-2x^2+2xy-y^2}}{\dfrac{1}{\sqrt{\pi}}e^{-x^2}} = \dfrac{1}{\sqrt{\pi}}e^{-x^2+2xy-y^2} = \dfrac{1}{\sqrt{\pi}}e^{-(y-x)^2} \quad (-\infty < x < +\infty, -\infty < y < +\infty).$$

29. (1) $\dfrac{4}{9}$;

(2) X, Y 的取值范围为 $0, 1, 2$,故

$P\{X=0, Y=0\} = \dfrac{3 \times 3}{6 \times 6} = \dfrac{1}{4}, P\{X=1, Y=0\} = \dfrac{2 \times 1 \times 3}{6 \times 6} = \dfrac{1}{6},$

$P\{X=2, Y=0\} = \dfrac{1 \times 1}{6 \times 6} = \dfrac{1}{36}, P\{X=0, Y=1\} = \dfrac{2 \times 2 \times 3}{6 \times 6} = \dfrac{1}{3},$

$P\{X=1, Y=1\} = \dfrac{2 \times 1 \times 2}{6 \times 6} = \dfrac{1}{9}, P\{X=2, Y=1\} = 0, P\{X=0, Y=2\} = \dfrac{1}{9},$

$P\{X=1, Y=2\} = 0, P\{X=2, Y=2\} = 0,$ 列表略.

30. (1) $f_{Y|X}(y \mid x) = \begin{cases} \dfrac{1}{x}, & 0 < y < x, \\ 0, & \text{其他}; \end{cases}$ (2) $P\{X \leqslant 1 \mid Y \leqslant 1\} = \dfrac{1 - 2e^{-1}}{1 - e^{-1}}$.

31. (1) $\dfrac{1}{2}$; (2) $f(z) = \begin{cases} \dfrac{1}{3}, & -1 \leqslant z < 2, \\ 0, & \text{其他}. \end{cases}$

32. A.

33. (1) $\dfrac{7}{24}$; (2) $f_Z(z) = F'_Z(z) = \begin{cases} 2z - z^2, & 0 \leqslant z < 1, \\ z^2 - 4z + 4, & 1 \leqslant z < 2, \\ 0, & \text{其他}. \end{cases}$

34. $\dfrac{1}{4}$.

35.

X	Y			$P\{X=x_i\} = p_i$
	y_1	y_2	y_3	
x_1	$\dfrac{1}{24}$	$\dfrac{1}{8}$	$\dfrac{1}{12}$	$\dfrac{1}{4}$
x_2	$\dfrac{1}{8}$	$\dfrac{3}{8}$	$\dfrac{1}{4}$	$\dfrac{3}{4}$
$P\{Y=y_j\} = p_j$	$\dfrac{1}{6}$	$\dfrac{1}{2}$	$\dfrac{1}{3}$	1

36. (1) $P\{Y = m \mid X = n\} = C_n^m p^m (1-p)^{n-m} \quad (0 \leqslant m \leqslant n, n = 0, 1, 2, \cdots)$;

(2) $P\{X = n, Y = m\} = P\{X = n\} P\{Y = m \mid X = n\}$

$= C_n^m p^m (1-p)^{n-m} \cdot \dfrac{e^{-\lambda}}{n!} \lambda^n \quad (0 \leqslant m \leqslant n, n = 0, 1, 2, \cdots).$

37. $g(u) = G'(u) = 0.3 F'(u-1) + 0.7 F'(u-2) = 0.3 f(u-1) + 0.7 f(u-2)$.

38. $\dfrac{1}{9}$.

39. (1) $a = 0.2, b = 0.1, c = 0.1$;

(2) Z 的分布律为

Z	-2	-1	0	1	2
P	0.2	0.1	0.3	0.3	0.1

(3) 0.4.

40. 256 件.

41. (1) (X,Y) 的联合分布律(表中最右一列与最下一行分别为关于 X 和关于 Y 的边缘分布律)为

X	Y			$P\{X=x_i\}$
	0	1	2	
0	$\frac{3}{15}$	$\frac{6}{15}$	$\frac{1}{15}$	$\frac{2}{3}$
1	$\frac{3}{15}$	$\frac{2}{15}$	0	$\frac{1}{3}$
$P\{Y=y_j\}$	$\frac{6}{15}$	$\frac{8}{15}$	$\frac{1}{15}$	

(2) $\mathrm{Cov}(X,Y) = E(XY) - E(X)E(Y) = \frac{2}{15} - \frac{1}{3} \cdot \frac{2}{3} = -\frac{4}{45}$.

42. $E(X) = \frac{1}{\lambda} = 5$,依题意 $Y = \min\{X,2\}$.

对于 $y < 0, F(y) = P\{Y \leqslant y\} = 0$;

对于 $y \geqslant 2, F(y) = P\{X \leqslant y\} = 1$;

对于 $0 \leqslant y < 2$,当 $x \geqslant 0$ 时,在区间$(0,x)$内无故障的概率分布为 $P\{X \leqslant x\} = 1 - e^{-\lambda x}$,所以

$$F(y) = P\{Y \leqslant y\} = P\{\min\{X,2\} \leqslant y\} = P\{X \leqslant y\} = 1 - e^{-\frac{y}{5}}.$$

43. (1) $\frac{3}{2}$; (2) $\frac{1}{4}$.

44. $\mu = 10.9$.

45. 5.

46. $f_T(t) = \begin{cases} 25te^{-5t}, & t > 0, \\ 0, & t \leqslant 0, \end{cases} \frac{2}{5}, \frac{2}{25}$.

47. $D(|X-Y|) = 1 - \frac{2}{\pi}$.

48. $E(X) = \sum_{i=1}^{\infty} iq^{i-1}p = p(\sum_{i=1}^{\infty} q^i)' = p\left(\frac{q}{1-q}\right)' = \frac{p}{(1-q)^2} = \frac{1}{p}$,

$D(X) = E(X^2) - [E(X)]^2 = \frac{2-p}{p^2} - \frac{1}{p^2} = \frac{1-p}{p^2}$,其中 $q = 1-p$.

49. $\frac{1}{18}$.

50. (1) X 和 Y 的联合分布律为

X	Y	
	-1	1
-1	$\frac{1}{4}$	0
1	$\frac{1}{2}$	$\frac{1}{4}$

(2) 2.

51. (1) 0,2; (2) 0, X 与 $|X|$ 不相关; (3) X 与 $|X|$ 不相互独立.

历届研究生入学考试概率论与数理统计试题参考答案(部分)

52. (1) $\frac{1}{3}$, 3; (2) 0; (3) 相互独立, 理由略.
53. 1.
54. 0.
55. 略.
56. (1) Y 的密度函数为 $f_Y(y) = \begin{cases} \dfrac{3}{8\sqrt{y}}, & 0 < y < 1, \\ \dfrac{1}{8\sqrt{y}}, & 1 \leqslant y < 4, \\ 0, & \text{其他}; \end{cases}$

   (2) $\text{Cov}(X,Y) = E(XY) - E(X)E(Y) = \dfrac{2}{3}$; (3) $\dfrac{1}{4}$.
57. D.
58. $\dfrac{1}{2}e^{-1}$.
59. (1) 约 884 人; (2) 约 916 人.
60. 令 $Z = X - Y$, 有
$$E(Z) = 0, \quad D(Z) = D(X-Y) = D(X) + D(Y) - 2\rho_{XY}\sqrt{D(X)}\sqrt{D(Y)} = 3,$$
所以
$$P\{|Z - E(Z)| \geqslant 6\} = P\{|X - Y| \geqslant 6\} \leqslant \frac{D(X-Y)}{6^2} = \frac{3}{36} = \frac{1}{12}.$$
61. (1) X 的分布律是 $P\{X = k\} = C_{100}^k (0.2)^k (0.8)^{100-k} (k = 0, 1, 2, \cdots, 100)$; (2) 0.927.
62. 98 箱.
63. $E(T) = E\left(\dfrac{1}{n}\sum_{i=1}^{n} X_i^2\right) = \dfrac{1}{n}\sum_{i=1}^{n} E(X_i^2) = \dfrac{1}{n}\sum_{i=1}^{n}(\sigma^2 + \mu^2) = \sigma^2 + \mu^2$.
64. 因 $\dfrac{X_i}{\sigma} \sim N(0,1) (i = 1, 2, \cdots, 15)$, 于是 $\chi_1^2 = \sum_{i=1}^{10}\left(\dfrac{X_i}{\sigma}\right)^2 \sim \chi^2(10)$, $\chi_2^2 = \sum_{i=11}^{15}\left(\dfrac{X_i}{\sigma}\right)^2 \sim \chi^2(5)$, 且 χ_1^2 与 χ_2^2 相互独立. 所以
$$Y = \frac{X_1^2 + X_2^2 + \cdots + X_{10}^2}{2(X_{11}^2 + X_{12}^2 + X_{13}^2 + X_{14}^2 + X_{15}^2)} = \frac{\chi_1^2/10}{\chi_2^2/5} \sim F(10, 5),$$
即 $Y \sim F(10, 5)$, 参数为 $(10, 5)$.
65. 令 $S_1^2 = \dfrac{1}{n_1 - 1}\sum_{i=1}^{n_1}(X_i - \overline{X})^2$, $S_2^2 = \dfrac{1}{n_2 - 1}\sum_{j=1}^{n_2}(Y_j - \overline{Y})^2$, 则
$$\sum_{i=1}^{n_1}(X_i - \overline{X})^2 = (n_1 - 1)S_1^2, \quad \sum_{j=1}^{n_2}(Y_j - \overline{Y})^2 = (n_2 - 1)S_2^2.$$
又 $\chi_1^2 = \dfrac{(n_1 - 1)S_1^2}{\sigma^2} \sim \chi^2(n_1 - 1)$, $\chi_2^2 = \dfrac{(n_2 - 1)S_2^2}{\sigma^2} \sim \chi^2(n_2 - 1)$, 那么
$$E\left[\frac{\sum_{i=1}^{n_1}(X_i - \overline{X})^2 + \sum_{j=1}^{n_2}(Y_j - \overline{Y})^2}{n_1 + n_2 - 2}\right] = \frac{1}{n_1 + n_2 - 2}E(\sigma^2\chi_1^2 + \sigma^2\chi_2^2)$$
$$= \frac{\sigma^2}{n_1 + n_2 - 2}[E(\chi_1^2) + E(\chi_2^2)]$$
$$= \frac{\sigma^2}{n_1 + n_2 - 2}[(n_1 - 1) + (n_2 - 1)] = \sigma^2.$$
66. 令 $Z_i = X_i + X_{n+i} (i = 1, 2, \cdots, n)$, 则 $Z_i \sim N(2\mu, 2\sigma^2)$, 且 $Z_1, Z_2, \cdots, Z_n$ 相互独立. 令
$$Z = \sum_{i=1}^{n}\frac{Z_i}{n}, \quad S^2 = \sum_{i=1}^{n}(Z_i - \overline{Z})^2/(n-1),$$

则 $\overline{X} = \sum_{i=1}^{2n} \dfrac{X_i}{2n} = \dfrac{1}{2n}\sum_{i=1}^{n} Z_i = \dfrac{1}{2}\overline{Z}$,故 $\overline{Z} = 2\overline{X}$,于是

$$Y = \sum_{i=1}^{n}(X_i + X_{n+i} - 2\overline{X})^2 = \sum_{i=1}^{n}(Z_i - \overline{Z})^2 = (n-1)S^2,$$

所以

$$E(Y) = (n-1)E(S^2) = 2(n-1)\sigma^2.$$

67. 由题意,得 $f(x) = \begin{cases} \dfrac{1}{2}\mathrm{e}^x, & x < 0, \\ \dfrac{1}{2}\mathrm{e}^{-x}, & x \geqslant 0, \end{cases}$ 于是

$$E(S^2) = D(X) = E(X^2) - [E(X)]^2,$$

$$E(X) = \int_{-\infty}^{+\infty} xf(x)\mathrm{d}x = \dfrac{1}{2}\int_{-\infty}^{+\infty} x\mathrm{e}^{-|x|}\mathrm{d}x = 0,$$

$$E(X^2) = \int_{-\infty}^{+\infty} x^2 f(x)\mathrm{d}x = \dfrac{1}{2}\int_{-\infty}^{+\infty} x^2 \mathrm{e}^{-|x|}\mathrm{d}x = \int_{0}^{+\infty} x^2 \mathrm{e}^{-x}\mathrm{d}x = 2,$$

所以 $E(S^2) = 2$.

68. (1) 由 $E(X) = \overline{X}, E(X) = \int_{0}^{+\infty} \lambda^2 x^2 \mathrm{e}^{-\lambda x}\mathrm{d}x = \dfrac{2}{\lambda}$,得出 $\hat{\lambda} = \dfrac{2}{\overline{X}}$ 为参数 λ 的矩估计量;

(2) 似然函数为

$$L(x_1, x_2, \cdots, x_n; \lambda) = \prod_{i=1}^{n} f(x_i) = \prod_{i=1}^{n} \lambda^2 x_i \mathrm{e}^{-\lambda x_i} = \lambda^{2n} \mathrm{e}^{-\lambda \sum_{i=1}^{n} x_i} \prod_{i=1}^{n} x_i \quad (x_i > 0),$$

对数似然函数为 $\ln L(x_1, x_2, \cdots, x_n; \lambda) = 2n\ln\lambda + \sum_{i=1}^{n}\ln x_i - \lambda \sum_{i=1}^{n} x_i$. 令 $\dfrac{\mathrm{d}\ln L}{\mathrm{d}\lambda} = \dfrac{2n}{\lambda} - \sum_{i=1}^{n} x_i = 0$,得到 $\lambda = \dfrac{2n}{\sum_{i=1}^{n} x_i}$

$= \dfrac{2}{\sum_{i=1}^{n} x_i / n}$,所以 $\hat{\lambda}_L = \dfrac{2}{\overline{X}}$.

69. (1) $E(X) = \int_{-\infty}^{+\infty} xf(x)\mathrm{d}x = \int_{0}^{1}(\theta+1)x^{\theta+1}\mathrm{d}x = \dfrac{\theta+1}{\theta+2}$,又 $\overline{X} = E(X) = \dfrac{\theta+1}{\theta+2}$,故 $\hat{\theta} = \dfrac{2\overline{X}-1}{1-\overline{X}}$,所以 θ 的矩估

计量为 $\hat{\theta} = \dfrac{2\overline{X}-1}{1-\overline{X}}$.

(2) 似然函数为

$$L = L(\theta) = \prod_{i=1}^{n} f(x_i) = \begin{cases} (\theta+1)^n \prod_{i=1}^{n} x_i^{\theta}, & 0 < x_i < 1 \quad (i=1,2,\cdots,n), \\ 0, & \text{其他}, \end{cases}$$

于是对数似然函数为

$$\ln L = n\ln(\theta+1) + \theta \sum_{i=1}^{n} \ln x_i \quad (0 < x_i < 1; i=1,2,\cdots,n),$$

$$\dfrac{\mathrm{d}\ln L}{\mathrm{d}\theta} = \dfrac{n}{\theta+1} + \sum_{i=1}^{n} \ln x_i = 0.$$

所以,θ 的极大似然估计量为 $\hat{\theta}_L = -1 - \dfrac{n}{\sum_{i=1}^{n} \ln X_i}$.

70. (1) $E(X) = \int_{-\infty}^{+\infty} xf(x)\mathrm{d}x = \int_{0}^{\theta} \dfrac{6x^2}{\theta^3}(\theta - x)\mathrm{d}x = \dfrac{\theta}{2}$,令 $E(X) = \overline{X} = \dfrac{\theta}{2}$,所以 θ 的矩估计量为 $\hat{\theta} = 2\overline{X}$.

(2) $D(\hat{\theta}) = D(2\overline{X}) = 4D(\overline{X}) = \dfrac{4}{n}D(X)$,又

$$E(X^2) = \int_0^\theta \frac{6x^3(\theta-x)}{\theta^3} dx = \frac{6\theta^2}{20} = \frac{3\theta^2}{10},$$

于是

$$D(X) = E(X^2) - [E(X)]^2 = \frac{3\theta^2}{10} - \frac{\theta^2}{4} = \frac{\theta^2}{20},$$

所以 $D(\hat{\theta}) = \frac{\theta^2}{5n}$.

71. 似然函数为

$$L = L(\theta) = \begin{cases} 2^n \cdot e^{-2\sum\limits_{i=1}^n (x_i - \theta)}, & (x_i \geqslant \theta, i=1,2,\cdots,n), \\ 0, & 其他, \end{cases}$$

于是对数似然函数为

$$\ln L = n\ln 2 - 2\sum_{i=1}^n (x_i - \theta) \quad (x_i \geqslant \theta, i=1,2,\cdots,n).$$

由 $\frac{d\ln L}{d\theta} = 2n > 0$ 可知，$\ln L(\theta)$ 是单调递增函数，那么当 $\hat{\theta} = \min\limits_{1\leqslant i\leqslant n}\{x_i\}$ 时，$\ln L(\hat{\theta}) = \max\limits_{\theta>0}\{\ln L(\theta)\}$，所以 θ 的极大似然估计值为 $\hat{\theta}_L = \min\limits_{1\leqslant i\leqslant n}\{x_i\}$.

72. (1) $E(X) = 3 - 4\theta$，令 $E(X) = \bar{x}$，得 $\hat{\theta} = \frac{3-\bar{x}}{4}$. 又 $\bar{x} = \sum\limits_{i=1}^8 \frac{x_i}{8} = 2$，所以 θ 的矩估计值为 $\hat{\theta} = \frac{3-\bar{x}}{4} = \frac{1}{4}$.

(2) 似然函数为 $L(\theta) = \prod\limits_{i=1}^8 p(x_i;\theta) = 4\theta^6(1-\theta)^2(1-2\theta)^4$，于是
$$\ln L = \ln 4 + 6\ln\theta + 2\ln(1-\theta) + 4\ln(1-2\theta),$$
$$\frac{d\ln L}{d\theta} = \frac{6}{\theta} - \frac{2}{1-\theta} - \frac{8}{1-2\theta} = \frac{6 - 28\theta + 24\theta^2}{\theta(1-\theta)(1-2\theta)} = 0.$$

解 $6 - 28\theta + 24\theta^2 = 0$，得 $\theta_{1,2} = \frac{7\pm\sqrt{13}}{12}$. 由于 $\frac{7+\sqrt{13}}{12} > \frac{1}{2}$，所以 θ 的极大似然估计值为 $\hat{\theta}_L = \frac{7-\sqrt{13}}{12}$.

73. 当 $\alpha = 1$ 时，$f(x;\beta) = F'_X(x;\beta) = \begin{cases} \dfrac{\beta}{x^{\beta+1}}, & x \geqslant 1, \\ 0, & x < 1; \end{cases}$

当 $\beta = 2$ 时，$f(x;\alpha) = F'_X(x;\alpha) = \begin{cases} \dfrac{2\alpha^2}{x^3}, & x \geqslant \alpha, \\ 0, & x < \alpha. \end{cases}$

(1) $E(X) = \int_1^{+\infty} \frac{\beta}{x^\beta} dx = \left.\frac{\beta}{1-\beta} x^{1-\beta}\right|_1^{+\infty} = \frac{\beta}{\beta-1}$，令 $E(X) = \bar{X}$，于是 $\hat{\beta} = \frac{\bar{X}}{\bar{X}-1}$，所以 β 的矩估计量为 $\hat{\beta} = \frac{\bar{X}}{\bar{X}-1}$.

(2) 似然函数为

$$L = L(\beta) = \prod_{i=1}^n f(x_i;\beta) = \begin{cases} \beta^n \left(\prod\limits_{i=1}^n x_i^{-(\beta+1)}\right), & x_i > 1 \ (i=1,2,\cdots,n), \\ 0, & 其他, \end{cases}$$

于是有 $\ln L = n\ln\beta - (\beta+1)\sum\limits_{i=1}^n \ln x_i$，$\frac{d\ln L}{d\beta} = \frac{n}{\beta} - \sum\limits_{i=1}^n \ln x_i = 0$. 所以，$\beta$ 的极大似然估计量为 $\hat{\beta}_L = \dfrac{n}{\sum\limits_{i=1}^n \ln X_i}$.

(3) 似然函数为

$$L = L(\alpha) = \prod_{i=1}^n f(x_i;\alpha) = \begin{cases} \dfrac{2^n \alpha^{2n}}{\left(\prod\limits_{i=1}^n x_i\right)^3}, & x_i \geqslant \alpha \ (i=1,2,\cdots,n), \\ 0, & 其他. \end{cases}$$

显然，$L = L(\alpha)$ 是单调递增的，所以当 $\hat{\alpha} = \min\limits_{1 \leqslant i \leqslant n}\{x_i\}$ 时，$L = L(\hat{\alpha}) = \max\limits_{\alpha > 0}\{L(\alpha)\}$，所以 α 的极大似然估计量为 $\hat{\alpha}_L = \min\limits_{1 \leqslant i \leqslant n}\{X_i\}$.

74. 因 $\overline{X} \sim N\left(3.4, \dfrac{6^2}{n}\right)$，所以 $Z = \dfrac{\overline{X} - 3.4}{6/\sqrt{n}} \sim N(0,1)$，则

$$P\{1.4 < \overline{X} < 5.4\} = P\left\{\dfrac{1.4 - 3.4}{6/\sqrt{n}} < Z < \dfrac{5.4 - 3.4}{6/\sqrt{n}}\right\} = P\left\{-\dfrac{\sqrt{n}}{3} < Z < \dfrac{\sqrt{n}}{3}\right\}$$

$$= \Phi\left(\dfrac{\sqrt{n}}{3}\right) - \Phi\left(-\dfrac{\sqrt{n}}{3}\right) = 2\Phi\left(\dfrac{\sqrt{n}}{3}\right) - 1 \geqslant 0.95.$$

于是，$\Phi\left(\dfrac{\sqrt{n}}{3}\right) \geqslant 0.975, \dfrac{\sqrt{n}}{3} \geqslant 1.96$，即 $n \geqslant 35$.

75. (1) 由于

$$E(X) = \int_{-\infty}^{+\infty} xf(x;\theta)dx = \int_0^1 \theta x\, dx + \int_1^2 (1-\theta)x\, dx = \dfrac{1}{2}\theta + \dfrac{3}{2}(1-\theta) = \dfrac{3}{2} - \theta,$$

令 $\dfrac{3}{2} - \hat\theta = \overline{X}$，解得 $\hat\theta = \dfrac{3}{2} - \overline{X}$. 所以，$\theta$ 的矩估计量为 $\hat\theta = \dfrac{3}{2} - \overline{X}$.

(2) 似然函数为

$$L(\theta) = \prod_{i=1}^n f(x_i;\theta) = \theta^N (1-\theta)^{n-N},$$

对其取对数，得

$$\ln L(\theta) = N\ln \theta + (n-N)\ln(1-\theta),$$

两边对 θ 求导，得

$$\dfrac{d\ln L(\theta)}{d\theta} = \dfrac{N}{\theta} - \dfrac{n-N}{1-\theta}.$$

令 $\dfrac{d\ln L(\theta)}{d\theta} = 0$，得 $\theta = \dfrac{N}{n}$，所以 θ 的极大似然估计量为 $\hat\theta_L = \dfrac{N}{n}$.

76. (1) 因随机变量 X 和 Y 相互独立且同分布，U 的所有可能取值为 $1, 2$，V 的所有可能取值为 $1, 2$，所以有

$$P\{U=1, V=1\} = P\{X=1, Y=1\} = \dfrac{2}{3} \times \dfrac{2}{3} = \dfrac{4}{9},$$

$$P\{U=2, V=2\} = P\{X=2, Y=2\} = \dfrac{1}{3} \times \dfrac{1}{3} = \dfrac{1}{9},$$

$$P\{U=2, V=1\} = P\{X=1, Y=2\} + P\{X=2, Y=1\} = \dfrac{2}{3} \times \dfrac{1}{3} + \dfrac{1}{3} \times \dfrac{2}{3} = \dfrac{4}{9},$$

$$P\{U=1, V=2\} = 0.$$

U	V		
	1	2	
1	$\dfrac{4}{9}$	0	$\dfrac{4}{9}$
2	$\dfrac{4}{9}$	$\dfrac{1}{9}$	$\dfrac{5}{9}$
	$\dfrac{8}{9}$	$\dfrac{1}{9}$	

(2) 因 $E(UV) = \dfrac{16}{9}, E(U) = \dfrac{14}{9}, E(V) = \dfrac{10}{9}$，所以 $\text{Cov}(U,V) = E(UV) - E(U)E(V) = \dfrac{4}{81}$.

77. (1) $\overline{X} = E(X) = \displaystyle\int_{-\infty}^{+\infty} xf(x;\theta)dx = \int_0^\theta x \dfrac{1}{2\theta}dx + \int_\theta^1 x \dfrac{1}{2(1-\theta)}dx = \dfrac{\theta}{4} + \dfrac{1+\theta}{4} = \dfrac{1+2\theta}{4}$，所以

$$\hat\theta = \dfrac{4\overline{X} - 1}{2}.$$

(2) $E(4\overline{X}^2) = 4\{D(\overline{X}) + [E(\overline{X})]^2\}$, 而 $D(\overline{X}) = \dfrac{D(X)}{n}, E(\overline{X}) = E(X)$, 又

$$D(X) = E(X^2) - [E(X)]^2,$$

$$E(X^2) = \int_{-\infty}^{+\infty} x^2 f(x;\theta)\,dx = \int_0^\theta x^2 \frac{1}{2\theta}dx + \int_\theta^1 x^2 \frac{1}{2(1-\theta)}dx$$

$$= \frac{\theta^2}{6} + \frac{1+\theta+\theta^2}{6} = \frac{1+\theta+2\theta^2}{6},$$

所以 $D(X) = E(X^2) - [E(X)]^2 = \dfrac{5-4\theta+4\theta^2}{48}, D(\overline{X}) = \dfrac{5-4\theta+4\theta^2}{48n}$. 于是

$$E(4\overline{X}^2) = 4\{D(\overline{X}) + [E(\overline{X})]^2\} = \frac{5-4\theta+4\theta^2}{12n} + 4\left(\frac{1+2\theta}{4}\right)^2$$

$$= \left(1+\frac{1}{3n}\right)\theta^2 + \left(1-\frac{1}{3n}\right)\theta + \left(\frac{1}{4}+\frac{5}{12n}\right) \neq \theta^2,$$

所以是有偏的.

78. (1) $E(T) = E\left(\overline{X}^2 - \dfrac{1}{n}S^2\right) = E(\overline{X}^2) - E\left(\dfrac{1}{n}S^2\right) = E(\overline{X}^2) - \dfrac{1}{n}\sigma^2$.

因为 $X \sim N(\mu, \sigma^2)$, 所以 $\overline{X} \sim N\left(\mu, \dfrac{\sigma^2}{n}\right)$, 于是 $E(\overline{X}^2) = D(\overline{X}) + [E(\overline{X})]^2 = \dfrac{1}{n}\sigma^2 + \mu^2$. 故 $E(T) = \mu^2$, 即 T 是 μ^2 的无偏估计量.

(2) 注意到 X_i 服从 $N(0,1)$ 分布, $\overline{X}$ 服从 $N\left(0, \dfrac{1}{n}\right)$ 分布, 所以 $E(\overline{X}) = 0, D(\overline{X}) = \dfrac{1}{n}$. 另外 $W = \dfrac{\sum_{i=1}^n (X_i - \overline{X})^2}{\sigma^2}$ 服从 $\chi^2(n-1)$ 分布, $D(W) = 2(n-1)$, 于是 $(\sqrt{n}\overline{X})^2$ 服从 $\chi^2(1)$ 分布, $D(\overline{X}^2) = \dfrac{1}{n^2}D[(\sqrt{n}\overline{X})^2] = \dfrac{2}{n^2}$, 且

$$E(S^2) = \sigma^2, \quad D(S^2) = D\left(\frac{\sigma^2}{n-1}W\right) = \frac{\sigma^4}{(n-1)^2}D(W) = \frac{2\sigma^4}{n-1} = \frac{2}{n-1}.$$

所以,

$$D(T) = D\left(\overline{X}^2 - \frac{1}{n}S^2\right) = D(\overline{X}^2) + D\left(\frac{1}{n}S^2\right) \text{(由于 } \overline{X}^2 \text{ 与 } S^2 \text{ 在正态总体下相互独立)}$$

$$= \frac{2}{n^2} + \frac{2}{n^2(n-1)} = \frac{2}{n(n-1)}.$$

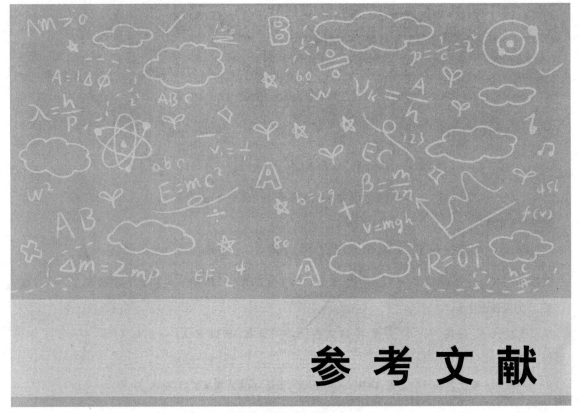

参考文献

[1] 韩旭里,谢永钦.概率论与数理统计[M].北京:北京大学出版社,2018.
[2] 王梓坤.概率论基础及其应用[M].北京:科学出版社,1976.
[3] 何书元.概率论与数理统计[M].2版.北京:高等教育出版社,2013.
[4] 胡细宝,王丽霞.概率论与数理统计[M].2版.北京:北京邮电大学出版社,2004.
[5] 同济大学概率统计教研组.概率统计[M].5版.上海:同济大学出版社,2013.
[6] 傅权,胡蓓华.基本统计方法教程[M].上海:华东师范大学出版社,1989.
[7] 陈希孺,王松桂.近代实用回归分析[M].南宁:广西人民出版社,1984.
[8] 金治明,李永乐.概率论与数理统计[M].长沙:国防科技大学出版社,1997.
[9] 余君武,肖艳清.概率论与数理统计[M].北京:北京理工大学出版社,2009.
[10] 周概容.概率论与数理统计[M].北京:中国商业出版社,2006.
[11] 刘学生,谭欣欣,王丽燕.高等数学学习指导与解题训练:概率论分册[M].大连:大连理工大学出版社,2000.
[12] 吴赣昌.概率论与数理统计:理工类[M].5版.北京:中国人民大学出版社,2017.